湖北水事研究中心
湖北经济学院 中南财经政法大学共建
湖北省人文社科重点研究基地

2013 Annual Report of
Hubei Water Resources
Sustainable Development

湖北水资源可持续发展报告 (2013)

主　编　吕忠梅
副主编　高利红　邱　秋

图书在版编目(CIP)数据

湖北水资源可持续发展报告. 2013/吕忠梅主编. —北京：北京大学出版社，2014.1
ISBN 978-7-301-23783-0

Ⅰ.①湖… Ⅱ.①吕… Ⅲ.①水资源利用－可持续性发展－研究报告－湖北省－2013 Ⅳ.①TV213.9

中国版本图书馆 CIP 数据核字(2014)第 015762 号

书　　　名：	湖北水资源可持续发展报告(2013)
著作责任者：	吕忠梅　主编
责 任 编 辑：	王　晶
标 准 书 号：	ISBN 978-7-301-23783-0/TV·0003
出 版 发 行：	北京大学出版社
地　　　址：	北京市海淀区成府路 205 号　100871
网　　　址：	http://www.pup.cn
新 浪 微 博：	@北京大学出版社
电 子 信 箱：	law@pup.pku.edu.cn
电　　　话：	邮购部 62752015　发行部 62750672　编辑部 62752027　出版部 62754962
印 刷 者：	北京鑫海金澳胶印有限公司
经 销 者：	新华书店
	787 毫米×1092 毫米　16 开本　14.5 印张　323 千字
	2013 年 12 月第 1 版　2013 年 12 月第 1 次印刷
定　　　价：	35.00 元

未经许可，不得以任何方式复制或抄袭本书之部分或全部内容。
版权所有，侵权必究
举报电话：010-62752024　电子信箱：fd@pup.pku.edu.cn

水污染防治立法的探索与期待（代序）

2013年，中国历史上又一个新的开局之年，注定了不平凡。

年初，弥漫大半个中国的雾霾天，伴随着3月开幕的十二届全国人大一次会议。在换届选举中，全国人大环境资源委员会得到了全部选举中的最低票。对于新上任的环境资源委员会主任，大家并无理由不满，代表们只是要用这种方式表达对中国环境状况的忧虑，对改善生态环境的期待。

岁末，中央城镇化工作会议提出，要推进以人为核心的城镇化，"要体现尊重自然、顺应自然、天人合一的理念，依托现有山水脉络等独特风光，让城市融入大自然，让居民望得见山、看得见水、记得住乡愁；……"唤起了许多人对碧水蓝天的美好记忆，也增添了对美丽中国的更多向往。

2013年，湖北水事研究中心迎来了将五年的调研成果转化为立法实践的最好机遇——直接参与《湖北省水污染防治条例（草案）》（以下简称《草案》）的制定工作，把我们知水、亲水、懂水的心得变成了悦水、护水、敬水的规则。

一、破解水污染防治难题

水污染治理问题非常复杂，湖北既有大江、大湖，也有小溪、小塘，水系丰富、水体类型多样，人们对水的开发利用方式和用水习惯有很大的差异，防治水污染面临着很多挑战，《草案》进行了有针对性的制度安排。

1. 正确处理水资源开发利用与水污染防治之间的关系

为处理好水资源开发利用与水污染防治的关系，《草案》充分发挥立法的引领社会关系重构的作用，在促进产业结构转型与升级方面着力。规定了发展生态农业、防治农业面源污染的相关制度；鼓励水污染防治、水生态修复产业发展制度；鼓励企业实行清洁生产，淘汰严重污染水环境的工艺和设备的制度。这些制度安排，旨在引导、促进湖北省产业结构从高污染、高耗水向低污染、低耗水转型升级。通过大力发展水污染治理、水生态修复产业，促进水资源的循环利用、重复利用。

2. 落实政府尤其是行政首长的环境责任

为强化政府的水污染防治责任和落实责任追究制度,《草案》规定了三个相互关联的制度。首先是明确政府水环境质量负责制;其次是规定了水污染防治的行政首长负责制、目标责任制和水环境损害终身追责制;第三是规定了政府责任的承担形式和追究程序,明确规定"上级人民政府对下级人民政府的水污染防治工作目标实施年度考核,向社会公布考核办法和结果,考核结果作为对县级以上人民政府主要负责人考核评价的内容。各级人民政府未完成水污染防治工作目标的,由上一级人民政府或者监察机关对其主要负责人进行诫勉谈话或者通报批评;不能尽职尽责,使辖区内水环境质量恶化,造成严重后果或者恶劣影响的,主要负责人应当引咎辞职"。这样的制度安排,不仅明确了政府责任的空间和时间,而且明确了具体的责任承担形式、责任追究程序,将对政府,特别是行政首长形成强大的法律约束力,促使其忠实履行水污染防治职责。

3. 协调"九龙治水"

为解决"九龙治水"难题,《草案》以"政府职责"一章专门规定水污染治理体制,从理念上变"管理"为"治理"。从制度设计上明确各级人民政府在水污染防治工作中的职责,以列举方式逐一明确与水污染防治有关政府部门的职权范围。在此基础上,《草案》建立了水污染防治的部门共管与协调机制,明确由政府负责人召集、环境保护主管部门承担日常工作、有关部门参加的水污染防治联席会议制度,研究解决水污染防治监督管理工作中的重大问题;还规定了水污染治理的流域联动制度。通过理顺体制,减少部门间的权力冲突、权力空白、权力断裂,同时也明确了各部门的责任,实现水污染治理从"九龙分治"转变为"九龙共治",便于相关职能部门正确处理用水与护水的关系,结合分管事项参与水污染治理。

4. 减轻农村面源污染

为应对农村面污染治理的难题,《草案》从完善制度的角度加大了农村面源污染防治的力度,主要包括:明确规定"禁止在江河、湖泊、水库、运河、塘堰养殖珍珠;禁止在江河、湖泊、水库、运河围栏围网养殖、投肥(粪)养殖";建立农村生活污水治理制度;在农业面源污染严重的区域进行地下水污染修复;建立对退田还湖、退渔还湖以及生态移民转产转业的激励机制。《草案》充分考虑这些措施在农村地区的可接受性和可操作性,采取了鼓励、支持与禁止、限制手段并用的立法模式,既保证了法律的权威性与确定性,又体现了对改变农村传统生产生活方式的引导性。

二、建立完善的水污染防治制度体系

《草案》充分贯彻《中共中央关于全面深化改革若干重大问题的决定》有关加强生态文明制度建设的精神,同时也吸纳了《中华人民共和国环境保护法(修订案)》中的新理念、新制度，从八个方面构建了水污染防治的制度体系：

1. 人大对政府的水污染防治工作监督制度

《中共中央关于全面深化改革若干重大问题的决定》明确提出"健全人大讨论、决定重大事项制度，各级政府重大决策出台前向本级人大报告"。《草案》将这一规定体现在水污染防治工作中，明确人大监督制度，建立监督机制。这种将人大对政府的监督落到实处的做法，既是对人民代表大会制度的程序化、规范化，也是水污染治理体制的创新。

2. 明确基层政府、基层组织的水污染防治职能

按照我国现有立法，一般只授予县级人民政府及以上的环保部门及相关部门水污染防治权限，城市的街道办事处和乡镇一级政府出现了水污染防治的"结构性"和"功能性"空洞。既没有建立专门的环境保护机构，也没有相应的人员，但大量的水污染防治工作却必须要基层去落实。《草案》充分考虑了这一现实，按照《中共中央关于全面深化改革若干重大问题的决定》建立现代国家治理体系、提高治理能力的目标要求，更加重视基层政府、自治组织在水污染防治工作中的作用，将乡镇人民政府、街道办事处明确为水污染防治工作治理主体，有利于充分发挥基层政府、自治组织在水污染防治工作中的作用，形成综合治理格局。

3. 开发区、工业园区的环境保护基础设施环评限批制度

将工业企业集中在开发区和园区统一规划、统一布局，有利于排污监管以及水污染物的集中、及时处理，是有效防治水污染的一种好的模式。但是，在单纯追求GDP增长的发展理念下，有的地方建设开发区、工业园区并未将水污染防治纳入其中，一些开发区、工业园区的环保基础设施不符合规定甚至完全没有建设环保设施，结果是非但不能进行污水集中处理，反而造成污染物大量集中排放，容易引发水污染事故，导致开发区、工业园区环境严重污染、周边居民受害。为此，《草案》国家环保部实施的环评限批范围基础上，将开发区、工业园区环境保护基础设施不符合规定要求纳入环评限批，扩大了环评限批的范围。这一规定实际上是加大了政府在建设开发区、工业园区过程中提供环境保护公共设施的责任，旨在促使政府转变发展理念，确保开发区、工业园区的建设和生产过程中环境保护基础设施的建设和运行符合国家相关要求，真正把园区建设成为生态文明区。

4. 地下水污染的防治制度

湖北是千湖之省，地表水十分丰富，地下水问题一直没有受到重视。而水污染调查报告表明，地下水污染现状令人堪忧。目前，在国家立法层面，地下水污染防治的相关规定分散在几部法律法规中，并且十分原则，缺乏系统完整的规定，无法满足地下水保护的迫切需要。为此，《草案》专门用了四个条文规定了开展地下水污染状况调查、建立地下水污染防治区划体系、建立完善地下水环境监测网络和信息共享平台、配套建设地下水监测井等水污染防治设施、要求可能污染地下水的工程采取防护性措施等,第一次对地下水资源保护与水污染防治作出了系统的规定。这些规定的实施,不仅对于地下水保护意义重大,而且完善了水污染防治的制度体系,实现了从地表水到地下水的全面保护。

5. 体现湖北水资源利用特点的制度

湖北素有"千湖之省"之称,境内江河湖库星罗棋布,俗称"水情"就是"省情"。因此,湖北水污染防治需要有自己的特色,不能完全照搬国家或者其他省份的规定。为此,《草案》专门针对湖北省水资源利用的主要方式进行了规定,如针对城市水利用,加强对餐饮、洗浴、洗涤、洗车等涉水经营活动的污染防治制度;针对农村畜禽养殖的规定;针对船舶污染防治的规定。这些有针对性的规定,既将湖北水污染防治的制度内容具体化,也是增强了国家相关法律制度的可操作性。

6. 水生态修复和生态补偿制度

生态修复是过去环境保护立法中不曾设立但对于生态环境保护至关重要的制度。《中共中央关于全面深化改革若干重大问题的决定》提出要建立系统完整的生态文明制度体系,生态修复和生态补偿制度被放在了十分重要的位置。《草案》将水生态修复与生态补偿作为立法的重点内容,从立法宗旨到具体制度进行了较为系统的规定。不仅将"推进生态文明建设"作为立法指导思想,而且具体规定了环保、林业等有关部门的水生态修复的职责,建立水生态补偿机制;同时,还规定了水生态保护与修复的具体范围,鼓励水生态修复服务的产业化、市场化。体现了"优良水体优先保护"、"让江湖湖泊休养生息"等最新的生态环境保护理念,也是对生态文明制度建设的一种有益探索。

7. 信息公开和公众参与制度

《中共中央关于全面深化改革若干重大问题的决定》将实现国家治理体系和治理能力的现代化作为改革目标,扩大有序的各种参与是一个重要内容。环境保护领域的信息公开和公众参与在近些年备受重视,但从立法的具体规定来看,如何确保公众参与所必须的知情权、参与权、表达权、监督权还是一个问题,相关法律规定都比较原则、模糊,缺乏可操作性。《草案》将水污染防治领域的信息公开和公众参与专门作为一章,将相关内容集中加以规定,这在国内立法中尚属首例。该章共八条,内容涵盖政府和企业的水污染信息的及时公开,建立环保诚信档案,赋予公民申请对水污染防治信息公开的权利,对污染水环境、政府履责不力等行为的检举、控告、举报、诉讼,公众参与水污染防治的决策,加强宣传教育和舆论监督等多项内容。通过系统、明确的规定,赋予公众对于水污染防治的知情权、参与权、表达权、监督权,对于形成政府主导、企业、社会、公众多方参与的水污染治理体制具有重大意义。

8. 严格的责任追究制度

《中共中央关于全面深化改革若干重大问题的决定》将提高资源使用成本,加大对违法者的处罚力度作为生态文明制度建设的重要内容。《草案》在这方面也进行了有益的探索,以实行"最严格的制度,采取最严厉的处罚"为原则,在法律责任一章,加大对违法行为的处罚力度,提高违法成本。如规定代治理,并对违法个人按照年度收入的比例计罚;规定按日连续计罚。这些规定,将通过提高违法成本的方式促使企业及其负责人切实遵守法律制度,承担防治水污染的社会责任。

《湖北省水污染防治条例(草案)》将于2014年1月提交湖北省第十二届人民代表大会第二次会议审议。这部号称史上"最严厉"的水污染防治法规草案,凝聚着包括水事中心研究团队在内的集体智慧,很期待相关制度设计能够得到真正落实,更希望湖北的立法实践可以为即将启动的《中华人民共和国水污染防治法》的修改提供有益的经验。

吕忠梅
2013年12月19日于汀兰苑

目 录

总报告：做好湖北水文章 ··· 1
　做好湖北水文章　推动湖北创新发展 ··· 3

特别关注：农村饮水安全 ··· 19
　湖北农村饮水安全调查 ·· 21
　建设湖北农村饮水安全的长效机制 ··· 31
　切实解决湖北农村饮水安全工程供水经营问题 ······································ 39

深度分析：破解湖北"水难题" ··· 47
　大力发展"水经济"　助力湖北跨越式发展 ·· 49
　创新管理体制机制　建设"碧水湖北" ·· 60
　完善法治　加强湖北水资源保护立法 ·· 70
　借鉴先进经验　建设节水型社会 ·· 78
　实施"清水入江"计划　实现江夏永续发展 ·· 89

问题聚焦：水资源的流域治理 ··· 93
　论我国流域水资源管理体制的创新 ··· 95
　中国流域治理问题与对策 ··· 109
　日本的流域治理 ··· 115

政策评估：移民扶持与南水北调 ·· 121
　湖北省大中型水库移民后期扶持政策实施情况监测评估报告 ···················· 123
　关于加强湖北省大中型水库移民后期扶持工作的思考 ····························· 131
　南水北调中线工程对丹江口库区及汉江中下游区域农业和生态环境的影响
　　与对策 ··· 139

法律实施 ·· 145
　河道（水库、湖泊）行政执法考核体系研究 ··· 147
　丰水地区开展水资源论证的必要性研究 ··· 156
　2013年环境污染犯罪司法解释评析
　　——以水污染犯罪为例 ··· 161

对策建议：领导决策参考 …… 171
关于"做好湖北水文章"的对策建议 …… 173
关于把湖北建设成节水型社会的对策建议 …… 177
关于发展"水经济"的对策建议 …… 181
进一步加强湖北水资源保护立法的建议 …… 185

他山之石：洪水风险管理 …… 189
德国洪水风险管理法律制度考察 …… 191

附录：2012年湖北省水资源可持续利用大事记 …… 203
温家宝在鄂考察防汛抗洪强调全面做好防汛各项工作 …… 205
湖北省与长江水利委调研鄂北地区水资源配置工作 …… 207
《湖北省湖泊保护条例》出台 …… 208
全省第一批湖泊保护名录公布 …… 209
省政府批复重要饮用水水源地安全保障规划 …… 210
全省水资源保护规划编制工作启动 …… 211
湖北新"三万"活动建天蓝地绿水净美丽山村 …… 212
省委省政府电视电话会议部署湖泊保护管理工作 …… 213
湘鄂水利部门共商洞庭湖生态经济区规划 …… 215
CCTV新闻联播报道湖北省"长治"成效 …… 216
湖北省最严格水资源管理试点方案获部省批准 …… 217
湖北省基层水利管理站机构实现全覆盖 …… 218
湖北省河湖基本情况普查成果通过审查 …… 219
全国唯一流域现代化试点前期工作启动 …… 220
2013年再解决湖北260万人饮水安全问题 …… 221
梁子湖等水质较好的30个湖泊将获优先保护 …… 222
丹江口水库移民搬迁安置完成鄂移民工作进后续阶段 …… 223

总报告

做好湖北水文章

自古以来,湖北因水而兴,因水而忧,水情就是省情。认清"水情",熟悉"水性",是建设"五个湖北"、实现"竞进提质"的必然要求。让千湖之省碧水长流,保证一库清水送北京,不仅是湖北人民的期盼,也是湖北作为水资源大省应尽的责任。"一元多层次"战略目标的实现,需要有青山碧水的支撑。做好湖北水文章,是"走前列、建支点"的题中之意。

做好湖北水文章　推动湖北创新发展[①]

"做好湖北水文章"课题组[*]

湖北因"湖"得名,云梦大泽孕育了江汉平原;千湖之省得水独厚,汇长江、汉江、清江三江之水。湖北的历史是一首"人与水"互动的长歌,湖北的省情是"利与害"交织的水情。自古以来,因为水患,多少湖北人背井离乡、妻离子散,年年劳作付东流。过去,武汉因汉江改道而兴,恩施、襄阳、宜昌、荆州、黄石、黄冈、鄂州等因三江滋润而成长;现在,三峡、隔河岩、南水北调,根治水患、畅通航运、清洁能源,无一不是三江水的贡献。未来,"一元多层次"发展战略,中部崛起战略支点建设,无一不靠三江水的承载。正因如此,"水文章"成为连接湖北昨天、今天、明天的绵远长卷。省委书记李鸿忠同志多次强调:"兴水利、除水害,事关人类生存、经济发展、社会进步,历来是湖北为政之要、民生之本、兴鄂之基"。作为水资源大省的湖北,"水情就是省情"。当前的湖北,无论是实施"一元多层次"发展战略、构建促进中部地区崛起重要战略支点,还是全面建成小康社会、建设"五个湖北",都必须认清"水情",熟悉"水性","做好湖北水文章"。

一、湖北的水情:"优"与"忧"并存

湖北"优于水"亦"忧于水",正确认识水资源的"忧"与"优",是寻找变"忧"为"优"的发展战略、发现变水资源优势为发展优势的有效途径、破解制约湖北发展的水资源瓶颈、做好湖北水文章的前提。

(一)自然状况:"水多"、"水少"

湖北省国土面积18.59万平方公里,其中99.3%属于长江流域,0.7%属于淮河流域,境内河湖众多,长江、汉水穿境而过,湖泊河港星罗棋布,素有"千湖之省"的美誉。境内河流总长5.92万公里,全省5公里以上河流4228条;湖泊总面积2983.5平方公里,百

[①] 本文为2012年度湖北省人民政府智力成果采购重点招标项目——"做好湖北水文章"的研究成果。项目主持人:吕忠梅;课题组成员:陈虹、尤明青、邓祖涛、刘佳奇、邱秋、陶珍生、嵇雷、涂爱荣、田秋菊。

[*] 报告执笔人:吕忠梅、陈虹、尤明青、刘佳奇、陶珍生、邱秋;统稿人:吕忠梅。

亩以上的湖泊800余个;共有各类水库5858座;湿地面积156.3万公顷,占土地总面积的34%。①

湖北省常年降水量1280毫米,折合降水总量2379亿立方米。但降水量空间分布不均,全省南北多年平均降雨量相差达3倍之多,不仅鄂西、鄂西北一带素称"旱包子",是十年九旱之地,而且山丘岗地向江汉平原的过渡地带也经常遭受旱灾侵袭。因此,往往是北旱南涝,干旱和洪涝并存。

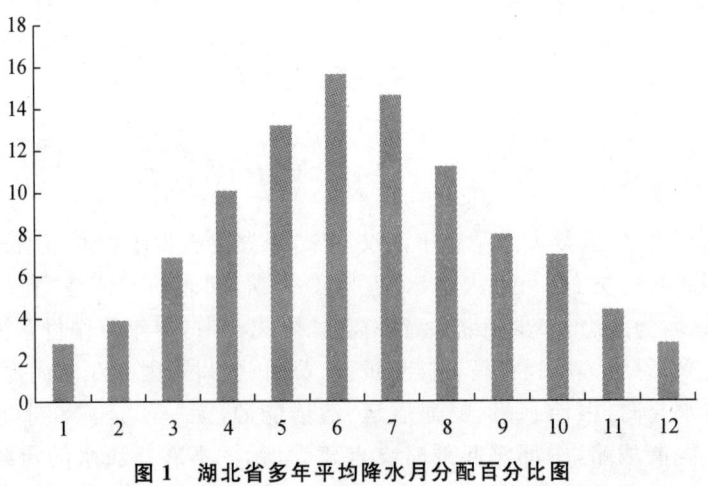

图1 湖北省多年平均降水月分配百分比图

湖北省常年自产地表水资源量(河流、湖泊等地表水体的动态水量)为1006亿立方米;全省常年地下水资源量289亿立方米;扣除地表水资源与地下水资源间重复计算量后,全省常年水资源总量为1036亿立方米。数量众多的水库和湖泊提供了优良的蓄水条件,2012年全省332座大中型水库年末蓄水总量为301.96亿立方米;全省13个典型湖泊年末蓄水总量为22.86亿立方米。② 此外,小型水库和农村堰塘也提供了重要的蓄水空间。

湖北省过境客水较多,全省年均客水6338亿立方米,是自产水量的6.3倍。由于湖北省境内降水时间过于集中,加之地势特征,使洪涝灾害成为湖北省最大的自然灾害。三峡工程和丹江口水库加高工程建成后,大大提高了湖北省的防洪能力,但防洪薄弱环节依旧突出:长江、汉江防洪保护圈没有完全形成,中小河流防洪标准低,湖泊堤防基础差,分蓄洪区建设和山洪灾害防治滞后,水库涵闸泵站病险多,洪涝灾害依然是心腹大患。

(二)开发利用现状:需水、耗水

水资源是基础性的自然资源和战略性的经济资源,湖北的产业结构以丰富的水资源

---

① 吕忠梅主编:《湖北水资源保护:现状、问题及对策》,载《湖北水资源可持续发展报告》(2010),北京大学出版社2011年版,第4页。
② 数据来源:《2012年度湖北省水资源公报》。

为基础构建,湖北的经济社会发展对水资源依存度极高。但是,水资源支撑湖北经济社会发展的能力,正在受到威胁。

(1)需水型农业模式带来水资源巨大压力。湖北是农业大省,位于长江流域农业主产区内,按照国家要求应当重点建设以双季稻为主的优质水稻产业,以优质弱筋和中筋小麦为主的优质专用小麦产业,优质棉花产业,"双低"优质油菜产业,以生猪、家禽为主的畜产品产业,以淡水鱼类、河蟹为主的水产品产业。① 湖北省按照国家的要求,结合本省情况,进一步细化了农业产业布局,推进形成以江汉平原综合农业发展区、鄂北岗地旱作农业发展区、鄂西山区林特发展区为主体,以江汉平原优质水稻产业带、双低油菜产业带,汉江流域优质小麦产业带,江汉平原优质棉花产业带,鄂西山区优质林特产业带,江汉平原及鄂东水产养殖带,江汉平原和鄂北岗地生猪产业带等七大优势产业带为支撑的"三区七带"农业区域布局结构。②

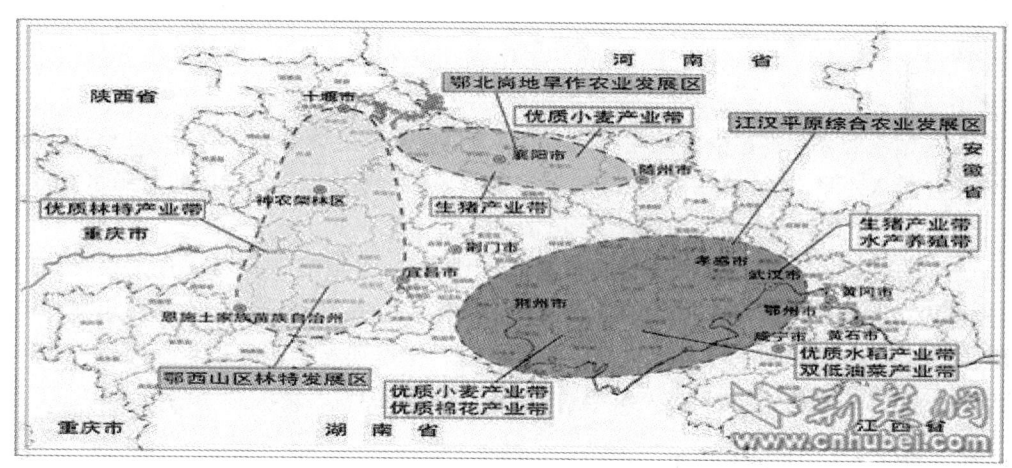

图2 湖北省"三区七带"农业区域布局结构图

作为中国的粮食主产区和水产养殖密集区,湖北省对于保障国家粮食安全和提高人民生活水平具有重要地位。同时,湖北省的产业结构中,农业也居于重要的基础地位,全省有46个粮食主产县,其中33个列入《全国新增1000亿斤粮食生产能力规划》(2009—2020年)。而且,农村人口比例仍然较高,占湖北省总人口的46.5%。③ 正因为此,湖北省第十次党代会提出全面提升农业综合生产能力,实施"新增百亿斤粮食生产能力工程",推进和支持荆门"中国农谷"建设,高水平地创建国家现代农业示范区。但是,湖北目前的农业发展对水资源形成了巨大的压力。

丰沛的水资源为湖北省渔业捕捞和养殖提供了得天独厚的条件,使湖北成为著名的"水产大省"。2012年,湖北省水产品产量再创新高,达到388.94万吨,比上年度增长

---

① 数据来源:《全国农业和农村经济发展第十二个五年规划》。
② 数据来源:《湖北省"十二五"规划纲要》。
③ 数据来源:《湖北省2012年国民经济和社会发展统计公报》。

9.2%①,连续16年位居全国第一。洪湖、监利、鄂州、仙桃等重点湖区市县的渔业产值占农业生产总值的50%以上。但是,水产养殖也存在较为严重的内源性污染,主要表现为水产养殖废弃物、鱼食、鱼药等导致的水体污染,围网养殖导致的水体分割,水环境破坏等。尽管湖北省针对水产养殖业的内源性污染组织实施了精养鱼池标准化改造工程、健康养殖工程、渔业资源养护工程,制定并实施了《关于禁养限养珍珠和规范水产养殖的意见》等多项政策,但是由于养殖业所存在的精养鱼池和围网养殖方式、高密度超负荷的养殖模式、饵料肥料的不合理投放、养殖设施改造更新的动力不足、水产品的绿色供应链尚未形成等原因,加之部分地方政府更多地追求产品数量的增加而非产品质量的提升②,导致水产养殖环境问题依然严峻。

除了养殖业外,水资源也支撑着湖北省的其他农业活动。2012年,湖北省粮食种植面积418.01万公顷,占全国粮食种植总面积的3.76%,粮食总产量2441.81万吨,占全国粮食总产量的4.14%,实现粮食产量九连增。③ 但是湖北作为中国的水稻主产区,种植业生产以水需求量大的品种为主,种植方式粗放且以小农户为主,带来了水资源利用中的诸多问题:

一是用水效率不高。由于农民节水意识不足、农业生产集约化不够、地块小且分散、节水设施投入不足,无法使用滴管、喷灌等节水技术,导致湖北省的农田灌溉用水有效利用系数不高(仅为0.4858),低于全国平均水平。

二是农业面源污染严重。农业生产缺乏合理规划,土地的保护与保育工作薄弱,科学种田和农业技术推广存在不足。农业生产中过量施用农药、化肥,不合理使用地膜、大棚等农资,农作物废料和畜禽、水产养殖废弃物的大幅增加等生产性污染,严重影响着农业生产效率及生态环境,并造成农业资源的巨大浪费。

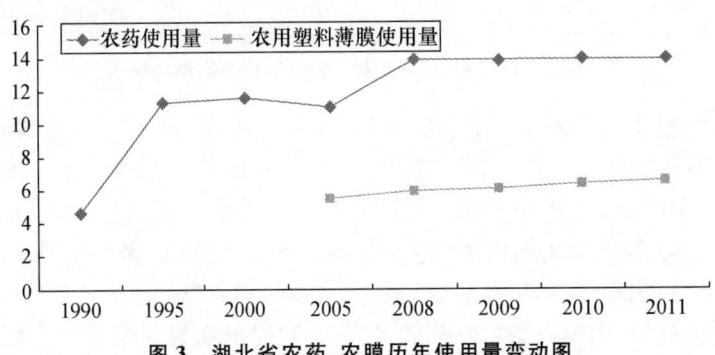

图3 湖北省农药、农膜历年使用量变动图

三是农村的不良生活方式和相对滞后的环保设施加重水污染。与城镇相比,农村地区污水、生活垃圾处理设施建设相对滞后,"垃圾乱倒、污水乱泼、畜禽乱跑"的现象比较

---

① 数据来源:《湖北省2012年国民经济和社会发展统计公报》。
② 李博、胡静、陶珍生:《湖北省水产养殖业内源性污染的治理》,载吕忠梅主编:《湖北水资源可持续发展报告》(2012),北京大学出版社2012年版,第65—68页。
③ 数据来源:《湖北省2012年国民经济和社会发展统计公报》《国家统计局关于2012年粮食产量数据的公告》。

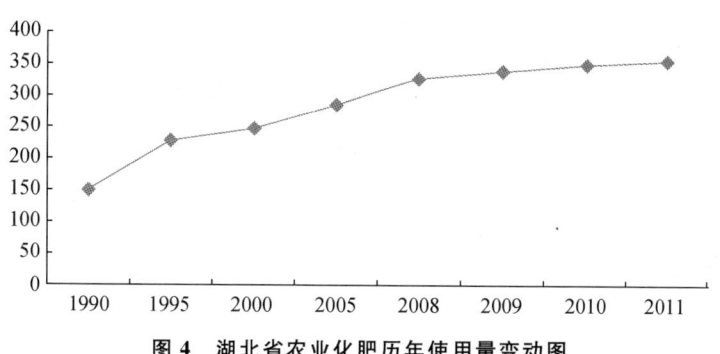

图 4 湖北省农业化肥历年使用量变动图

普遍。自 2008 年 7 月以来,按照中央的部署,湖北省基本上完成了农村环境综合整治示范工作,涉及 12 个市(州),30 个县(市、区),整治 2200 余个建制村,直接惠及 370 万余农村居民。农村居民和地方党政干部的环境保护意识得到较大提高;一批群众反映强烈的突出环境问题得到妥善解决;各地积极探索促进地方经济社会可持续发展的经验模式。[①] 但依然存在如下问题:农村环境基础设施建设滞后,生活污水处理设施收集管网的完善需大量资金投入;环保设施建成后的运营、维护及相关长效管理尚待完善;农村地区环境宣传教育需要加强,农民的生产生活习惯需要进一步改善;农村地区生活污染治理技术尚待完善。

四是村级小型农田水利建设严重滞后。近年来,国家不断加大对农田水利建设的投入,支持力度逐年增加,农田水利的整体承载能力大幅提高,但投入重点是大江、湖泊、主干河流和大中型水库,直接用于村级小农水建设的微乎其微,出现了小型农村水利"国家没管到、集体没有搞、农民搞不好"的困境。为解决这个问题,湖北省从 2011 年起开展了"三万"活动,取得了较好的效果。但从调查的情况看,"三万"项目的设计标准普遍不够高,运动式工程建设既易造成质量不高的问题,也难以从根本上解决村级小型农田水利的持续投资和管护问题。农村小型水利工程管理体制不全、运行机制不活、责任主体不明、投资回报不高、投资热度不够的问题仍然存在。

(2)沿江型工业布局加剧水资源约束。水为工业生产提供了重要的生产原料、运输载体和环境容量,湖北省的工业布局也主要是沿江沿河展开,沿长江形成了"钢铁走廊"、"石油化工走廊"、"汽车工业走廊"、"电力工业走廊",沿汉江形成了襄阳国家可持续发展试验区、钟祥汉江新能源产业带,带动相关产业的发展,创造了大量的产值。

这种沿江沿河的产业布局具有诸多优势,但也带来了用水效率不高、水污染治理不力等问题:一些地方政府对水资源的有限性认识不足,认为湖北的水资源易得、水环境容量较大,放松对企业的管理;一些地方政府以中小企业实力不强、监管麻烦等为由,对大量中小企业持放任态度,使其游离于取水许可、排污许可之外。在政府执法不力的情况下,企业环保节水设施投资意愿不高,一些企业节约和保护水资源的观念淡薄,违法违规现象比较普遍,未经许可擅自取水、超量取水、不足额缴纳水资源费、无证排污、超量排

---

① 周三春、王振淳:《湖北农村环境连片整治总投入 19 亿惠及 370 万村民》,载《湖北日报》2013 年 5 月 6 日。

污、私设暗管排污等情况仍然存在。

（3）水域航运能力开发放大水污染风险。湖北省正在实施一些航运提振措施。引江济汉工程自 2009 年 9 月开始实施，设计通航里程 67.22 千米，预期于 2014 年通航。引江济汉实施之后，引江济汉运河、汉江、长江将形成三角形航道，进一步延长通航里程。以"亿吨大港，千万标箱"为目标重新构想的武汉新港位于长江黄金水道中游，将进一步提高水运能力。[①] 但是，由于部分船舶的技术标准低、部分船舶操作人员不遵守环境保护规定、船舶事故多发等原因，船舶成为重要的水污染移动源，增加了通航水域的污染风险。

（4）涉水旅游快速发展引发保护困局。湖北的水资源为旅游业提供了广阔的空间。以武汉市中心城区为圆点，滨江滨湖景观形成全省最重要的旅游产业集聚区域和递次推进的放射型旅游目的地圈层网络。鄂西生态旅游圈以长江三峡和武当山为依托，整合神农架和圈内其他山水、人文旅游资源，形成以长江三峡为主体的复合型旅游目的地集群。咸宁市以及荆州、黄石、鄂州的部分区域以咸宁国际温泉城为核心，形成以温泉度假为主打、山水和乡村休闲为补充的华中地区最重要、最具特色、最有成长性的休闲度假旅游目的地。《2012 中国旅游业发展报告》显示，湖北旅游综合竞争力排名全国第九。东湖风景区、三峡工程、恩施大峡谷、楚河汉街等一大批特色涉水旅游项目蜚声海内外。

但是，湖北省涉水旅游也存在一些不足：政府未能很好地协调城市建设规划和旅游发展规划，旅游主管部门与水资源保护部门合作不够，对旅游企业监管、指导不足，跨区域旅游主管部门之间缺乏合作机制；旅游企业在景点设置和线路设计方面未充分考虑水体保护，破坏水生态功能；部分旅客环境意识欠缺，随意丢弃垃圾，污染水体。旅游业发展方式仍显粗放，以观光旅游为主，亲水深度旅游发展不足。旅游资源过度开发、品位下降，水域面积萎缩、水质恶化，重旅游资源开发、轻环境保护的情况仍然存在，严重影响涉水旅游的可持续发展。

（5）水能开发及跨流域调水诱发生态压力和移民压力。湖北省水能资源丰富。截至 2011 年，湖北省水电装机容量 3386 万余千瓦时，占全省全口径发电装机容量的 63.72%。大型水电按国家统一计划大量外送其他省份，三峡电力 85% 以上输到外省[②]，不仅对湖北省作出了巨大贡献，也为全国的经济社会发展提供了强有力的能源支撑。南水北调中线工程承担着"一库清水送北京"的历史重任，向输水沿线的河南、河北、北京、天津四省市的 20 多座城市提供生活和生产用水。

但是，水能资源开发及跨流域调水也带来了诸多问题：一是生态压力巨大。三峡水利枢纽与南水北调中线工程的建成和运行，将进一步加剧全省水生态的压力。三峡工程蓄水 175 米后，库区部分支流连续出现"水华"，呈现支流、库湾滞水区向干流近岸水域漫延的态势，藻类属性由河流型（硅藻等）向湖泊型（蓝藻等）演变；荆江支流进水时间延迟、断流时间提前。二是病险水库多。目前，全省小二型病险水库共 3380 座，近十年来每年

---

① 数据来源：《武汉新港空间发展规划》。
② 数据来源：《湖北省能源发展"十二五"规划》。

都有约10座水库出现重大险情。①

（6）地下水污染与超采导致安全隐患。湖北省全省常年地下水资源量289亿立方米。② 地下水面积18.6平方公里，Ⅰ类—Ⅲ类面积比例为71%③，总体水质良好。但是，湖北省地下水也存在两项隐忧：一是局部污染令人担忧。湖北省部分城市污水管网建设相对滞后，维修保养不及时，管网漏损导致污水外渗，部分进入地下水体。雨污分流不彻底，汛期污水随雨水溢流，造成地下水污染。城市生活垃圾无害化处理率尚未达到100%，部分垃圾填埋场渗滤液严重污染地下水。工业固体废物未得到充分、有效综合利用或处置，堆放场渗漏污染地下水事件时有发生。石油化工行业勘探、开采及生产等活动显著影响地下水水质，加油站渗漏污染地下水问题日益显现。部分工业企业通过渗井、渗坑和裂隙排放、倾倒工业废水，造成地下水污染。部分地下水工程设施及活动止水措施不完善，导致地表污水直接污染含水层，以及不同含水层之间交叉污染。土壤中的化肥、农药残留等污染物易于淋溶，对相关区域地下水环境安全构成威胁。二是局部超采严重。2012年全省地下水源供水量10.14亿立方米，占总供水量的3.4%。与2011年比较，地下水源供水增加0.48亿立方米。全省地下水供水量分布不均，其中襄阳、黄冈地下水供水量较大，分别占全省地下水供水量的24.6%和28%。④ 湖北省有些区域因为超采形成地下水降落漏斗、地表塌陷等灾害，并因此被划定超采区划15处、禁采区3处。⑤

（三）水污染现状：水脏、富营养化

湖北沿江沿河布局的高耗水、高污染行业，广大农村不良的生产生活方式，涉水旅游的过度开发，诸多因素相互叠加，致使湖北水污染形势日益严峻。

（1）河流污染。2012年，全省废污水排放总量53.78亿吨（不包括火电直流冷却水），全省废污水入河量为37.65亿吨。全省地表水质监测河流总长为7488.5公里，其中劣于Ⅲ类的河流总长为1696.0公里，占总评价河长的22.6%，主要集中在城市（镇）河段，主要污染项目为氨氮、总磷、高锰酸盐指数和五日生化需氧量。沿江城市近岸存在长度不等的岸边污染带，三峡水库支流、汉江下游出现"水华"现象。

（2）湖泊污染。2012年全年期共评价26个湖泊，评价面积为1472.3平方公里。其中Ⅱ类水湖泊1个，评价面积为32.0平方公里，占2.2%；Ⅲ类水湖泊7个，评价面积为697.4平方公里，占47.4%；Ⅳ类水湖泊7个，评价面积为482.8平方公里，占32.8%；Ⅴ类水湖泊7个，评价面积为240.4平方公里，占16.3%；劣Ⅴ类水湖泊4个，评价面积为19.7平方公里，占1.3%。湖泊主要超标项目为氨氮、总磷和高锰酸盐指数。从湖泊富营养化的角度评价，其中营养湖泊10个，评价面积为771.5平方公里，占52.4%；富营

---

① 甘勇、胡顺华、王云鹏：《险点变身景点 湖北省水库除险加固工程全面提速》，载《湖北日报》2011年6月22日。
② 数据来源：《2011年度湖北省水资源公报》。
③ 数据来源：《全国地下水污染防治规划（2011—2020）》。
④ 数据来源：《2012年度湖北省水资源公报》。
⑤ 数据来源：《湖北省地下水超采区和禁采区区划》（鄂政函[2007]54号）。

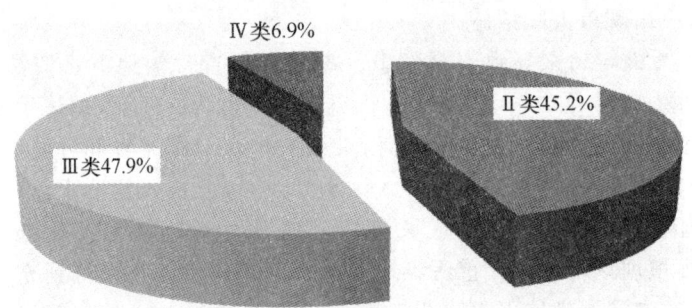

图5 湖北省长江、汉江干流水质类别构成图

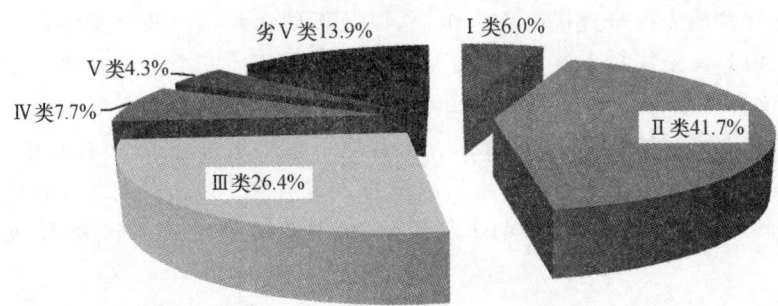

图6 湖北省中小河流水质类别构成图

湖泊16个,评价面积700.8平方公里,占47.8%,2012年湖北省湖泊富营养化趋势略有好转。①

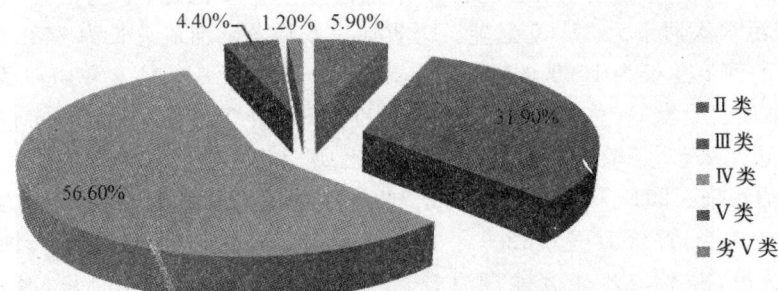

图7 湖北省主要湖泊水质比例图

(3)水库污染。2012年共评价水库41个。全年期水质为Ⅰ类的水库4座,占评价水库总数的9.7%;Ⅱ类的水库22座,占53.7%;Ⅲ类的水库13座,占31.7%;Ⅳ类的水库2个,占4.9%。受到污染的水库为白云湖水库和解放山水库,主要污染物为总磷。从水库营养状态分析,评价的水库中37座水库为中营养,4座水库为富营养。②

---

① 数据来源:《2012年度湖北省水资源公报》。
② 同上。

（4）水功能区水质达标状况。根据《地表水资源质量评价技术规程》(SL395—2007)，对2012年度监测的198个水功能区进行达标评价，水质达标的水功能区有128个，达标率为64.6%，达标率较2011年略有上升。其中河长达标率为67.2%，湖泊类水功能区面积达标率为54.3%，水库类水功能区蓄水量达标率为87.4%。各类不达标的水功能区主要超标项目为总磷、氨氮、高锰酸盐指数和生化需氧量。

（5）集中式饮用水水源地水质状况。2012年对湖北省69个饮用水源地的水质进行评价，全年水源地水质合格率（全年水源地水质合格次数／全年水源地水质监测评价次数）大于等于80%为年度水质合格水源地。69个饮用水源地中，合格水源地有62个，不合格的有7个，水源地合格率为89.9%，合格率较2011年略有提高。水源地主要超标项目为氨氮、总磷。

二、湖北省水资源开发、保护与利用中存在的问题

湖北"水情"的"忧忧"并存，水污染治理形势的不容乐观，国家最严格水资源管理制度的外部压力，湖北经济增长目标的自我设定，构成了湖北省水资源开发、保护与利用的自然约束与制度约束。此背景下，"水多"与"水少"并存、洪涝与干旱交错，呈现自然状况之"忧"；协调经济社会发展和最严格水资源管理之间的关系难度加大，引发目标冲突之"忧"；用水方式粗放、水污染加剧，水资源管理制度不健全，导致制度缺位之"忧"。上述忧患，主要是由下列问题引起，具体而言：

（一）规划冲突，战略层面的规划缺失

"十二五"期间，我省制定了综合性规划和诸多分行业、分部门的专项规划。各规划之间的目标与措施不统一，导致对水资源保护工作的定位不清，保护与开发之间的关系没有理顺，具体表现为：

一是规划自身的矛盾。鄂西生态圈旅游业规划、旅游产业规划中，一方面要求涉水旅游景点不断增加，支撑旅游业的大发展，另一方面随之产生的废弃物、油污以及水污染等问题，对当地的水生态安全造成威胁；水产养殖业、土地综合利用规划中，一方面要求增加水产养殖面积，快速发展水产养殖业，加剧了湖北农业面源污染，另一方面要确保坚决实现湖库的拆围和限养。这些规划虽对水资源的开发与保护有所规定，但在以GDP为导向的政府评价考核标准中，仍偏重对于水资源经济价值的追求，忽视水资源的保护、节约工作，致使水资源开发利用与保护节约之间协调难度增大。

二是规划之间的矛盾。由于各专项规划、区域规划、行业规划分别由不同的政府职能部门编制，不同规划之间的目标缺乏必要的整合，目标和措施之间存在相互冲突。长江经济带和武汉城市圈的区域规划、工业规划明确提出进一步强化高耗水、高污染的钢铁、有色冶金、石油化工、盐化工、纺织服装等湖北省支柱性行业的沿江布局，水利规划则提出用水总量的约束性指标，水运交通规划要求港口、航道建设进一步发掘水运潜力，带来了船舶污染加重的威胁，环境保护规划要求实现地表河流省控断面达Ⅲ类水质的比例

达到86%,实现大江大河能饮用,内河内湖除黑臭。规划之间的利益与目标各异,导致水资源保护、节约与开发之间的关系无法理顺。

规划名称	主要规划目标	主要措施
湖北省环境保护"十二五"规划纲要	到2015年,化学需氧量排放总量比2010年分别减少8.3%,氨氮、氮氧化物排放总量比2010年分别减少9.7%和7.2%;地表河流省控断面达Ⅲ类水质的比例达到86%,保障城乡饮用水水源地安全,基本解决农村饮水安全问题。	抑制过剩产能盲目扩张,限制高耗能、高污染产业发展;减少化肥、农药使用量。
湖北省水利发展"十二五"规划纲要	2015年全省平均工业用水重复利用率达到80%左右,万元工业增加值用水量降到142 m^3 以下,万元GDP用水量降到145 m^3 以下,城市供水管网平均漏损率控制在15%以下;全省重要江河湖库水功能区水质目标达标率提高到70%;集中式饮用水水源地水质达标率达95%以上;"十二五"末,全省年用水总量不超过315.31亿 m^3。	全面推进节水型社会建设,不断提高用水效率和效益。以水源地保护和地下水超采区的综合治理为重点,加强水资源保护。
湖北省工业发展"十二五"规划	在现有电子信息、钢铁、汽车、石化、装备制造、食品、纺织和建材等8个千亿元产业的基础上,培育新增有色金属、医药、船舶和钒钛等4个新千亿元产业。	长江沿线布局冶金、装备和石化产业集聚带,江汉平原布局轻工、纺织、农产品加工和盐化工产业集聚带。
湖北省旅游业发展"十二五"规划纲要	全省年接待海内外旅游者3.5亿人次以上,实现旅游总收入3000亿元以上,相当于全省同期GDP的12%以上。	4A级以上旅游景区达到100家以上,其中5A级旅游景区10家以上;四星级以上饭店达到150家,其中五星级饭店30家以上;优秀旅游城市、旅游强县达到40家以上;"湖北旅游名镇"达到40个以上,生态文化旅游镇达到100个以上,"湖北旅游名村"达到200个以上,星级"农家乐"达到2万家。
湖北省公路水路交通运输发展"十二五"规划纲要	促进中石化80万吨乙烯、武钢200万吨钢材深加工、三峡1000万吨涂镀板等一批大项目向沿江集聚,形成石化、冶金、建材、化工、汽车工业等有序布局的沿江经济走廊。	新增高等级航道里程翻番,由60公里增长到300公里;港口集装箱吞吐能力翻番,由150万标箱增长到400万标箱。
湖北省战略性新兴产业发展"十二五"规划	大力发展高强轻型合金,加快发展高性能钢材和高温合金材料;大力发展有机硅材料、特种工程塑料和改性塑料、高性能聚烯烃材料、特种橡胶、高附加值的磷氟化工材料等。	重点建设宜昌、随州储能材料基地;黄石、武汉青山新型冶金基地;宜昌、武汉阳逻新型化工基地。
湖北省土地利用总体规划(2006—2020)	规划到2010年和2020年,全省水产养殖用地由2005年的65万公顷预期达到70.0万公顷和75.0万公顷。	改造老化鱼池,建设高标准精养鱼池,提升鱼池综合生产能力。

(续表)

规划名称	主要规划目标	主要措施
湖北省水产业发展"十二五"规划	水产品总产量420万吨,其中养殖产量395万吨;全省放养水面稳定在1030万亩左右。	由人工高密度养殖转变为以"人放天养"的天然增殖为主,适量的人工养殖为辅,同时全面禁止投肥养鱼。洪湖、梁子湖、丹江口水库等涉及饮水安全及生态安全的大湖大库要坚决推进拆围和限养工作。
湖北省质量兴省战略发展纲要	削减造纸、化工、印染等行业化学需氧量、氨氮等污染物的排放量,工业废水排放达标率达到99%以上。	以构建"生态湖北"为目标,坚持保护优先和自然恢复为主,提升生态环境质量,维护生态平衡,保障生态安全。
鄂西生态文化旅游圈发展"十二五"规划	年游客接待量达到1.4亿人次,旅游年总收入达到1200亿元,占全省旅游总收入的40%以上,相当于鄂西圈GDP的12%,使之成为鄂西圈重要的支柱产业。	大力发展旅游"吃住行游娱购"六要素相关的产业,围绕六要素加快配套设施建设,不断提高景区接待能力,确保与游客增加量和服务新需求相适应。
湖北长江经济带"十二五"规划	到2015年,湖北长江经济带国内生产总值预期达到15300亿元左右,年均增长12%左右;工业和服务业实力在长江经济带地位逐步提升。	基本构建起以水资源为支撑的现代产业体系。积极发展以冶金、石化、汽车、船舶、装备制造等为主体的先进制造业;依托长江"黄金水道",发展以高产优质水稻、名优特淡水产品等为主的农业生产与农产品加工业。承接产业转移重点发展化工产业、纺织印染服装产业。
武汉城市圈"十二五"区域总体规划	GDP总量年均增长11%,人均GDP年均增长10.6%;	建设10大产业链,分别是:汽车、电子信息、钢铁、有色冶金、石油化工、盐化工、纺织服装、造纸及包装、建材及建筑业、农副产品加工。现阶段重点建设已形成了光电子通信、电子信息及家电、汽车整车制造、汽车零部件、钢铁及深加工、金属制品、石油化工、盐化工、医药工业、纺织、建材、服装、造纸及包装、食品、饮料等15个产业集群。

(二) 缺乏综合决策机制,各自分割为政

湖北省通过实施"一元多层次"发展战略、举办世界湖泊大会、实施江湖连通工程、发布了实施最严格水资源管理制度试点方案、编制湖北省主体功能区划等行动,在整合水资源方面取得了可喜的成绩,但是整合仍然不够,优势显现不足。具体而言:

一是水功能的分割。水资源是湖北省实现跨越式发展的重要支撑,关系到国民经济和社会发展的全局,水资源的开发利用与保护需要体现综合决策的要求。由于湖北缺乏具有法律效力的综合水资源战略,没有理顺水资源保护和开发的关系,随意决策、盲目上马,未能综合考虑水资源的经济效益、社会效益、环境效益,导致部门间政策不协调,区域分割和地方保护现象较严重。

二是水资源管理的不协调。水资源管理是一项系统工程,无论是单一部门管理,还是多头管理,都不能有效应对湖北的水资源管理问题。流域综合管理是当前世界各国治理水问题的普遍趋势,也是解决湖北日益严峻的水资源环境问题的重要途径。采取柔性"协商"协调机制,通过"自主参与、集体协商、懂得妥协、共同承诺"的方式进行决策,才是市场经济条件下解决流域管理问题的主要途径。在现行水资源管理体制下,水资源管理多采取政府主导的一元模式,市场及公民的参与程度比较低,企业和社会公众的社会责任感不足,难以形成群力共治的格局。在政府内部,水资源管理由水利部负责、水污染防治由环保部负责,同时又分别赋予国土资源、卫生、建设、农业、渔业等部门以及重要江河、湖泊的流域水资源保护机构以相关职责,形成"九龙治水"的格局,缺乏综合协调机制,条块分割、各自为政、互不协调,甚至互不买账、互相推诿。

(三) 水资源保护立法不完善

湖北省委、省人大、省政府历来高度重视水资源保护立法工作。截至目前,湖北省水资源保护立法主要有24部,其中湖北省地方性法规13部、湖北省政府规章11部。立法内容涵盖水质、水量、水文、水价、水资源费、防洪、湖泊保护、供水、农村生态环境、污水处理、渔业、水库、水运、采砂、港口、水土保持、血防、移民安置、生态补偿、河道、航道等众多涉水领域,在湖泊保护、防洪、农村生态环境、移民安置、血防等方面彰显出湖北省水资源保护立法的特色,在湖泊管理体制、农村面源污染防治等法律制度设计走在全国的前列。湖北省水资源保护法律体系已经基本成形,为水资源保护提供了制度保障。在立法取得巨大成绩的同时,还存在一些问题和不足,具体表现在:

一是水资源保护综合性立法缺失。水资源以流域为单元形成一个整体,地表水和地下水之间相互转化,上下游、左右岸、干支流之间的开发利用相互影响。因此,水资源保护与水污染防治按流域统一管理,是世界各国行之有效的立法经验。目前湖北省水资源保护立法零散化,"部门立法"导致立法之间存在交叉、冲突。水利、环保、农(渔)业、国土、林业等职能部门都可以依法成为水资源保护的法定职能部门,都可以依法按照各自的规划、标准、手段针对水资源的某一类功能和价值采取各自分散的保护行动。同一片水域水质与水量的监管被立法人为分割,渔业、航运、湿地、旅游、国土资源等水资源的众多功能和价值被相互冲突的立法肢解。

二是部分立法未及时启动立法修改。根据上位法,湖北省制定了相应的实施办法、条例,但部分实施办法、条例滞后于国家法律的修改和制定,不能完全适应现实需求。《湖北省实施〈中华人民共和国水污染防治法〉办法》于2000年制定,对2008年修改的《水污染防治法》中新增加的饮用水水源保护区管理制度、水污染应急反应、强化地方政府责任等内容均未涉及。《湖北省实施〈中华人民共和国水土保持法〉办法》于1994年制定,对2010年修订的《水土保持法》中重点关注的国家在水土流失重点预防区和重点治理区,实行地方各级人民政府水土保持目标责任制和考核奖惩制度没有涉及。2004年修正的《渔业法》将第16条第1款修改为:"国家鼓励和支持水产优良品种的选育、培育和推广。水产新品种必须经全国水产原种和良种审定委员会审定,由国务院渔业行政主管部门公告后推广。"而2002年制定《湖北省实施〈中华人民共和国渔业法〉办法》对这一点也没有涉及。《湖北省汉江流域水污染防治条例》于1999年颁布,其行政处罚的设计普遍明显低于修改后的《水污染防治法》对相关违法行为的处罚额度。

三是立法特色不突出。尽管2012年出台的《湖北省湖泊保护条例》中明确规定对于重点湖泊可以专门立法,为实现"千湖一法"与"一湖一法"的结合提供了法律依据。不同性质的湖泊具有不同的价值和功能,"一湖一法"最重要的意义在于彰显湖泊个性。但从已经公布的全省第一批湖泊保护名录看,依然是以水面面积(1平方公里以上湖泊和1平方公里以下的主要城中湖泊)作为列入湖泊保护名录的依据。具体哪些湖泊是重点湖泊、需要单独立法,目前仍然不够明确。

(四)节水型社会尚未建成

长期以来根深蒂固的水的易得性观念,使湖北人对水的重要性缺乏认知:人人都以为湖北的水多,不知道湖北的水少,"千湖之省"的美誉遮蔽了湖北水资源约束日益趋近、问题越发严峻的现实。湖北人当然地认为本地水资源丰富,对建设节水型社会的紧迫性和重要性认识不足,以至于节水工作投入不足,节水技术落后,可操作性的节水措施缺乏,激励公众参加节水型社会建设的机制不健全。导致全社会节水意识不强,生产生活中浪费水的现象十分普遍。

三、"做好湖北水文章"的对策建议

水文章意味着湖北省委、省政府以政策倡导为手段,深化水资源体制机制改革,全面推进水资源利用保护一体化决策、整体布局,实现水资源的综合开发、利用与保护。做好湖北水文章,关键在省委、省政府,关键在于确定做"好"的标准,并按照这个标准进行考核。"做好湖北水文章",意味着在湖北的跨越式发展中,不要耗水的"GDP",不要脏水的"GDP",不要人民群众怕水的"GDP",让"千湖之省碧水长流"、"江河湖泊休养生息",有"一库清水送北京",形成爱水、敬水、亲水、乐水、节水的社会文化。建议湖北省委、省政府按照"竞进提质"的总要求,加强政策倡导,深化水资源体制机制改革,全面推进水资源开发利用与保护一体化决策。具体建议如下:

(一)以水兴省,助力全省跨越式发展,是"做好湖北水文章"的重点

(1)以生态工业园区建设为抓手,加大长江经济带内外资源整合力度,大力发展循环经济,提高水资源利用效率。发挥长江"黄金"水道作用,将沿江各类经济开发区进行有机整合:提高东湖、沌口、襄阳、荆门、荆州、宜昌等开发区的工业生产集中度;提高汽车、医药、化工、电子等行业生产的清洁化程度;对高耗水、高污染行业和设备,要加大技术改造力度,通过不断淘汰不符合国家产业政策的落后工艺和设备,提高产业的整体清洁水平。

(2)重点支持涉水环保产业发展,将武汉城市圈打造成水污染治理产业基地。一是争取国务院在武汉成立水污染治理产业的改革试点项目。二是加强环保优惠措施整合。

整合财政、税收、信贷、价格等政策激励及优惠措施,形成有机整体,吸引资金及技术进入环保产业,实现投资主体多元化。三是培育市场主体,提高环保产业集约化水平。进一步加大水污染防治的市场开放程度,整合各类科教资源和商业资源,打造产学研销大平台,重点开发附加值较高的技术,推进水污染防治运营市场化和服务专业化,以此为基础,将武汉城市圈打造成湖北、全国,乃至全世界的水污染治理基地。

(3)大力发展涉水生态旅游业。注重将涉水旅游产业和传统农、牧、渔业等涉水经济产业联姻、融合,突出"喜水、亲水、戏水"特色,尤其要注重挖掘生态民族文化特色,加强游客身体和精神上的体验,积极引入体验性、休闲性、创意性、参与性、娱乐性等元素,达到"人水和谐"之效果。

(4)推广典型湖泊"一湖一景"建设工程,带动人水和谐的"邻水"产业发展。在全省范围内大力实施"一湖一景"、"一山一景"、"一园一景"、"一路(街)一景"、"一桥一景"等"五个一"项目。使其与水渠或湖泊相连,或者与高新区、商业中心以及物流园区密切联系。有机融合水生态、城市园林生态和城市社会生活,带动周边水房地产、水文化等产业的发展。

(5)大力促进生态农业园建设。一是建设一批生态园。利用现有资源和技术,重点研究"稻鸭共育"模式、"橘—草—羊"生态种养模式、"果—草—羊"模式、"猪—沼—菜(果、粮)"生态种养模式、茶园养鸡生态种养模式,建设一批生态农业庄园。二是建立五维生态农业示范区。针对山区立体分层农业特点,分层开发,分类指导。三是以安全食品(无公害食品、绿色食品、有机食品)生产为手段,以药果菌和粮食生产为重点,积极发展无污染的安全食品。四是推广一批生态农业优化模式与技术。充分发挥生态农业的整体、循环、再生、协调的功能,逐步实现农业生产资源利用合理化、农村经济高效化、农业生产无害化、农民家居清洁化,推动农业可持续发展。

(二)推进水资源管理体制机制创新,是"做好湖北水文章"的关键

充分反映各方诉求、科学民主决策、执行高效有力的水资源管理体制机制,是破解水资源开发、利用与保护困局的着力点。建议在以下方面推进水资源管理体制机制创新:

(1)强化水资源保护协作机制,建立长江水利委员会与省水利厅,长江海事局与省交通运输厅等跨部门的水资源保护协作机制,形成多部门、多层次的联席会议机制、流域会商机制、信息交流共享机制、监测预警协作机制;积极开展水事联合执法,在水行政执法协作方面进行有益探索,寻求流域水事执法机制的突破。

(2)基于梁子湖极其重要的战略地位与生态价值,打造环梁子湖生态示范带,推行最严格生态保护制度,试点绿色GDP考核,围绕"两型"社会建设和城乡一体化综合配套改革目标,把梁子湖区建成湖泊保护与开发体制机制创新区、国家级绿色示范区和生态农产品生产基地、世界级生态旅游区,以流域为单元进行综合治理。

(3)制订"湖北省碧水行动计划"(2013—2020年)。为进一步强化政府和企业责任,下决心解决好关系民众切身利益的水污染问题,用实际行动改善区域、流域水质量,根据《中华人民共和国水法》、《中华人民共和国水污染防治法》、《中共湖北省委、省人民政府

关于加强环境保护促进科学发展跨越式发展的意见》(鄂发【2012】7号),结合湖北经济社会发展现状和目标,建议制定"湖北省碧水行动计划"(2013—2020年)。

"湖北省碧水行动计划"(2013—2020年)通过饮用水水源地保护工程、水质维护型流域治理工程、水质改善型流域治理工程、湖库水环境改善工程以及风险防范提升工程等工程措施,实现到2020年省辖区内水质超标水体和支流水环境质量明显改善、湖泊水体富营养化趋势得到有效控制、建制镇及以上集中式饮用水水源地得到切实保护、水环境监测预警和应急能力显著提高的目标。强调优先解决群众反映最强烈的河流、湖泊水污染问题,确保城乡居民喝上安全、放心的饮用水。坚持改革创新、先行先试、重点突破,分步推进,以重点流域水质改善为切入点,带动"碧水计划"的全面展开;坚持统一规划、统一检测、统一监管、统一评估、统一协调,共建共享的协调工作机制。落实水污染防治责任单位责任制,调动各地方政府部门和社会力量共同参与,发挥党政一把手环保实绩考核的杠杆作用。

(三)进一步完善湖北水资源保护立法,是"做好湖北水文章"的保障

清理现行地方性法规、规章,开展湖北省水资源保护立法后评估工作。根据新形势、新情况、新论断,科学制订水资源保护立法规划,对现行立法加以必要的修改、完善和充实。

(1)结合湖北省的实际情况,制定《湖北省水资源保护条例》,整合《湖北省实施〈中华人民共和国水污染防治法〉办法》和《湖北省实施〈中华人民共和国水法〉办法》、整合水利部门和环保部门的水资源管理职能,实现水资源保护的统一立法。

(2)梁子湖、洪湖水质总体良好,根据自身水功能区划定位、国家和湖北省的相关保护政策,属于需要通过单独立法重点保护的湖泊。应当在借鉴国内外湖泊单独立法经验的基础上,落实《湖北省湖泊保护条例》,加快对梁子湖、洪湖的单独立法。

(3)充分发挥价格机制对水资源管理与保护的杠杆调节作用,在既有《湖北省水利工程水价管理暂行办法》的基础之上,出台《湖北省水价管理办法》,对工业、农业、城镇生活、再生水水价等进行统一立法。

(4)针对我省旱灾频发给生活、生产、生态造成严重影响的现实,配合《抗旱条例》的实施,加快制定《湖北省抗旱条例》。

(5)鉴于《湖北省实施〈中华人民共和国水土保持法〉办法》、《湖北省实施〈中华人民共和国渔业法〉办法》已经滞后于上位立法的发展,应当将其列入立法计划,尽快出台新的实施办法。《湖北省汉江流域水污染防治条例》颁布于1999年,至今已有十余年的时间,其行政处罚普遍明显低于《水污染防治法》对相同违法行为的处罚额度,应当予以修改。

(四)建设节水型社会,是"做好湖北水文章"的基础

建设节水型社会,以提高水资源的利用效率和效益为目的,建立起政府调控、市场引导、公众参与的节水机制,把水资源粗放式开发利用转变为集约型、效益型开发利用的社会,形成资源消耗低、利用效率高和经济效益好的运行状态。

(1) 制定《湖北省节约用水规划》,明确规定节水型社会的目的、目标、期限,对农业、工业、城镇生活、第三产业的节水规划以及节水管理作出详细的部署。

(2) 推广武汉市、荆门市水务一体化管理经验,对全省各市县城乡防洪、排涝、蓄水、供水、用水、节水、污水处理及回用等涉水事务进行水务一体化管理:对城乡水资源统一规划,统一调度,统一发放取水许可证,统一征收水资源费,统一监督管理水质、水量,统一污水排放与处理,统一涉水行政执法。

(3) 充分发挥水价的杠杆调节作用,逐步推行农业供水基准水价与计量水价相结合的"两部制"水价;进一步推进工业和城市生活实行阶梯式水价和累进加价制度;适当调高自来水价格,降低再生水价格,鼓励用户使用再生水。

(4) 以开展节水示范工作为手段,加大适应性种植和节水灌溉示范项目建设力度,引导农民全面提高农业节水水平;淘汰落后工艺、设备和产品,对重点大中型企业进行节水技术改造,大力推广节水新技术、新工艺和新设备,提高工业用水重复利用率,促进企业推行清洁生产;鼓励企业研发或引进先进技术,为节水减排工作提供科技支撑;城镇宾馆、饭店、洗浴、游泳等公共场所逐步更换节水型用水器具,淘汰现有住宅中不符合节水标准的生活用水器具,引导居民尽快养成节约用水的良好生活方式;加快城镇供水管网改造力度,降低管网漏失率。

(5) 利用"世界水日"、"中国水周"等活动,通过报刊、广播、电视、互联网等媒体,调动公众参与节水活动的积极性。推进"节水型企业"、"节水型灌区"、"节水型学校"、"节水型机关"、"节水型社区"等节水防污创建活动,奖励在水资源节约和保护工作作出成绩的单位和个人,提高全社会节水意识。通过社会机构开展水文化培训、高校设置水文化选修或必修课、中小学设置专门的节水知识课程、举办水文化论坛等途径推进节水教育,营造"节水光荣、浪费可耻"的良好风尚。

特别关注

农村饮水安全

　　保障饮水安全是农村居民最关心、最直接、最现实的利益问题之一,是利在当代、功在千秋的大事,也是推进新农村建设、构建和谐社会的重要任务。湖北水资源丰富,但分布不均,由于环境污染日趋严重,农村饮水安全状况令人担忧。需要切实将这项惠及广大农村居民的"民心工程"抓紧、抓实、抓好。

湖北农村饮水安全调查[①]

余耀军　周勇飞[*]

水是人类生存最基本的条件,获得安全饮水是人类的基本需求,事关群众的身心健康和正常生活。解决农村饮水安全问题是建设社会主义新农村的重要内容,不仅关系到农村居民的生存、生活,而且关系着农村经济的发展、社会的和谐与稳定。

在饮水问题上,农村水质不达标、水量得不到充足的供应和保证,这不仅影响了农村居民的正常生活,也严重制约了农村经济的发展。故省委省政府特别重视推进农村饮水安全工作,将"让群众喝上放心水"作为改善和保障民生的头等大事;把"继续实施农村饮水安全'村村通'工程,确保全面解决农村饮水安全问题"作为"十二五"规划中的"十个确保"目标之一。

一、湖北农村饮水安全概况

(一) 湖北省水资源现状

湖北省位于长江中游洞庭湖以北,长江、汉水穿境而过,湖泊河港星罗棋布,素有"千湖之省"的美誉。湖北湖泊总面积2983.5平方公里,中小河流长度在5 km以上的共4228条,其河长100 km以上的有38条(不含长江、汉江),这些中小河流由于地形的因素形成向心状水系;全省各类水库5858座,湿地达156.3万公顷,占土地总面积的34%。总体而言,湖北水资源相对充沛,但受地形、水文、气候等因素的影响,我省的水资源分布极不均衡:湖北西部山地、丘陵地区,南部江汉平原地区因地处亚热带,夏季雨量充沛,区域内河流、湖泊众多,水资源相对丰沛;湖北中部、北部因区内湖泊相对较少,又地处干旱半干旱地区,降水相对较少,水资源相对紧缺。受水资源地区间的分布不均衡因素的影响,农村饮水解困工作也面临巨大的压力。

[①] 本文为中共湖北省委重大调研项目——"湖北农村饮用水安全研究"的课题成果。
[*] 余耀军,中南财经政法大学法学院副教授、硕士生导师,湖北水事研究中心研究员;周勇飞,中南财经政法大学法学院2012级博士研究生。

（二）湖北省保障农村饮水安全取得的成就

在省委省政府的领导下，各级政府及广大民众积极配合，我省农村饮水安全保障工作取得了显著的成效，具体表现在以下几个方面：

（1）中央下达的我省"十一五"饮水安全规划提前完成。

"十一五"期间，中央计划解决我省785万人的饮水安全问题，而我省实际解决了1033.78万农村人口的饮水安全问题，超额完成了中央下达的计划。这是省委省政府及各相关职能部门协同努力的成果。

（2）以集中式供水工程为主导，在特定环境下适当发展小型、微型供水工程。

在解决我省农村饮水安全的模式方面，总的发展思路是以规模较大的集中式供水为主导，难以实施集中式供水的地区适当发展小型、微型、甚至单户型的供水设置。通过"一延二改三建"，优先发展集中式供水，尽可能实现城乡供水一体化。

（3）畅通融资渠道，落实农村饮水安全保障和建设资金。

在农村饮水安全保障和建设资金上，我省积极构建"政府主导、群众自愿、社会参与"的多元化投融资机制。截止到2012年底，全省农村饮水安全工程建设总投资达100.37亿元，其中中央投资60.6亿元，省级配套13.19亿元，市县及市县以下配套26.68亿元。省级财政每年挤出饮水安全工程建设专项资金2.1亿元。在财力有限的情况下，咬紧牙关，负债融资，从银行贷款12.3亿元用于省级配套。同时，通过募捐、转让经营权、合资入股等方式筹措资金，保障农村饮水安全工程的建设与长效运转。

截至2012年，全省建成集中式供水工程8700余处，实际解决了2200多万农村居民和166.43万农村师生的饮水安全问题，全省农村饮水安全普及率已达到75%以上。

（4）加强农村饮用水水质监测，促进水质合格率提高。

为贯彻落实水利部相关文件精神，加强水利行业管理，提高农村供水水质合格率，省水利厅饮水办组织拟定了《湖北省县级农村饮水安全水质检测中心建设方案编制大纲》，要求各地按照编制大纲的要求抓紧编制县级农村饮水安全水质检测中心建设方案，切实推进农村饮水安全水质保障工作，确保农村供水安全。同时，省饮水办还印发了《关于进一步加强农村饮水安全工程水质保障工作的通知》，要求各地深刻认识农村饮水安全工程水质保障工作的重要意义，防止重水量轻水质、重建设轻管理现象发生，切实加强组织领导，明确工作责任，重视水源保护，强化污染防治，规范工程建管，落实水质检测。

（5）举办技术培训班，提升管理人员的专业技能。

省饮水办还举办了村镇水厂水质保障技术培训班，聘请专家教授对全省102个县市区水利局、水利站从事农村饮水安全工作的管理人员及村镇水厂运行管理人员讲授饮用水处理和水质化验基础理论、水质检验实际操作方法和技能，并结合培训内容进行了考核，对合格学员颁发结业证书，为规范全省村镇水厂提高供水水质、加强运行管理打下了基础。

二、湖北农村饮用水安全存在的问题及原因

(一) 农村饮水安全的含义

根据农村饮水安全卫生评价指标,农村饮水分为安全、基本安全和不安全三个档次,由水质、水量、方便程度和保证率四项指标组成。安全和基本安全的标准是:水质符合国家《生活饮用水卫生标准》的为安全,符合《农村实施〈生活饮用水卫生标准〉准则》要求的为基本安全;每人每天可获得的水量不低于40—60升为安全,不低于20—40升为基本安全,不同地区的具体水量标准在其范围内取值不同;方便程度是人力取水往返时间不超过10分钟为安全,取水往返时间不超过20分钟为基本安全;供水保证率不低于95%为安全,不低于90%为基本安全。四项指标中只要有一项低于安全和基本安全最低值,就视为饮水不安全。

(二) 湖北农村饮水安全存在的问题及其根源追溯

虽然我省在农村饮用水安全工作中取得了显著的成绩,但在资金的配套保障、工程的养护管理、水源水质的监测等方面还存在许多的问题。不仅如此,随着2012年7月1日起正式施行的新《生活饮用水卫生标准》对饮用水水质标准的大幅提高,必将产生许多新增农村饮水不安全人口。因此,我省要在"十二五"期间实现农村饮水"村村通",让农民喝上干净的水,面临着严峻的形势。

总体上,我省农村饮水安全存在的主要问题依然是缺水,具体可以归纳为三个方面:

(1) 水质性缺水。

所谓水质性缺水,是指有可利用的水资源,但这些水资源由于受到各种污染,或者水体含有各种细菌物质、微生物等介质,致使水质达不到生活饮用水卫生标准,无法满足生活饮水需要所造成的缺水。根据《湖北省农村饮水安全现状调查及2010—2013年规划人口复核报告》对农村饮水不安全的分类,其中水质性问题主要表现在:截止到2009年底,我省农村饮水不安全人口2051.47万人,其中饮用高氟水的人口有0.2万人,饮用高砷水的人口有8.63万人,饮用苦咸水的人口有145.17万人,饮用铁锰碘超标的人口有416.51万人,饮用汞镉铬铅超标的人口有0.92万人,饮用细菌学指标超标严重、未经处理的地表水的人口有194.34万人,饮用污染严重等其他饮水水质问题的人口有870.95万人。

由上述数据分析,造成我省水质性缺水问题的根源具体表现在以下几个方面:

第一,农村饮水水源保护区规划没有建立。

根据湖北省人民政府批复的《湖北省水功能区划》(湖北省政府鄂政函〔2003〕101号),全省主要江河湖库共划分了259个一级水功能区,其中51个保护区,148个保留区,44个开发利用区,16个缓冲区;在44个开发利用区中又划分了116个二级水功能区,其中饮用水源区35个。但是所有的一级水功能区中,哪些水功能区可以或应当划定为饮

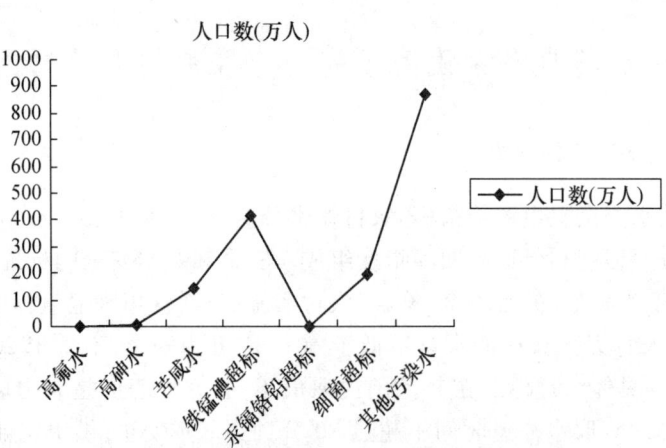

图1 我省农村各类水质性不达标人口数分布图

用水源区却并未作详细说明。

第二,农村供水水质达不到安全标准。

根据2010年我省卫生部门所监测的全省28个县(市、区)、858处农村集中供水工程的水质监测报告表明,直取直供没有净水处理设施的413处,占48.14%;没有消毒设施的613处,占71.45%;所监测供水工程丰水期末稍水水质综合合格率为46.15%。水质综合合格率低,主要是微生物指标和浑浊度、肉眼可见物、氨氮、铁等指标不达标,这说明在饮水消毒和水质处理方面存在问题,主要集中在一些供水量小的单村联户工程上。此外,2012年7月1日起正式施行的《生活饮用水卫生标准》将饮用水水质标准由此前的35项增加到了106项,根据该新增的水质检测指标评定标准以及城乡供水一体化要求,必将新增我省农村饮水水质性缺水危机。

第三,生产、生活垃圾和污水对饮水水源水质的污染和破坏。

通过在孝感和宜昌农村地区的实地调研,农村垃圾污染源中,农业生产污染和居民生活污染所占比重最大(如图2);通过对农村居民处理生活垃圾方式的调查,多数居民采用直接丢弃或者焚烧的方式进行简单处理(如图3)。

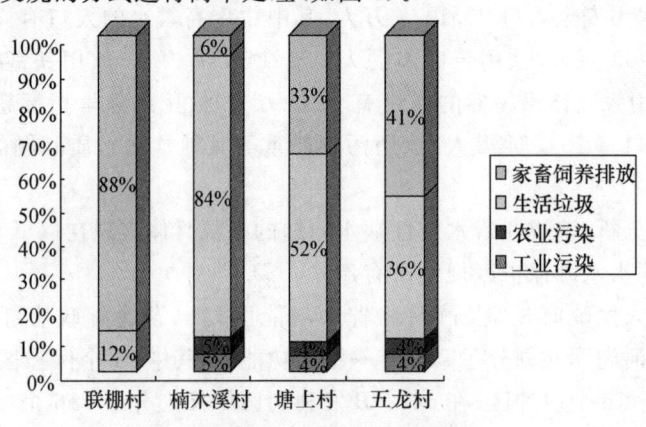

图2 宜昌农村地区农村污染源统计

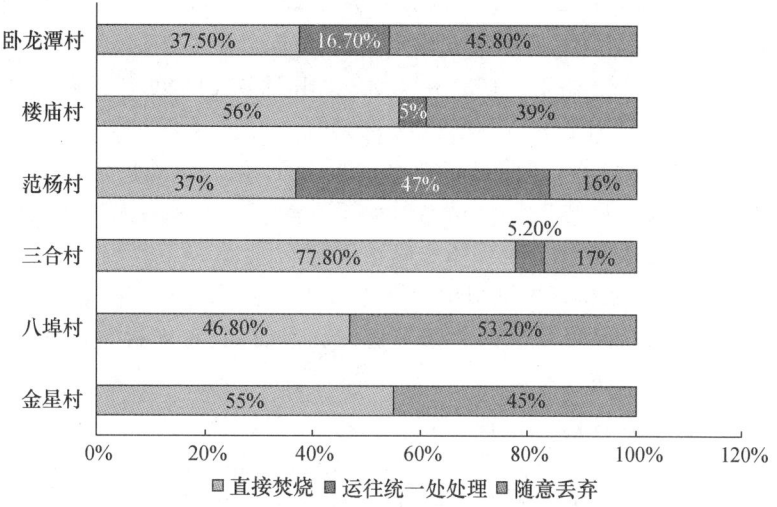

图3 孝感地区农村垃圾处理方式统计表

针对生活垃圾的处理,我省农村生活垃圾处理严重滞后。截至目前,我省43个市县已建成51座生活垃圾处理厂,还有31个市县尚未建成生活垃圾无害化处理厂;全省当前共建成9座乡镇生活垃圾处理厂,日处理能力仅为278吨。这种现状远远满足不了农村生活的需要,从而造成了当前农村垃圾污染严重,饮用水水质不达标的困境。

(2)非水质性缺水。

所谓非水质性缺水,是指并非因为水质受损而达不到饮水标准产生的缺水,而是受地理、气候、水文等自然条件造成的水资源缺乏,或者因缺乏供水工程,交通不便致使在供水水量、水源保证率、取水便捷程度上无法满足生活需要所产生工程性缺水。

根据《复核报告》的数据统计,截至2009年底,我省农村地区非水质性缺水人口共计663.53万人,占全省农村饮水不安全人口总数的32%。其中因水量不达标的人口有228.21万人,用水方便程度不达标的人口有266.17万人,水源保证率不达标的人口有169.15万人。通过与水质性缺水人口数对比,非水质性缺水问题相对较小。

导致非水质性缺水的原因具体表现在以下几个方面:

第一,地理、气候、水文等自然条件造成的资源性缺水。

虽然我省境内水系发达,水网密布,湖泊众多,有着"千湖之省"的美誉,但事实并非如此;我省水资源分布极不均衡,水资源量由南向北递减,南方多,北方少,平原地区多,山地、丘陵地区较少;过境的客水量大,加上亚热带气候因素造成每年的4月到9月降雨集中,且大多以洪水形式流失;年均水资源量受气候条件的影响,波动性较大。这些因素均使我省水资源供给面临严峻的形势。据统计,湖北水资源总量占全国的3.5%,人均占有量为1731立方米,只占全国人均占有量的73%,接近国际公认的人均1700立方米严重缺水警戒线。

第二,供水工程和供水设施不健全。

根据省水利厅饮水办提供的资料显示,截止到2011年,全省农村地区现有集中式供水工程8700余处,受益人口2245.80万人,占农村总人口数的48%;全省当前分散式供水人口有2362.91万人,其中,有分散式供水设施的受益人口为1405.51万人(井受益人口1144.87万人,引泉水受益人口163.84万人,集雨受益人口96.8万人),占分散式供水人口总数的59.4%,占我省农村人口总数的30%。

通过对上述资料的分析,当前全省拥有供水工程、设施保障的农村居民有3651.31万人,占全省农村总人口数的78%。这也预示了还有22%的农村人口缺乏供水设施。

(3) 缺乏完善的农村饮水安全保障和管护机制。

完善的饮水安全保障和管护机制才能维持农村饮水工程的长效运行,才能彻底解决全省农村饮水安全问题,保障社会的和谐与稳定。当前,我省农村饮水安全保障和管护机制还不健全,具体体现在:

第一,缺乏充足的农村饮水安全资金保障。

根据2004年评估、2009年全省农村饮水安全复核结果表明,我省有3150.34万(未扣除2005—2009年已解决的人数)农村居民和368.2万农村学校学生存在饮水安全问题。但中央计划安排我省2835.43万农村居民和368.2万农村中小学师生的投资指标,总投资145亿元,其中中央总投资96亿元。我省尚有314.91万人的农村居民饮水安全问题未纳入中央投资计划,而这一部分的资金缺口尚需我省采取相应方式加以解决。

第二,农村饮水工程缺乏完善的管护机制,难以保障其长效运行。

一方面,当前我省为了大力发展集中式供水,以力求实现城乡供水一体化,因此,在对旧有的工程进行改造、扩建的同时,新建一批"千吨万人"规模的供水工程,保障农村饮水工程的规模化效应。但是,我省部分山地、丘陵农村地区,北部干旱、半干旱农村地区,人口相对稀少,且居住较为分散,由此造成了一些农村饮水安全工程运行、管理中的问题,主要表现在水厂生产能力"过剩",水厂的规模效益难以完全发挥;水费回收率低,工程难以维持其运转效益;农村饮水工程供水成本较城市高,但受农村地区经济条件限制,供水水价偏低,难以维持饮水工程长效运转。

第三,农村饮水水质监测缺乏常态化运行。

我们在实地调研中发现,部分农村地区并没有对饮水水质进行常态化监测,而且通常都是一年一检。这样的水质监测周期难以达到《生活饮用水卫生标准》所要求的周检、月检的基本要求,同时,也无法及时掌握饮水水质的安全状况,难以保障农村居民的饮水安全。

第四,缺乏对农村饮水安全保障的公众参与。

当前,我省饮水安全监督保障机制并不完善,农村饮水安全的相关信息公开状况难以令人满意。比如因设备检修导致的水厂临时中断供水时,相关政府部门不能及时向公众提前通报,从而对生产生活造成较大影响;对于饮水水源水质抽检情况、农村水源水质安全情况、饮水工程管护基金的使用等方面的信息,相关政府职能部门往往将其作为"机密",拒绝对外公布。

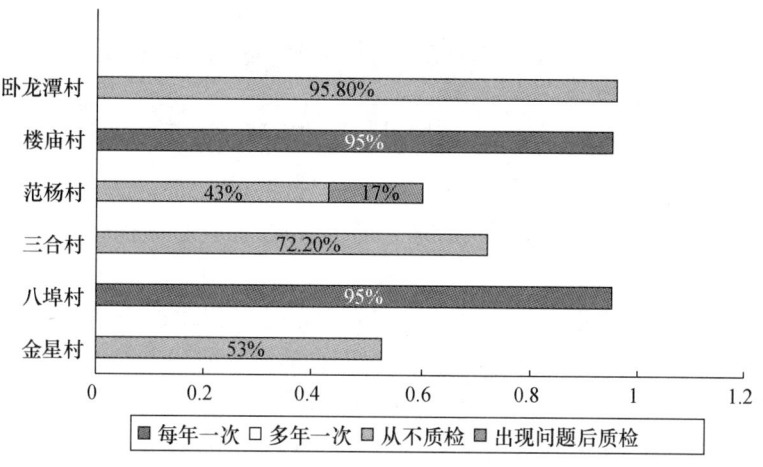

图 4 政府部门饮用水质检周期统计

我省农村饮水安全保障和管护机制不完善的根源在于:

(1) 工程建设成本攀升及工程运行管护、新《生活饮用水卫生标准》的施行导致资金紧缺。

工程建设成本攀升加大资金负担。我省《"十一五"规划》中的工程造价是依据2005年的价格水平编制的。但是,近年来大部分地区的钢筋、水泥、管材等建筑材料价格上涨幅度均超过25%,而人工及机械台班费等也有不同程度的上涨,直接导致工程造价的提高。加上实际解决人数往往高于《"十一五"规划》确定人数,造成工程建设总投资增加较多。

(2) 缺乏完善的农村饮水安全地方性法规或规章。

当前我省农村饮水安全管护和保障存在的问题,归根于缺乏完善的地方性专项农村饮用水安全保障法规,从而造成对于农村环境的连片整治、饮水水源的规划与保护、水源水质的监测与应急管理、饮水工程的维护、水费的收缴与利用、优惠政策的落实等问题缺乏有效的指导性法规依据。

(3) 农村居民及农村饮水安全管护的相关公务人员环境保护意思、饮水安全意识较差。

当前,我省农村居民普遍受教育水平仍然较低,对饮水安全知识及相关法律法规了解甚少,对饮水安全的标准也缺乏清晰的认识,法律意识、饮水安全意识较差,一方面,因缺乏科学、环保的生产生活方式造成大量的农村环境污染,对农村饮水水源水质构成了严重威胁;另一方面,由于饮水安全知识的缺乏,对农村饮水安全管护、监督的积极性不高,无法对饮水部门及相关职能部门形成有效的公众监督。

三、保障农村饮水安全的对策与建议

(一)进村干部"筹资金、清污染、授知识",让洁净环境进万家,健康饮水入万户,幸福生活享万民

(1)充分发挥社会公众力量,依靠企业、团体组织、民众捐款捐物等方式筹集农村基础设施建设资金。

进村干部一方面要积极争取各级政府与相关职能部门对改善我省农村居民生态环境、提高农民生活水平等方面的基础设施建设资金的投入与配套;另一方面,对政府投入和配套后的资金缺口,要积极游说社会上的一些有实力、有影响力的企业、公益性事业团体等对农村基础设施建设的投入与支持,充分发挥社会公众力量对农村公益性建设捐资捐物。

(2)建立健全农村垃圾、污水的"清理、收集、分类、处理"的一体化环保机制。

其一,组建农村垃圾清运小分队。以村组为单位,根据村域面积、村内人口数量配备适当比例的垃圾清运专员,定期对其所在村内的垃圾进行清运、分类及收集,归放到指定的专用垃圾堆放场所。县级环卫部门定时、定期对乡村汇集的垃圾组织车辆进行清运及统一处理。逐步实现城乡环卫建设一体化。

其二,统一规划农村生产、生活污水的排放。针对不同农村地区的地理环境、人口数量、规模大小,因地制宜地建立农村生产、生活污水处理设施:对于人口居住密集,规模较大的村,划定生产、生活污水排放专区,修建排污渠或排污管道,引导生产、生活污水排放,便于集中处理;对于规模较小,人口稀少且分散的村,可以以相邻的几个连片村为一个整体,区域内以户为单位,配备简易的污水收集装置,以将其所收集的污水运到指定的排放专区内倾倒处理。

其三,引导农民排污收费制度的建立与施行。针对当前农村地区排污费征收难的现状,进村干部要耐心地对村民宣传中央和省委省政府的相关文件和政策精神,告知农民排污费征收的用途。

(3)传授科学的生产方式与技术,积极推动沼气等清洁能源的利用,构建我省循环型生态农业。

进村干部可以采取座谈会、茶话会等较为轻松的形式组织开展科学的农业生产方式与生产技术的讲授;积极推动沼气能源的推广与使用;在有条件的地区适当发展水能、风能、太阳能等清洁能源,促进我省循环型农业生态模式的构建。

(二)以县为单位,建立健全全省水质监测网络,运用先进的净化工艺,加强水质检测,确保水质达标

《省人民政府关于加强农村饮水安全工程建设和管理的意见》(省政府 14 号文)中明确要求各地要建立农民饮用水监测网络,定时、定点对农村集中式供水水源水质及农民饮用水水质进行监测,及时掌握农民供水安全状况,发现饮水不安全因素,及时采取措施,保障农村群众的饮水安全。具体而言,以县为单位,建立健全全省水质监测网络。以规模较大的集中供水站为依托,分区域设立水质监测站。水质检验方法应按照新颁布施行的《生活饮用水卫生标准》规则中所规定的方法执行。水质检验项目和检验频率应根据原水水质、净水工艺、供水规模来确定,并严格按照《村镇供水工厂技术规范》的要求执行,并由检验人员在水源、出厂水和居民经常用水点采样抽检。

(三)按照"一延二建三改"为主体的集中式供水工程建设模式,辅以小型、单户供水设备,继续推进我省农村饮水安全工程建设,普及村村通自来水

"十二五"期间,全省还要解决1500多万农村人口的饮水问题,农村饮水安全工程建设任务依然艰巨。总体上,我省农村饮水安全工程建设依然要立足于长效受益,坚持以发展适度规模的集中供水工程为主、小型分散工程为辅的原则,合理布局,因地制宜地选择建设模式。

针对平原地区和有条件的丘陵、山区,按照"一延二建三改"的建设模式,完善集中式供水网络。"延",即将具有设施先进、水净化工艺水平高、管理理念先进、队伍专业、水源可靠等优势城市水厂进行管网延伸辅以加压站或改、扩建,解决城市、乡镇、厂矿企业周边甚至更大范围的农村供水问题,从而事半功倍的让农村居民饮用安全卫生的自来水;"建",即主要针对城市管网难以延伸,乡村又没有相关供水工程的地区,因地适宜的新建一批供水工程;"改",即通过对老水厂进行技术改造、设备更换、改善水处理工艺、改建维修管道工程等,充分利用老水厂的土地资源、部分设备残值以及原有的管理优势、供水市场等,恢复原有的供水用户,并进一步拓展管网,解决该区域农村饮水安全问题。

条件较差的丘陵、山区,可以村为单位建设单村供水工程;村民居住十分分散的地方,修建单户和联户供水工程;同时,积极推行生物漫虑净化技术。

(四)通过募捐、转让经营权、合资入股等方式引进社会资金,采用多维管理模式,解决资金短缺问题,缓解政府财政压力

根据中央下达的我省农村饮水安全"十二五"规划的1200余万农村人口的投资计划,我省还有314万人饮水不安全人口未纳入中央财政计划中。此外,2012年7月起施行的新的《生活饮用水卫生标准》,必将增加新增农村饮水不安全人口,这将使本就财政压力紧张的形势更加严峻。对此,一方面对中央和地方各级政府及相关部门的投入资金进行整合,设立独立账户和监督机制,确保资金专项、高效使用;另一方面,要积极引入社会资金,对供水工程进行民营化改造,合理运用多维的管理模式,缓解政府财政压力。具体而言:

(1)城市水厂经营者统一管理。城市自来水管网延伸工程根据便于管理的原则,移交给水厂经营者实施统一的专业化管理。采取这种模式,由城市水厂经营者抄表到户、实行同网同价管理。

(2)转让经营权。通过"公正、公开、公平"竞争的方式转让经营管理权,转让所得资金专户储存,用于转让期满后工程的维修和设备更新,并由水行政主管部门与用水协会共同监督使用。

(3) 股份制管理。对资产价值大并具有良好赢利能力的供水工程,通过向社会发股,由股东按股份制形式进行经营管理。

(五) 制定和出台《湖北农村饮用水安全管理办法》,实现我省农村饮水安全法治化

当前我省关于农村饮水安全保障的举措主要是以省委省政府制定的相关文件形式下发的,具有较强的指导性,但缺乏稳定性和可操作性。因此,需要将相关的政策通过汇编上升到法规或规章的高度予以强化和固定,作为我省农村饮水安全保障构建的切实依据。

就我省而言,应当尽快制定和出台《湖北省农村饮用水管理办法》。《办法》应包括保障农村饮用水安全的水源选择与规划、供水工程的规划与建设、供水工程的管理与维护、供水与用水的管理、水源保护和水质管理、扶持措施、法律措施等内容。

(六) 设立农村供水信息公报,加强农村饮水安全的公众参与和监督

明确各级政府及其相关职能部门对农村饮水安全信息公开的职责、信息公开的范围、公开的程序及不及时、公开相关信息的责任等。对于信息公报的设立,可以通过网络、电视、新闻报纸等传播媒介,定期对公众发布饮水水源状况、水质状况等相关信息;针对农村相对封闭的环境,可以以村组为单位,设立公告板或公示牌,对农村饮用水水源水质状况、供水水厂水质的监测数据以及因水质抽检、设备维修等原因造成的供水中断的相关信息及时予以发布。此外,还可以通过公告板发布政府关于农村饮水安全的相关政策、饮水安全、节水与合理用水、水源保护等相关知识与技术,提高公民的饮水安全意识和合理用水意识,使公众积极参与农村饮水安全的建设与监督。

建设湖北农村饮水安全的长效机制

陈楚珍 廖霞林*

一、湖北省农村饮水安全长效机制建设的做法与成效

2005年以来,湖北省实施历史上最大规模的农村饮水安全工程建设,投入100多亿元,建成集中供水工程8500多处,累计解决了2200多万农村人口的饮水安全问题,使全省农村饮水安全普及率达到76%以上。湖北省在实施农村饮水安全工程过程中,认真汲取过去"一年建、二年坏、再过二年要重来"的经验教训,坚持把"建得成、管得好、用得起、长受益"贯穿于工程的规划设计、施工建设和运营管理的全过程,特别是近两年,在构建"收支有盈余、运行可持续、供出水合格、用水人满意"的农村饮水安全长效机制方面,采取了许多行之有效的措施,取得了实实在在的成效。

(一)抓城乡一体化供水,以城市供水促长效

预计到"十二五"末,湖北省通过将城市的供水管网向农村延伸,或者新建城乡一体化的供水工程,解决的农村饮水安全问题人口,将达到900多万,约占"十一五"、"十二五"解决农村饮水安全问题人口总数的30%。为适应城乡一体供水的发展需要,武汉、鄂州、随州、潜江等地,对城乡供水实行了统一管理。

(二)抓农村规模化供水,以规模效益促长效

一是着力发展"千吨万人"以上规模的供水工程。"十一五"时期,湖北省兴建"千吨万人"以上的农村水厂805处,供水1285.59万人,占集中式供水总人口的57%。"十二五"时期,湖北省规划新建"千吨万人"以上规模的农村水厂180处,供水616万人,比"十一五"时期的工程规模提高了1倍。同时,还将已建农村水厂进行扩建、联网、并网和管网延伸,不断地扩大"十一五"时期已建工程的供水规模。正在建设的浠水县白莲河水

---

* 陈楚珍,湖北省水利厅党组成员,省饮水办主任,武汉大学教授。廖霞林,法学博士,中国地质大学(武汉)公共管理学院法学系主任,副教授。

厂,设计供水 7 万 m^3/d,供水受益人数达 65 万。二是建立集团式供水公司,对农村水厂实施统一管理,统一经营,形成规模效益。湖北省已有建始、罗田、赤壁、松滋等 20 多个县(市、区)成立了县级供水总站(公司),对所建农村饮水工程实施统一的经营管理。

(三)抓两部制水价应用,以合理收费促长效

要求按照"补偿成本、合理收益、节约用水、公平负担"的原则,适当兼顾用水户的承受能力合理定价,联村及以上的供水工程实行政府定价,单村供水工程实行协议价。湖北省实施两部制水价的县市有 54 个,占县市总数(102 个)的 53%。执行两部制水价的工程有 3400 多处,占工程总数(8500 多处)的 40%。基本水价为每户每月一般为 3—10 元(包用 2—8 m^3),计量水价一般为 0.5—2.2 元/m^3。生产经营及其他用水都执行单纯的计量水价,价格为 0.8—2.5 元/m^3。150 处工程的综合平均水价为 1.41 元/m^3。现在农村居民人均月用水 1.6 m^3,日用水 53 升,人均每月支付水费 2.2 元,人均年支付水费 27 元,每户年支付水费 100 多元,农民是可以承受的。

(四)抓扶持性政策落实,以成本降低促长效

根据中央有关文件精神,2011 年,湖北省农村供水用电价格由执行一般工业电价(0.9 元/千瓦时)调整到执行居民生活电价(0.586 元/千瓦时),同时免征水资源费。2012 年,湖北省贯彻落实财政部、国家税务总局《关于支持农村饮水安全工程建设运营税收政策的通知》(财税〔2012〕30 号)精神,减免了农村供水运营的各种税收,包括契税、印花税、房产税、城镇土地使用税、增值税和所得税。据初步调查,电价优惠、水资源费减免和税收减免三项政策,已使全省农村饮水工程的平均年供水成本降幅达 21%,每吨水年供水成本降低约 0.36 元/m^3。其中:电价优惠政策降低 0.14 元/m^3,水资源减免政策 0.06 元/m^3,税收减免政策降低 0.16 元/m^3。此外,武汉、潜江、仙桃、宜都、天门等市县,还落实了财政补贴政策。

(五)抓水源水质安全保障,以饮放心水促长效

一是把好水源选择关。尽可能选择水量充足、水质好的大中型水库、大江大河、山泉作为供水水源,同时做好水源区保护。二是强化水质消毒设施的建设与使用管理。据省爱卫办水质监测报告反映,饮用合格出厂水的人口比例,2009 年不足 60%,2011 年为 66.83%,2012 年又提高到了 69%。说明水质处理消毒工作逐年加强。三是做好水质检测(监测)工作。通过环保、卫生部门适时监测水源水质和供水水质,使农村供水水质达到国家规定的要求。同时,有条件的水厂建立水质化验室,县级建立水质检测中心,对水质进行自检和抽检。

(六)抓供水信息系统建设,以科学管理促长效

在积极推进农村水厂供水信息管理系统建设的同时,开发建设"湖北省农村饮水安全工程信息管理系统"。该系统以湖北水利(防汛)计算机网络为传输平台,应用面向省、

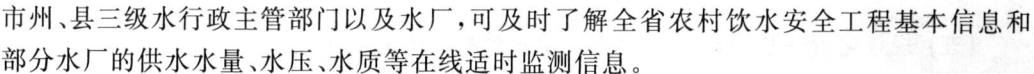

市州、县三级水行政主管部门以及水厂,可及时了解全省农村饮水安全工程基本信息和部分水厂的供水水量、水压、水质等在线适时监测信息。

(七)抓体制机制建设,以规范管理促长效

一是抓监管机构建设。全省已有咸宁、荆州、黄冈、潜江等9个市(州),以及黄梅、监利、曾都、建始、赤壁等66个县(市、区)的水行政主管部门,成立了正式的农村饮水安全专管机构,约占市、县总数的65%。二是抓监管制度建设。湖北省于2009年着手研究起草《湖北省农村供水管理办法》,今年6月,该办法已经省政府常务会议审议通过,以省政府令形式出台。三是抓经营机制建设。做到每个水厂必须有人管事,有制度管人。

二、湖北省农村饮水安全长效机制建设的经验启示

从湖北省农村饮水安全长效机制建设实践看,有以下七点经验启示:

(一)城乡一体化供水是构建农村饮水安全长效机制的最佳途径

向城市供水的工程,工程规模大,供水保障能力强,管理也规范。毋庸置疑,依托中心城市供水工程的强大基础,向周边辐射,发展城乡一体化供水,是长期、稳定地解决农村饮水安全问题的最好办法。

(二)规模化供水是构建农村饮水安全长效机制的重要基础

工程由分散到集中,规模由小到大,管理由粗放到规范,是农村供水发展的必然过程。规模较大的集中供水工程以江河或水库作为水源,水量充沛,设施完备,制度相对比较完善,操作规范,检测严格,能够可靠保证水质安全。由于其规模效应,减少了对分散水源、水厂的建设投入,压减了管理和操作人员,降低了运行成本。实践证明,供水规模越大,越有利于实施专业化、规范化管理,越有利于实施水质处理,越有利于实现长效运行。

(三)两部制水价是构建农村饮水安全长效机制的经济支撑

在农村供水不稳定的情况下,实行基本水价和计量水价相结合的两部制水价制度,按基本用水定额收取基本水费,既是为了让农民用足保障正常生活所必需的基本安全水量,也是为了保障工程有基本的水费收入维持正常运转。实行计量收费,用多少水,交多少钱,是为了保障公平交易和促进节约用水。

(四)水质达标是构建农村饮水安全长效机制的生命线

在水资源比较丰富、取水比较方便的湖北,若公共供水设施供应的水,其水质没有明显的优势,农民就会继续直接取用沟塘水或通过压把井取用浅层地下水。

（五）规范化管理是构建农村饮水安全长效机制的必要措施

有了专门的管理机构和健全的管理制度，还需要一支具有专业素质的管理人员去坚定地贯彻执行这些制度，规范化管理和相关服务不到位的话，农村饮水安全工程不可能长效运行。只有规范化管理措施到位，农村饮水安全才有保障。

（六）政府支持是构建农村饮水安全长效机制的重要保障

农村供水有别于城市供水，其供水点多，面广，供水管线长，用水人口密度低，人均用水量少，单位供水成本高，农民经济承受能力差，政府核定的水价往往难以达到成本。农村饮水安全属于典型的准公益事业，其工程的运营如果没有政府的扶持，单纯依靠计收水费难以维持长效运转。

（七）机制创新是构建农村饮水安全长效机制的强大动力

实施统一的城乡供水水务管理体制；组建专业化、规模化、规范化县级供水总站（公司），对所有农村饮水安全工程实施统一的经营管理；建立县级水质检测中心，强化水质检测，确保水质达标；建立县级农村饮水安全维修养护基金，为工程可持续发展提供资金保障，等等，将有力推动农村饮水安全事业快速发展。

三、湖北农村饮水安全工程长效运行存在的主要问题及原因

为了推进农村饮水安全长效机制建设，2012年，湖北省组织开展了农村饮水安全"回头看"活动，对2005年以来所建农村饮水安全工程存在的问题进行了一次全面调查，并选取具有代表性的150处典型工程，对其经营状况进行调查。从调查情况看，尽管湖北农村饮水安全长效机制建设取得了长足的进步，但也存在一些亟待研究和解决的问题。

（一）单村水厂数量众多，工程规模过小，管理极不规范

2005年以来，湖北省新建单村水厂5900多处，总供水380多万人。这些小水厂基本上由村集体采取委托、承包、拍卖、租赁等方式，交给个人管理甚至无人管理，管理不规范，维护不及时，加之小工程的水质消毒设施不完善或不按规定使用，水源水量、水质保障也较差，长效运行非常困难。

（二）农村水厂供水量过少，设计效益难以充分发挥

150处典型工程的调查表明，目前农村供水工程的实际供水量依然偏小，设计效益只发挥了67%。造成农村水厂供水量过少的原因：一是工程是按照农村户籍人口设计的，而实际上目前农村大约有20%—30%的农村人口在外打工，造成水厂供水不足；二是受经济条件的限制和生活习惯的影响，多数农户还没有室内厕所，洗菜洗衣用压把井或塘

堰沟渠的水,只是做饭和饮用使用安全水;三是水厂设计时预留有一定的发展空间。

(三)农村水厂的单位供水成本普遍高于城市水厂

农村饮水工程人均投资和运行维护费用要远高于城市供水工程。主要是人口密度上的差别、人均用水量的差别和工程建设条件上的差别造成的。一是农村人口密度低,城市人口密度高。如江汉平原人口密度在农村算高的,但每平方公里仅为370人,而城市则可能高达一万到一万五千人,是农村人口密度的30倍以上。解决同样人口的饮水问题,农村管网要比城市长很多,农村管网建设所需的投资和管网维护费用多。二是农村人均用水量远低于城市,湖北省的城市人均用水量都在每日130升以上,而农村即便抽水马桶、洗衣机、淋浴器这用水三大件已入户的人家,其人均用水量也仅在每日80升左右,用水三大件尚未入户的人家则仅为每人每日30到60升,所调查的150处工程平均日用水53升。城市人均用水量是农村人均用水量的3到5倍。三是农村饮水工程的建设条件比城市供水工程差。城市一般是在水源条件好的地方发展起来的,而在湖北,无论是山区、丘陵还是平原,都居住有农民。要解决农民的饮水问题,建设难度大,所需投资多。这也是中国农村饮水主要由政府解决的原因所在,因为民间资本投资难以赚到钱。

(四)农村水厂的供水价格暂时难以补偿供水成本

从150处工程的调查数据看,目前,农村饮水工程综合水价为1.41元/m³,平均供水成本为1.58元/m³,水价仅占成本的89%。造成水价低于成本的原因:一是农民的承受能力较差,水价不宜太高。因湖北水资源比较丰富,尽管水质不好,但取用还比较方便,在农村居民不是很富裕,饮水安全意识不强,经济承受能力和心理承受能力不高的情况下,若水价定高了,农民会更少地使用工程供应的安全水,甚至完全不用安全水。这样,所建工程就起不到保障农村群众饮水安全的作用。二是许多地方政府不会允许农村水价高于城市水价。为了照顾农民的利益,地方政府在核定农村饮水工程供水价格时,并没有真正以供水成本为基础定价,而是按略低于城市水价的原则制定农村水价,或者在定价时,没有把国家投资形成固定资产的折旧费计入水价之中。而城市水价一般最高也仅为成本水价,因而农村水厂水价就一定是个不足成本或者说大大低于成本的水价,从而产生政策性亏损。

(五)农村供水水质合格率依然偏低

据省爱卫办2012年对49个县市区、1421个农村饮水安全工程的水质监测报告反映,湖北省饮用合格出厂水的人口比例不足70%。水质综合合格率低,主要是微生物指标和浑浊度、肉眼可见物、氨氮、铁等指标不达标,说明在饮水消毒和水质处理方面存在问题,主要集中在一些供水量小的单村联户工程上。有的是在建设之初就没有配套建设水处理和消毒设施,有的虽建有水处理和消毒设施,但并没有天天使用。许多单村、联户小型供水工程的消毒工作处于空白状态。此外,管理人员缺乏水质消毒方面的知识和经验,对投加消毒药剂量的控制不精确,化验检测不及时,也是造成水质不达标的重要原因。

(六)运营监管机制不健全

属于农村公共事业的农村饮水安全,政府必须实施强有力的监管,但目前湖北省运营监管机制还很不完善。一是监管机构不健全。湖北省尽管明确各级水行政主管部门为农村饮水安全的行政主管部门,但多数县市还没有专门机构、专门人员从事农村饮水安全工作,省饮水办也仅是经省编委批复的临时机构。这不利于对农村饮水安全的正常监管。同时,城市水厂向农村供水,在城乡水务分割的现状下,水利部门没有对城市水厂实施监管的权力。二是监管制度不完善。湖北省目前还没有非常完善的监管制度。在目前状况下,若检查发现水厂经营者未按要求进行水质处理,生产出来的水质不合格,或者发现水厂经营者放弃偏远的供水户,水利部门尚没有强有力的手段进行处理以确保农村饮水安全。

四、关于构建湖北农村饮水安全长效机制的对策建议

(一)充分挖掘已建工程供水潜力,提高规模效益

一是着力发展城乡一体化供水工程,尽可能地建设较大规模的供水工程。二是扩网挖潜,发展规模化供水。充分利用现有水厂进行扩网延伸,将现有一些小水厂实施联网供水,扩大供水范围,充分发挥现有工程的供水潜力。三是利用价格杠杆促使农民合理使用安全水。在有条件的地方,可推行两部制水价制度和合同供水制度,在安装农民入户管网时就与农民签订好供水合同,充分发挥饮水安全工程的作用。四是开展宣传教育,让农民自觉使用安全水。大力宣传使用不卫生水对身体的危害,提高农民使用安全水的意识。

(二)强化供水安全保障,提高水质合格率

水质达标是饮水安全的基础,只有生产合格的产品,工程才有生命力。一要强化硬件建设。已建工程应对照设计和《生活饮用水卫生标准》完善、补建消毒和水处理设施。日供水500吨以上的工程,应逐步补建自动化的消毒设施;日供水20吨—500吨的水厂,有条件的补建自动化消毒设施,一时受条件限制的,采用罐式、碗式和打点滴式加氯等简便易行的消毒办法。新建的饮水安全工程必须按要求建设水处理设施,一律配备消毒设施。二要加强水厂运行人员培训。通过上岗培训,让从业人员掌握有关水质消毒方面的知识和技术,严格按照规程规范投加消毒药剂。三要加强对水质合格率的检查监督。卫生部门加强水质监测工作的同时,水行政主管部门也应加大水质监管力度。其一,应大力推进县级农村饮水安全水质检测中心建设,提升农村供水水质检测能力;其二,应建立农村水厂水质净化消毒设施使用情况飞行检查制度;其三,应狠抓"千吨万人"以上规模

水厂供水信息自动测报系统建设,对水的浊度、余氯以及水压、水量实行在线监测,加强供水监测预警,防范供水系统风险,消除监管死角。

(三)合理核定供水价格,减少运营亏损

水价制定既要有利于工程的长效运行和促进节约用水,又要考虑农民的经济承受能力。一是必须坚持政府定价或政府指导价格下的供用双方协商定价。二是必须坚持以供水成本为基础定价,并适当考虑农民用水户的经济承受能力。水价核定中,农民出资部分不应计提折旧费用,国家投资不应计算利润。同时,对于供水成本过高、水价难以达到成本的,可以考虑国家投资部分暂不计提折旧。三是适时引入社会投资,并让社会投资能有合理的利润空间。只有社会投资获得合理利润,才能保护投资者的投资积极性,利于农村饮水安全事业的长期发展。四是推行包含基本用水量的基本水价和计量水价结合的两部制水价制度。通过实施两部制水价,按月基本安全用水量收取基本水费,以维持工程正常运转,同时,也不增加农民经济上的负担。

(四)加大政策扶持力度,推进水厂良性运营

鉴于农村供水的特点,采取适当收费和政府扶持,保证工程长效运行。一是落实财政专项补贴,构建县级农村饮水安全维修养护基金。借鉴河南、陕西、重庆等省市和本省武汉、仙桃、潜江、天门等市的成功经验,采取从水费中提取和财政补贴相结合的办法,建立县级农村饮水安全工程维修养护基金,给工程大修和更新改造提供资金保障。在目前县级财政普遍较困难的情况下,中央、省和市三级财政,均应安排一定的补贴资金,充实县级农村饮水安全维修养护基金。二是贫困县农村供水用电执行农业排灌电价。执行排灌电价,有2011年中央和省委1号文件的政策可依。既然北京市和宁夏回族自治区、陕西省等9个西部地区省市已执行农业排灌电价,湖北恩施州土家族苗族自治(以下简称恩施州)等少数民族地区和阳新等28个贫困县,中央规定在投资政策上享受西部政策,那么在电价上,也应享受西部政策。因此,建议省物价局再出台文件,明确恩施州等少数民族地区和阳新县等28个贫困县农村饮水工程供水用电执行贫困县市农业排灌电价。三是延长农村饮水工程运营税收的减免期限。从湖北省150处工程的调查情况看,农村饮水工程在国家现行免税政策的支持下,使得每立方米水的平均供水成本支出减少达0.16元,但许多工程还存在亏损,随着工程使用年限的增长,工程维修费会显著增加,在水价不能大幅上涨的情况下,供水运营亏损将会进一步加大。鉴于免税政策对支持工程正常运转所起到的重要作用,建议对农村饮水工程的税收减免期限延长至2025年,再视情况而定。

(五)创新运营体制机制,强化农村供水管理工作

一是完善监管机构。省、市、县三级水行政主管部门设置正式的饮水安全专管机构,强化对农村饮水安全的监管工作。适应城乡一体化供水的发展需要,研究成立对城乡供水实施统一监管的饮水安全专管机构。二是成立县级农村供水管理总站(公司),对所有

的农村水厂,实施统一的经营管理。从农村饮水安全工程的公益属性来讲,国营更能保障工程长效运行。刚刚出台的《湖北省农村供水管理办法》,明确提出了"鼓励组建区域性、专业化供水组织对农村供水实行统一经营管理"。对经营不善、维修不及时、供水水质不合格、供水服务不到位、用水户意见较大的承包、租赁式私营水厂,应采取必要的措施,收回其经营权。

切实解决湖北农村饮水安全工程供水经营问题

姚 玲[*]

一、湖北农村饮水安全工程供水经营典型调查情况

为了了解农村饮水安全工程供水经营情况,湖北省农村饮水安全工程建设管理办公室组织开展了 2012 年农村饮水安全工程供水经营情况的典型调查。本次调查,要求各县(市、区)选取 2005 年以来兴建的,具有代表性的 2—4 处典型农村饮水安全工程(不含城市管网延伸工程和乡镇老水厂改扩建及管网延伸工程)进行测算填报。全省 102 个县(市、区)中,共有 76 个县填报了 210 个集中式农村饮水安全工程的调查问卷。根据各地上报的调查问卷,经审核后,选取数据比较全面、客观、真实的 58 个县(市、区)的 150 处工程的填报数据进行统计分析。结果如下:

(一)供水规模

150 处工程,设计总供水规模 44 万 m^3/d,设计供水人数 354 万人,处平 23600 人,人均设计供水规模 124 L/d。实际供水规模 29.5 万 m^3/d,实际供水人数 262 万人,处平 17497 人。

(二)投资构成

150 处农村供水工程总投资 11.88 亿元。其中,政府专项投资 8.09 亿元,占总投资的 68.1%;社会(企业或个人)投资 1.21 亿元,占总投资的 10.2%;农民出资 2.24 亿元,占总投资的 18.9%;其他(如捐款、扶贫款等)0.34 亿元,占 2.8%。湖北省每解决一个人的农村饮水安全问题,实际人均投资 335 元。在工程建设投资中,其中,制水工程(从取水口到清水池的自来水厂主体工程)投资 3.81 亿元,占总投资的 32%;输配水工程(清水池中的净水输送水泵至用水户水表以上的管网及加压设备等)投资 8.07 亿元,占总投资的 68%。

---

[*] 姚玲,经济师,《湖北水利》杂志编辑。

(三) 经营模式

150处供水工程,其中水利部门管理41处,占27.3%;乡镇政府管理22处,占14.7%;民营企业管理34处,占22.7%;农民用水户协会管理21处,占14%;承包租赁管理28处,占18.7%;村集体等其他模式管理4处,占2.6%。150处集中供水工程共有管理人员1025人,处平6.8人。

(四) 销售水量

150处工程2011年出厂水量7979.7万m^3,年销售水量6254.8万吨,水的有效利用率为78.4%。其中居民用水量4976.9万m^3,占总销售水量的80%;生产经营等用水量1277.9万m^3,占总销售水量的20%。2011年人均年用水量19 m^3,人均月用水1.6 m^3,日用水53 L。人均日用水量比2009年增加2 L。

(五) 水价情况

150处工程中,实行政府定价的100处,占67%;实行协议价的50处,占33%。生活用水执行两部制水价工程的有96处,占64%。执行单纯的计量水价的有54处,占36%。基本水价为每户每月一般为3—10元(包用2—8 m^3),计量水价一般为0.5—2元/m^3。生产经营及其他用水都执行单纯的计量水价,价格为0.6—2元/m^3。150处工程的综合平均水价为1.41元/m^3。

(六) 水费收入

150处工程2011年总水费收入8845.6万元,其中生活用水6611.3万元(基本水费2277.8万元,计量水费4333.5万元),占总水费收入的74.8%;生产经营及其他用水2234.3万元,占25.2%。

(七) 财政补贴收入

政府给予的政策性亏损补贴收入仅53.4万元。7个县市的17处工程获得了财政补贴。

(八) 供水成本

150处工程总成本为9906.9万元。其中制水成本为3931.4万元,占39.7%;输配成本4704.8万元,占47.5%;期间费用1270.7万元,占12.8%。若按成本科目则为,水资源费200.6万元,占总成本的2%;外购水费支出154万元,占总成本的1.6%;固定资产折旧费3856.1万元,占38.9%;修理费865.5万元,占8.7%;直接工资1520.6万元,占15.4%;动力费(电费)1435.9万元,占14.5%;药剂费352万元,占3.6%;水质检测费61万元,占0.6%;其他直接支出190.6万元,占1.9%;管理费用805.7万元,占8.1%;销售费用215.1万元,占2.2%;财务费用249.8万元,占2.5%。

150个供水工程的平均单位制水成本为0.58元/m³,平均单位输配成本为0.73元/m³,平均单位完全成本为1.58元/m³。其中,水资源费0.031元,外购水费0.024,折旧费0.616元,修理费0.138元,直接工资0.243元,动力费0.23元,药剂费0.055元,水质检测费0.009元,其他直接支出0.031元,管理费用0.129元,销售费用0.034元,财务费用0.04元。2011年的单方水完全成本比2009年调查结果降低0.45元(2009年为2元/m³)。

(九)税收情况

150处共交增值税160.8万元,所得税241.8元。

(十)经济效益

150处工程的供水利润总额为-1168.7万元,其他经营利润为428.2万元,营业外收支净额为-25.9万元,所得税为241.8万元,单位净利润为-1008.2万元,平均每个供水工程亏损6.7万元。出现亏损的有113处,亏损面为75%。因为亏损,各单位的财务账上,对于政府专项形成的固定资产,没有全额甚至完全没有提取折旧。150处工程政府专项投资8.9亿元,应提折旧3560万元,若只提50%的折旧,则账面上盈利771.8万元。因供水量的逐步增加,电价的降低,现亏损的额度明显好于2011年以前年度。

二、湖北农村饮水安全工程供水经营成效

将2012年的供水经营调查数据与以往年份的调查数据进行比较分析,可以得出的结论是,湖北农村饮水安全工程供水经营正在步入良性运行轨道。其主要表现是:

(一)单个工程的供水规模扩大,规模效益增强

近几年来,湖北省立足于发展规模化、供乡供水一体化的集中供水工程。此次随机调查的150处工程,每处供水人数达17497人,比2009年418处工程处平7655人,处平增加近1万人,正好印证了湖北省农村饮水安全工程的规模在不断扩大。

(二)农村居民用水量稳步增加

2012年农村居民用水量为53升/日人,比2009年的47升/日人增长13%。说明随着经济的发展,农村饮水安全工程建设的不断推进,宣传工作的不断深入,农民对使用安全水的意识在逐步增强。

(三)单位供水成本降低,亏损额度减少

根据中央有关文件精神,2011年,湖北省农村供水用电价格由执行一般工业电价(0.9元/千瓦时)调整到执行居民生活电价(0.586元/千瓦时),同时免征水资源费。2012年,湖北省贯彻落实财政部、国家税务总局《关于支持农村饮水安全工程建设运营税

收政策的通知》（财税〔2012〕30号）精神，减免了农村供水运营的各种税收，包括契税、印花税、房产税、城镇土地使用税、增值税和所得税。加之水厂供水量的增加，致使单位供水成本由2009年的2元/m³降低到1.58元/m³，降幅达21%。在水价没有降低的情况下，单位供水成本的降低，意味着供水亏损减少。

（四）水质保障工作加强，水质合格率逐年提高

据省爱卫办水质监测报告反映，饮用合格出厂水的人口比例，2009年不足60%，2011年为66.83%，2012年又提高到了69%。说明水质处理消毒工作逐年加强。

（五）两部制水价使用面扩大，正常运转经费保障能力增强

2009年，全省大约有40%的农村饮水安全工程供水执行两部制水价，2011年已有64%的供水工程在执行两部制水价。执行基本水价和计量水价结合的两部制水价，通过收取基本水费，包用一定的基本水量，既可促使用水户使用基本生活必需的安全水量，又让供水单位有了比较稳定的水费收入，维持其正常运转。

三、湖北省农村饮水安全供水经营存在的主要问题

从调查情况看，湖北省农村饮水安全工程供水经营存在以下几个方面的问题。

（一）农村居民用水量尽管有所增加，但仍然远远低于设计值，工程暂时难以发挥规模效益

根据《村镇供水工程技术规范》，湖北省农村水厂供水量一般按人均综合70—100升/日的生活定额设计，农村居民饮用安全水水量高于人均60升/日才算安全。但调查数据反映，目前湖北省农村水厂向农村居民的实际人均日供水量仅53升，仅占设计供水量的53%—76%，约占农村居民安全用水量的89%。造成农村水厂供水量过少，难以发挥规模效益的原因是：一是工程是按照农村户籍人口设计的，而实际上目前农村大约有20%—30%的农村人口在外打工，造成水厂供水量少；二是受经济条件的限制和生活习惯的影响，多数农户还没有室内厕所，洗菜洗衣用压把井或塘堰沟渠的水，只是做饭和饮用使用安全水；三是水厂设计时预留有一定的发展空间。

（二）农村供水成本偏高，水价偏低，完全依靠水价补偿成本非常困难

由于农村供水工程建设条件差，人口居住分散，供水点多面广，供水管线超长，外出打工者多，农村居民用水量少，致使农村供水单位成本普遍偏高，完全依靠水价补偿成本非常困难。一是农民的承受能力较差，水价不宜太高。因湖北水资源比较丰富，尽管水质不好，但取用还比较方便，在农村居民不是很富裕，饮水安全意识不强，经济承受能力和心理承受能力不高的情况下，若水价定高了，农民会更少地使用工程供应的安全水，甚至完全不用安全水。这样，所建工程就起不到保障农村群众饮水安全的作用。二是许多

地方政府从照顾农民利益出发,不允许农村水价定得过高。有的按略低于城市水价的原则制定农村水价,有的把国家投资形成固定资产的折旧费没有计入水价之中。而许多城镇的水价仅为成本水价,那么农村水价自然是个不足成本或者大大低于成本的水价。所调查的150处工程,平均水价为1.41元/m³,平均成本为1.58元/m³,水价仅占成本的89%。

(三)在现行扶持政策全部到位的情况下,农村水厂供水经营依然存在普遍亏损的问题

从调查情况看,2011年约有75%的农村水厂处于亏损状态。根据2011年的调查数据,这150处工程供水在2012年完全执行生活电价(0.586/元/千瓦时),完全减免各项税收的情况下,供水生产仍亏损725.5万元,有111处工程亏损,亏损面为74%,平均每吨水亏损0.12元。

(四)农村饮水安全工程的水质消毒设施不健全,使用不规范,造成供水水质不能完全达标

据省爱卫办2012年对49个县市区、1421个农村饮水安全工程的水质监测报告反映,饮用合格出厂水的人口不到80%。水质综合合格率低,主要是微生物指标和浑浊度、肉眼可见物、氨氮、铁等指标不达标,说明在饮水消毒和水质处理方面存在问题。且工程规模越小,水质合格率越低。

(五)农村饮水安全工程运营体制机制不完善

一是监管机构不健全。尽管湖北省明确各级水行政主管部门为农村饮水安全的行政主管部门,但还有35%的市、县,没有专门机构、专门人员从事农村饮水安全工作,省饮水办也仅是经省编委批复的临时机构。这不利于对农村饮水安全的正常监管。同时,城市水厂向农村供水,在城乡水务分割的现状下,水利部门没有对城市水厂实施监管的权力。二是运营管理不规范。有相当部分农村供水工程通过承包、租赁、拍卖等方式实行了私人经营,有的缺乏经营水厂的经验,有的过分地追求利润,工程坏了不及时维修,水质不按要求消毒,供水服务不到位,安全管理措施差,承担突发事件的能力低。甚至有少量的水厂无人管理,没有正常供水。

四、关于建立农村饮水安全工程良性运行机制的对策建议

(一)创新农村饮水安全工程运营管理机制

农村饮水安全工程属公共产品,农村饮水安全工程应按照政府管"网"、市场管"水"、政策引导、企业主体的思路,朝着规模化、企业化、专业化方向发展。应尽可能地建设供水规模较大的水厂,或者一个县域内的水厂委托给一个专业公司运营管理,这个公司无论是水利部门管理的,还是城建部门管理的,无论是国有的,还是民营的,均应实行企业

化管理。从准公益性上讲,各县市最好成立一个隶属于水行政主管部门的国有供水公司,统一经营管理农村水厂,政府对供水公司实行定员定编,企业化管理,并对公益性亏损给予必要的财政补贴。建议加大对民营水厂的监管力度,对经营不善、维修不及时、供水水质不合格、供水服务不到位、用水户意见较大的水厂,采取必要的措施,将经营权收回,实行国营。

(二)努力增加供水量,充分发挥工程的设计效益

一是通过扩网挖潜,增加供水量。在建设上,要最大限度地将已建水厂的供水管网向周边延伸,扩大供水受益范围,并努力提高自来水入户率,充分发挥设计效益,增加供水量。同时,着力将现有小水厂进行联网并网,实施统一管理,让其抱团取暖,形成规模效应。二是通过两部制水价和宣传教育引导农民合理使用安全水。目前农村用水量过少的原因之一,是农民的饮水安全意识不强。只有农民充分认识到了饮用不卫生水的危害,自觉饮用安全水的水量就会增加。实施基本水价和计量水价相结合的两部制水价,并通过供水合同方式约定农民的饮用水量不得低于国家规定的基本安全用水量,若低于基本安全用水量则按基本安全用水量收费。这样促使农民至少得使用基本安全用水量,以发挥饮水安全的作用。

(三)适当提高供水价格,减少经营亏损

若水厂长期经营亏损,又无财政补贴,无法正常运转,最终受害的是用水户。因此,针对目前水价偏低、经营亏损的状况,应适当调整供水价格,并强化水厂的经营管理与水费计收工作,增加经营收入,让水厂有正常的收入来维持工程运转。水价核定中,农民出资部分不应计提折旧,国家投资部分不应计算利润。同时,对于供水成本过高、水价难以到达成本的,可以考虑国家投资部分少提甚至不提折旧,但社会投资应当获得合理利润。只有社会投资获得合理利润,才能保护投资者的投资积极性,以利于发展农村供水事业。

(四)农村饮水安全工程属准公益性项目,政府对其运行,除给予税费减免优惠政策外,还应给予必要的财政补贴

农村饮水安全工程是政府投资为主建设,以保障广大农村群众饮水安全为目的,同时兼有一定经营收益的准公益性项目。工程的准公益性决定了工程的运行必须充分考虑农民的承受能力,即使出现经营亏损,水价也不宜涨幅太大。要扭亏,重要的是降低成本。如何降低成本,笔者认为,应从准公益性角度和照顾"三农"角度,对农村水厂供水运营免征所有税费。尽管国家已出台了免税政策,使得每吨水成本降低0.16元,支持作用较大,但执行期限是2015年,时间太短,建议免税期限延长至2025年,再视情况而定。同时,基于农村饮水安全工程的准公益性质,农村饮水安全工程供水水价核定中所存在的政策性亏损,农村饮水安全工程符合公共财政支持范围,应纳入政府公共财政支持体系,加大支持力度。因此,对于农村水厂的政策亏损部分,公共财政应给予必要的财政补贴。

（五）强化水质消毒工作，切实提高水质合格率

一是要完善水质处理消毒设施。建议进一步开展"逐处工程问合格"的水质达标整改工作。已建工程应当对照设计和《生活饮用水卫生标准》完善、补建消毒和水处理设施。新建工程必须按设计要求建设水处理设施，并且不分水源水质，不分水处理方式，一律配备消毒设施。二是加强水质消毒设施使用监管和水质消毒人员技术培训，促使水厂经营者按照规程规范进行水处理和水质消毒，确保水质达标。三是加大县级水质检测中心的建设力度，提高水质检测能力，为生产合格的水创造条件。

深度分析

破解湖北"水难题"

湖北,这个九省通衢、长江汉江交汇经流、千湖万闸的水资源大省,优势是水,忧患也是水。湖北的经济社会发展既要借助水优势,也会遭遇水难题。如何发挥水优势、发展"水经济"、理顺"水体制"、加强"水法治"、建设"节水社会",是建设"五个湖北"必须破解的难题。

大力发展"水经济" 助力湖北跨越式发展

陶珍生[*]

在国内产业转移、大力拉动内需及中部崛起战略深入推进的重大机遇下,发展以水资源为支撑的现代产业,不断提高综合实力、创新能力、带动能力、综合承载力和国际竞争力,不仅可以在全省率先基本实现现代化,同时有利于打破行政壁垒、市场分割和行业界限,加强区域经济合作交流;有利于实现湖北发达地区和落后地区的联动,缩小湖北东西部差距;有利于发挥沿江大中型城市的辐射功能,带动周边地区协调发展。

在湖北省的"一元多层次"发展战略实施过程中,如何充分发挥湖北的水资源优势,发展"水经济",是一个紧迫而又实际的问题。这需要我们坚持"保护与发展并重、生态与经济双赢"的理念,探索在发展中保护、在保护中发展的经济与环境良性互动的新道路。在大力发展和改造传统"水经济"的同时,加快培育和发展现代"水经济"。

一、加大长江经济带内外资源整合力度,大力发展循环经济,以生态工业园区建设为突破口,提高水资源利用效率

长江经济带规划范围包括武汉、黄石、宜昌、荆州、鄂州、黄冈、咸宁、恩施等8个市州的48个县区(见图1)。全长1061公里,国土面积54168.5平方公里,人口达2750.1万。

2011年,长江经济带地区生产总值已占到全省GDP的66%(见图2),带内第一、二及三产业分别占到了全省相应产业的51.77%、64.98%及70.78%,尤其是第二、三产业占全省比重达到了66%(见图3)。

作为湖北流域经济发展乃至打造全省经济发展主轴的核心规划,湖北长江经济带开放开发以加强基础设施建设为基础,以推进新型工业化、城镇化为主题,以发挥长江水资源优势、促进特色产业发展为核心,加快经济带的新一轮开放开发,构建引领湖北经济社会发展和促进中部地区崛起的现代产业密集带、新型城镇连绵带、生态文明示范带。从目前来看尚存在以下三个方面问题需要进一步推进和深入。

---

[*] 陶珍生,博士,湖北经济学院经济学系讲师。

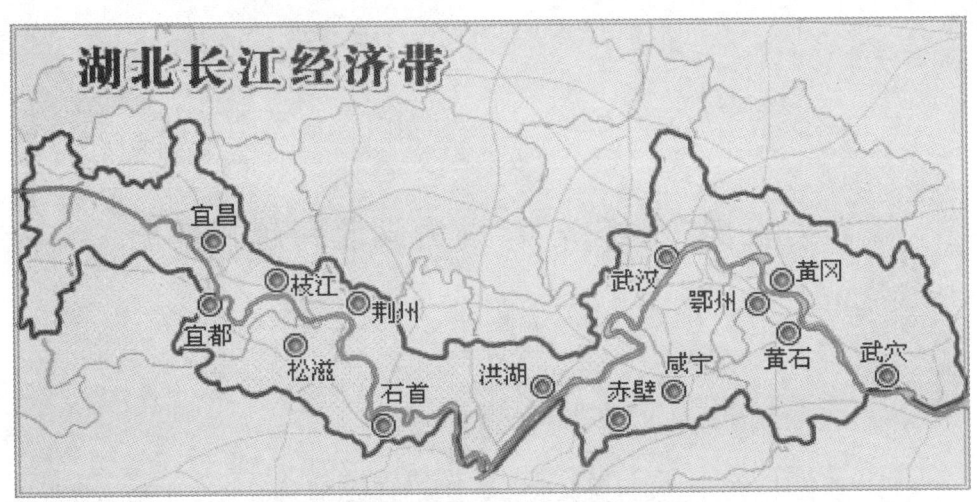

图1 湖北长江经济开发与开发带地域图

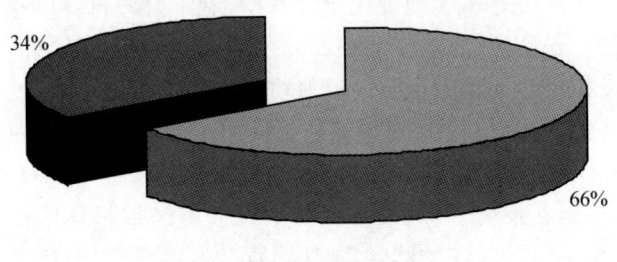

图2 2011年湖北地区生产总值构成

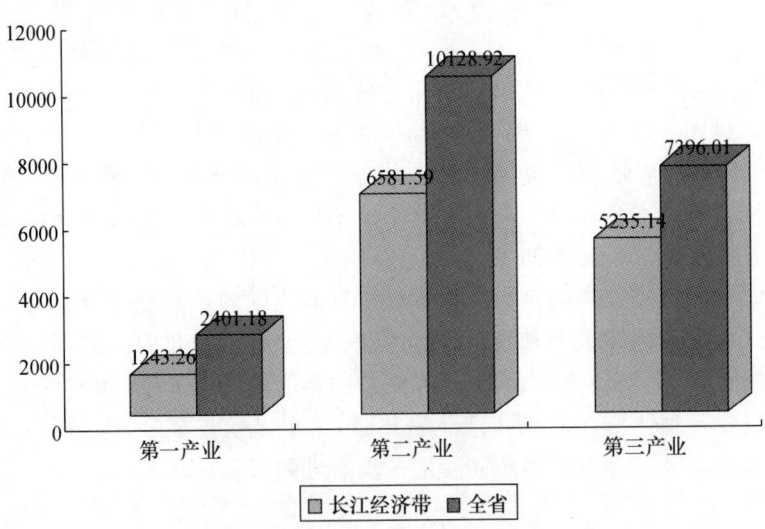

图3 2011年长江经济带与全省三次产业产值(单位:亿元)

(一)长江经济带内地区间经济发展不够协调,资源整合力度不够

近年的统计数据表明,带内 8 个市州经济总量中,武汉占 50%以上。人均地区生产总值武汉达 67487 元,恩施州巴东县仅 13636 元,荆州、黄冈、咸宁都低于全省平均水平。(见图 4)。此外,给地区城镇化水平也存在较大差异。所以,不仅存在全省经济发展不平衡问题,长江经济带内也存在不平衡,自身运转不够协调。虽然根据整体规划、分步开发的原则,各地区间发展的暂时不协调具有一定的必然性,但已反映出区域联动、开发合作的整体资源整合力度不够。

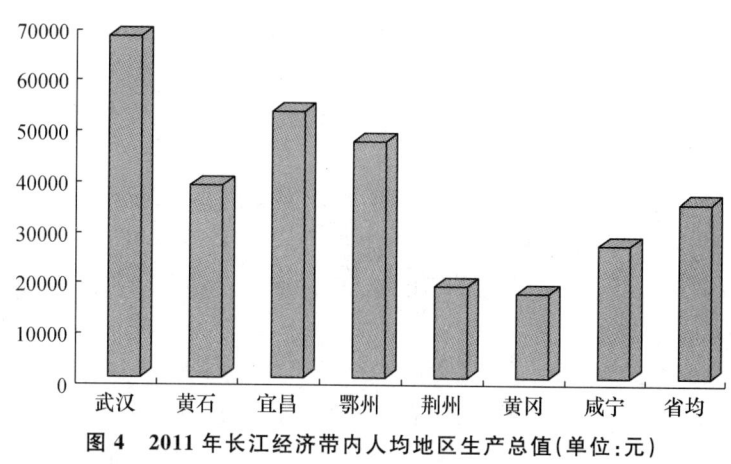

图 4　2011 年长江经济带内人均地区生产总值(单位:元)

(二)"黄金水道"综合利用开发思路有待进一步细化

根据基础设施先行的原则,目前长江航道治理和港口建设初见成效。然而,如何进一步壮大支柱产业、培育战略性新兴产业以及缓解资源要素制约等方面没有取得实质性的突破。

(三)沿江涉水产业发展重开发轻保护

2012 年,我省境内长江干流水质与 2011 年相比,总体情况有所恶化。带内城市湖泊水质均为四类或五类,水体富营养化问题突出。长江经济带规划加快发展沿江产业,将大耗水、大运量的工业作为重点产业沿江布局,但对生态建设及水资源保护力度不够。长江经济带规划加快发展沿江先进制造业、高新技术产业、现代服务业、现代农业及农产品加工业,形成现代产业密集带,将大耗水、大运量的工业作为重点产业沿江布局。发挥水资源优势的同时,还需要加强保护性利用,目前的各种规划中尚未将产业规划与生态建设及环境保护有机结合详细体现出来。

针对长江经济带发展中存在的上述问题,必须将"三同时"要求提升至工业园区建设层面,大力发展生态工业园区。以循环经济理念和工业生态学原理为指导建设而成的生态工业园区,通过合理布局工业企业,共享公用工程资源,有效利用和处理废物,建立企业共生产业体系,开展清洁生产等多项措施,实现园区经济发展与环境保护的"双赢"。

以下提出几点具体建议。

一是发挥长江"黄金"水道作用,将沿江各类经济开发区进行有机整合。比如武汉经济技术开发区和武汉东湖新技术开发区,以及黄石、宜昌、荆门、荆州、仙桃、潜江等省、地级开发区,把生产同类产品的企业集中在了一起。沌口在大力发展以神龙公司为代表的汽车及汽车零部件产业基础上,应不断发展壮大电子信息产业、食品饮料产业、造纸印刷包装产业、电气机械及器材产业、生物医药产业。重点搞好"一区四园"建设,即出口加工区、高科技产业园、电动汽车产业园、民营工业园、物流园。在荆州、黄石、仙桃等省级开发区应注重兴建高起点、高标准的基础设施和服务设施。提升和整合纺织服装、新型材料、机械电子、新型医药为重点的产业框架。这些开发区建设要按循环经济模式规划、建设,对进入园区的企业提出土地、能源、水资源利用及污染物排放综合控制要求,充分发挥产业集聚和工业生态效应,围绕核心资源发展相关产业,形成资源循环利用的产业链,建设集中供热和废弃物集中处置中心。

二是整合长江经济带"内"与"外"部资源,推动主导优势产业生态工业园建设。按照工业生态学原理,在分析园区内现有企业的能源、水和原材料利用情况的基础上,引进关键连接企业,实现横向耦合、纵向闭合和区域整合,促进产业升级换代,提高资源使用效率,减少废弃物排放。

其一,武汉沌口、荆州、襄阳、十堰等经济技术开发区,要整合提升汽车及汽车配件行业,形成以汽车和零部件生产和销售的特色生态工业园区,在园区内加强产品的梯级利用,鼓励企业集中生产。在沌口加快建设以轿车为重点的现代制造业基地,全力打造神龙、东风本田、东风日产、富康四大整车厂和50余家汽车零部件企业,高水准地建设好汽车展销走廊和销售基地,电动汽车产业园要力争在全国率先走出一条高效、节能、无污染的新路子。在十堰以重型卡车生产为龙头,积极推进清洁生产,建设发动机、车身、轮胎等汽车零部件的加工和销售园区。在襄阳形成轿车发动机、变速箱、车桥、轻型车、康明斯柴油发动机、轿车、汽车铸造、汽车零部件、汽车材料、汽车油品化工等系列产品生产的工业园区。形成整车制造、轻型车及轿车研制开发、汽车零部件制造四大基地。在荆州形成汽车电机、汽车空调、汽车动力转向器、曲轴和凸轮轴、汽车灯泡、汽车前后桥及齿轮、农用车和汽车车身生产基地。要加强清洁汽车燃料、新的尾气净化方法、可持续汽车动力源的研究。

其二,在东湖、沌口、襄阳、荆门、荆州、黄石等开发区规划生态产业链。对于工业园区的主要生产能力,通过生态产业规划,形成主要产品的生产和消费产业链关系。在此基础上,进一步形成物料、能源等资源的充分循环网络。通过发展循环经济,工业园区主要通过废物资源化利用而不仅仅是末端治理,达到污染的低排放甚至零排放的目标。

三是走建设"改造型"生态工业园区的路子,以循环经济理念改造现有工业园区。

其一,湖北省以武汉市为首的大中型城市都有许多工业园,如武汉市七大城区的工业园,已是具有较好生态工业雏形的工业园区,建设重点应是在完善已有的生态工业链的基础上,形成稳定的生态工业链网。其他门类较多、企业数量大的工业区域或园区,建设重点应是在这些园区中引进生态工业和循环经济理念,采用生命周期观点和生态设计方法,使产品生命周期中资源消耗最少、废物产生最小、易于拆卸回收,由此优化产品结构,并合理构建和完善产品链,从而提高资源效率,降低环境排放,为园区寻找新的增长点,促进园区的持续发展。

其二,提高东湖、沌口、襄阳、荆门、荆州、宜昌等开发区的工业生产集中度。在园区内形成汽车、医药、纺织等特色园区可以提高工业生产的集中度,有利于对工业废物进行集中治理和综合利用。湖北有些工业区,由于生产分散、工业废物分散,加大了工业三废治理的难度和成本。提高工业生产在一定地区范围的集中度,形成有一定规模的工业园区,有利于园区建立较完善的工业废物集中治理和综合利用基础设施,如工业废水处理设施、中水回用管网、工业余热及余能循环利用管道,或建立新的生产线对工业废物进行资源化利用。

其三,提高汽车、医药、化工、电子等行业生产的清洁化程度。园区各企业通过技术改造,不断提高生产的清洁化程度,采用先进的清洁生产技术和污染治理技术,尽可能地采用无废或少废的生产技术。特别是对高能耗、高污染行业和设备,要加大技术改造力度,通过不断淘汰不符合国家产业政策的落后工艺和设备,提高产业的整体水平。

二、重点支持水环保产业发展,建立经济发展与水资源开发保护的桥梁

在全球能源危机以及生态环境持续恶化的影响下,作为一大新的经济增长点,节能环保产业将成为21世纪最具发展潜力的产业之一,也已经被列入国家"十二五"期间重点发展的七大战略性新兴产业。对湖北而言,节能环保产业的发展是加快产业结构调整、培育新的经济增长点、推进武汉"两型社会"建设的战略举措,同时水环保产业的发展将对全省节约和利用水资源以及开发和保护水环境具有重要意义。

从近年来的发展看,全省节能环保产业整体市场竞争力明显提升,一批重点企业加大研发创新力度,掌握了一批关键性技术,形成了众多拥有自主知识产品的名牌产品和优势领域,初步构建起了产业集聚特征明显、发展方向各有侧重的产业格局。就水环保业来说,目前湖北在冶金废水处理机回用、重金属废水处理、中高浓度氨氮废水处理、"除氨控磷"、印染废水光化学脱色、反渗透膜分离等技术上已达到国内领先水平。

但是,从总体上看,湖北水环保产业总体规模偏小,并由此导致了行业龙头企业不多,带动能力不强;技术开发能力总体薄弱,科技成果转化水平不高等诸多问题。近期数据显示,湖北从事水环保产业的企、事业单位中,水环保设备与器材制造业的年利润为0.754亿元,占全部单位年利润的20.64%,人均年利润为0.096万元;水环保技术信息服务业的年利润为0.423亿元,占全部单位年利润的16.60%,人均年利润为0.097万元。由此表明湖北水环保企业的经营绩效不容乐观。从下表可以看出,水环保设备与器材制造业、水环保技术和服务业是湖北省水环保产业目前的主体结构,而水处理业、水环保工程建设的产业化规模甚小,水环保产业总体发展不足。

表 1 湖北水环保产业结构情况

水环保子行业	单位数（个）	职工数（万人）	固定资产（亿元）	年产值（亿元）	年利润（亿元）
水处理业	—	0.008	1.04	—	—
水环保设备与器材制造业	67	2.81	10.6	2.18	0.754
水环保工程建设业	5	0.08	1.39	0.71	—
水环保技术信息服务	66	2.28	5.25	2.05	0.423
合计	138	5.178	18.28	4.94	1.177

基于上述问题，以下提出几点具体的政策建议：

一是加强组织领导，完善产业规划和布局。发达国家和先进地区的成功经验表明，一个新兴产业发展的初期，必须充分发挥政府的主导作用建议成立新能源与环保产业发展领导小组，下设办公室，全面负责贯彻落实国家省市有关促进新能源与环保产业发展的方针政策和法规，组织协调新能源与环保产业发展。另外，加快制定新能源与环保产业中长期发展规划，尽快出台水环保产业指导目录。统筹规划，合理布局，打造具有区域特色的水环保产业基地。重点建设青山国家级环保产业基地。

二是壮大水环保龙头企业，培育产业集群。坚持以市场为导向以企业为主体以资产为纽带，鼓励行业优势企业联合重组，形成一批拥有自主知识产权核心竞争能力突出的大企业和企业集团分行业筛选一批产业特色突出产品链条较长成长较快的中小企业，集中进行政策倾斜和重点扶持打造一批行业龙头企业。大力培育发展一批集系统设计、供应设备、成套工程施工、调试运行和服务管理一条龙服务的总承包公司，提高武汉市水环保产业的综合设计、设备成套供给和工程总承包能力。围绕行业龙头和总承包公司，积极引导中小企业向专、精、特、新的方向发展，为大企业和总承包公司提供配套服务，构建协作配套的产业体系。

三是搭建公共技术平台，推进技术创新。坚持以企业为主体，吸收相关大学和科研院所参与，建设水环保公共技术平台，为水环保产业发展提供技术支撑。重点扶持水环保企业技术创新中心和产、学、研联合体支持重大技术攻关项目。加大推广高效节能曝气设备等污水处理成套设备；加快研发和推广应用垃圾渗滤液处理、中高浓度氨氮废水处理、渗透膜、污泥干化和污泥焚烧等技术装备；积极发展适合中小城镇和农村生活污水处理的分散式污水处理、高效人工湿地、人工生态水处理等技术和设施、加大冶金工业废水处理回用、碱回收锅炉、船舶压舱废水综合利用技术与装备开发。

四是完善扶持政策，提升产业规模。认真落实国家关于发展新能源与环保产业的各项政策，加快制定出台加快发展水环保产业的实施意见，建立和完善税收信贷价格补贴土地政府采购等方面的扶持政策，如设立新能源与环保产业发展专项资金、重点支持新能源与环保产业重大项目建设和技术创新产品开发成果转化等。整合科技三项费中小企业发展专项资金、科技成果转化专项资金、循环经济发展专项资金等财政专项资金，重点支持水环保产业技术创新和产品结构优化升级。加强金融支持，重点向新能源及环保企业提供贷款贴息和信贷担保。加大土地供应，对新能源与环保产业项目用地给予优先安排。支持武汉市环保企业参与本市的污水处理垃圾处理烟气脱硫等工程,在同等条件下优先采用武汉市企业的环保技术和产品。制定出台有针对性的招商引资优惠政策,重点吸引国内外行业龙头企业和关键零部件企业落户湖北省,尽快提升水环保产业整体规模和水平。

三、开发水资源的新型价值,发展现代"水经济",创造经济新增点

水资源具有自然与社会两大方面属性,在当前水资源日趋短缺的趋势下,发挥水资源经济价值的主要突破口便是突出水资源的社会属性,发展现代"水经济",主要强调发展与培育"亲水"与"邻水"产业,创造经济新增点。如,以水为特色的房地产业、文化产业和旅游业等。克服将传统的水看做一种单纯的投入要素,将其视为公共物品,进行掠夺式经营、浪费、破坏性使用的模式,代之以现代的保护性、改善性的开发与经营,注重节约和可持续利用,并引入市场机制。

从发展现代"水经济"的必要性上看,2012年全省废污水排放总量53.78亿吨(不包括火电直流冷却水),其中第二产业(主要是工业废水)为38.75亿吨,占72.0%,城镇生活污水11.63亿吨,占21.6%,第三产业废污水3.40亿吨,占6.3%。可见,虽然农村面源污染难以度量,但是工业废水污染是主要的污染源。目前,针对湖北水资源客水资源丰富、自产水相对不足、水资源时空分布不均的省情,按照科学发展转变经济增长方式的要求,只有大力发展第三产业以及优化工业结构方可降低对水资源环境的压力,这就要求大力发展现代"水经济"。

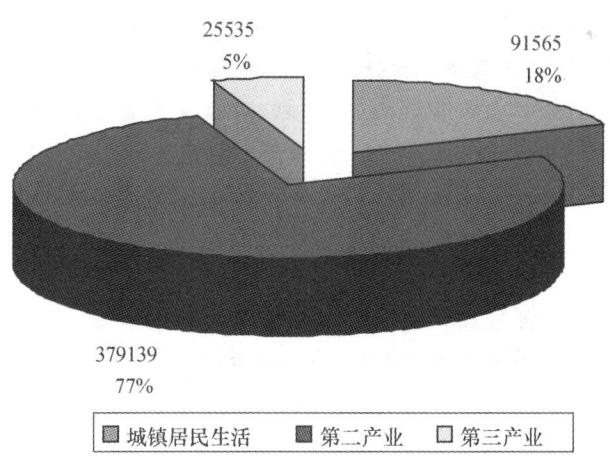

图5 2010年各用户废污水排放量及占比(排放量单位:万吨)

借鉴外地经验,因地制宜,发展符合本身实际的水经济,做大具有湖北特色的水经济,大力发展水房地产业、旅游业及水文化产业等新型"涉水"、"邻水"产业,挖掘水资源的"新型价值",不仅可以发挥水资源的带动力量,创造经济的新增点,也是科学发展的内在要求。

(一) 大力发展涉水生态旅游业

一是注重将涉水旅游产业和传统农、牧、渔业等涉水经济产业联姻、融合,突出"喜水、亲水、戏水"特色,尤其要注重挖掘生态民族文化特色,突出与游客身体和精神上的互动,积极引入体验性、休闲性、创意性、参与性、娱乐性等元素,达到"人水和谐"之效果;二是完善涉水旅游业服务功能,提升服务水平,实现服务理念的转型升级。针对湖北涉水地配套服务中存在的问题,应加大投资,逐步完善涉水地生态文化旅游配套服务建设。同时加强旅游市场监管和诚信建设、旅游从业人员素质建设、旅游安全保障体系建设,提供诚信、周到、安全的优质服务。旅游开发的是产品,销售的是服务;产品是基础,文化是灵魂,服务是根本。

在美国和加拿大,城市周边的每一个大型湖泊几乎都建造有水上娱乐项目,有游泳馆、水上跳台、水上滑梯、模拟波浪等众多项目。每一个湖泊或者大型水库就是一个极好的休闲娱乐场。在武汉,除了东湖的旅游项目较多外,其他湖泊则缺少旅游功能。如果南湖、沙湖等中心城区的湖泊能改变水质,就可以开发人造水上游泳馆,水上跳台等。而在远城区,如汤逊湖可以开发垂钓、游湖摘莲子等休闲项目。随着六湖连通工程的完成,六湖地区也可以开发出一些以水生态旅游为主题的环湖旅游项目,如环湖一日游,游客们可以赏荷花、游船、垂钓、游泳等。

(二) 推广典型湖泊"一湖一景"建设工程,带动人水和谐的"邻水"产业发展

目前武汉市园林局大力实施"一湖一景"、"一山一景"、"一园一景"、"一路(街)一景"、"一桥一景"等"五个一"项目。应该把这些项目与水渠或湖泊相连,或者与高新区、商业中心以及物流园园区密切联系。要把水生态、城市园林生态与城市社会生活联系在一起,每一个城市功能区划都应该有湖泊,有公园,有绿化长廊,这样不仅能体现生态城市和谐的美感,从而也带动周边体现人水和谐的产业例如水房地产、水文化等产业的发展。建议进一步在全省范围内推广典型湖泊"一湖一景"建设工程。然而,在"一湖一景"带动"邻水"产业发展的同时,必须考虑到湖泊自身的净污能力。武汉在湖泊恢复中,由于房地产过度开发,城中湖泊基本上是四周高楼云集,已经失去了滩涂,导致武汉城内湖的修复难度日益加大,最终只能依靠实施江湖连通工程,以水治水。在全省典型湖泊推广"一湖一景"建设工程必须适当借鉴国外经验。在湖泊修复时采用恢复湖滨湿地,构建植被缓冲带的做法,这样可以大大提高湖泊的净污能力。

四、推动生态农业发展,提高农业用水效率,降低农村面源污染

2012年全省总用水量299.29亿立方米。按老口径统计,其中农业用水140.53亿立方米,占47.0%,工业用水121.64亿立方米,其中火电直冷式用水35.32亿立方米,占11.8%,直冷式火电用水退水量34.90亿立方米,扣除直冷式火电用水,工业用水为86.32亿立方米,占28.8%;生活用水37.13亿立方米,占12.4%。与上年比较,农业用

水减少1.73亿立方米,工业用水增加1.25亿立方米,主要是火电直冷式用水增加;生活用水增加3.08亿立方米,主要是城镇和农村居民生活用水增加1.85亿立方米,牲畜用水增加0.56亿立方米,城镇公共用水(建筑业和服务业)增加0.62亿立方米。由此可见,湖北水资源利用总体上呈现出从农业向工业及生活用水转移的趋势。从用水效率上看,下图6中数据显示,自2000年以来,全省万元国内生产总值用水量和万元工业增加值用水量均呈下降趋势,体现出湖北水资源总体利用效率在不断提高。但湖北人均用水量和农田灌溉亩均用水量下降趋势并不明显,生活节水及农业用水效率并未得到显著提高。

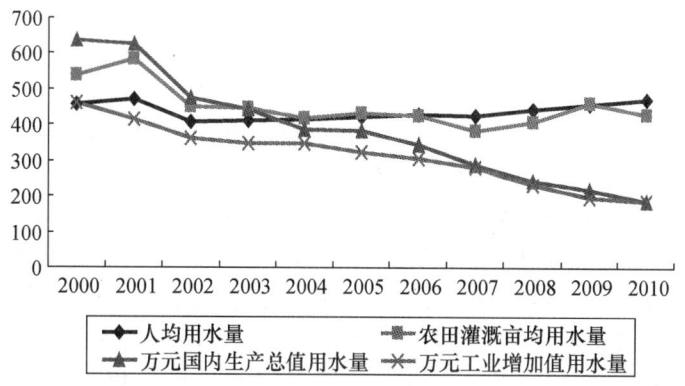

图6　2000—2010年湖北用水指标变化对比图(单位:亿立方米)

从对水资源环境的影响上看,与工业排污治理不同,农村面源污染因其涉及面广、难以度量及难以控制导致治理问题更为复杂。长期以来,湖北农业生产过程中使用的农药、薄膜及化肥数量稳步上升,导致了农村地区及湖泊水环境的每况愈下,面源污染问题已不可忽视(见图7和图8)。目前,统计数据显示湖北境内湖泊水富(中)营养化问题已十分突出。因此,优化农业产业结构、发展现代农业对节约水资源及从根本上控制农村面源污染具有重要意义。

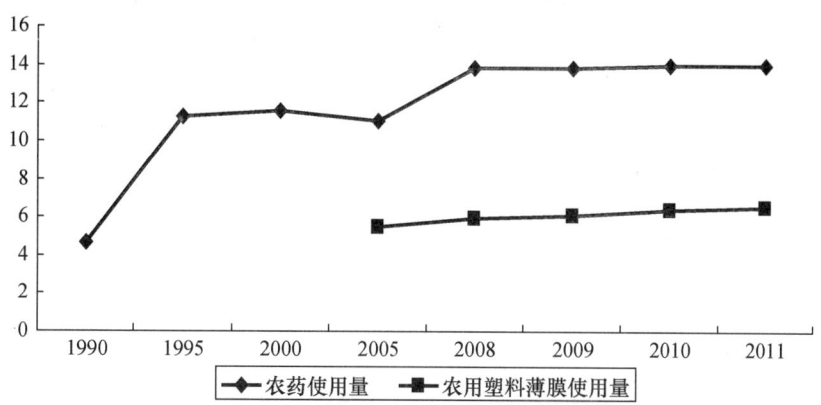

图7　湖北历年农药使用及农用薄膜使用量变动(单位:万吨)

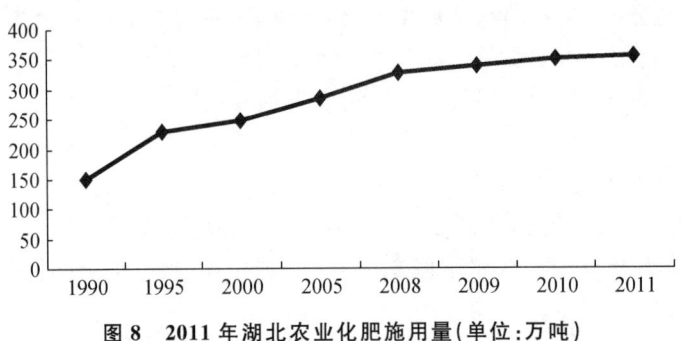

图8 2011年湖北农业化肥施用量(单位:万吨)

(一)大力促进生态农业园建设

一是建设一批生态园。利用现有资源和技术,重点研究"稻鸭共育"模式、"橘—草—羊"生态种养模式、"果—草—羊"模式、"猪—沼—菜(果、粮)"生态种养模式、茶园养鸡生态种养模式,建设一批生态农业庄园。二是建立五维生态农业示范区。针对山区立体分层农业特点,分层开发,分类指导。三是以安全食品(无公害食品、绿色食品、有机食品)生产为手段,以药果菌和粮食生产为重点,积极发展无污染的安全食品。四是推广一批生态农业优化模式与技术。充分发挥生态农业的整体、循环、再生、协调的功能,逐步实现农业生产资源利用合理化、农村经济高效化、农业生产无害化、农民家居清洁化,推动农业可持续发展。

(二)研发创新一批农业面源污染综合防治新技术

一是建议有关部门将农药、化肥控制区划分为重点控制区、主要控制区、一般控制区,对重点地区进行重点监控,最大限度提高农业生产中投入产出比,降低农药化肥等造成的农业面源污染。二是探索形成农业面源污染地表径流水监测方法和检测技术,确立符合水源区农资使用品种和方法的检测指标。三是推广农村测土配方施肥、合理用药、免耕、绿肥种植等技术,创新水源区农业面源污染治理技术,并形成相应配套措施。如实施"农药、化肥减量化和替代化补贴政策"试点,实现亩均化肥使用量年减少1公斤,引导农药化肥减量化工作;又如利用开发、推广和应用生物发展低毒、高效、低残留量的生物农药等。四是集中做好生态养殖、农村替代能源、生物脱氮沟、生物防治病虫草害等技术集成创新,发挥整体综合防治功效,净化生态环境,减少农业面源污染。

(三)加大水土流失生态化治理

一是研究生物埂覆盖固土模式。在山区坡埂易被冲刷造成水土流失和塌方的情况,因地制宜建立生物埂核心示范区;在核心水源区地建立百喜草、三叶草、黑麦草防治水土流失样板示范区。二是以小流域治理为重点,实施山、水、田、林、路、电综合治理,开展高效水源涵养功能的物种筛选、空间结构配置及优化,控制水土流失,建设生态示范区。三是加强河道治理,建设多种水利设施,有效控制干支流的泥沙转移。四是加快营林步伐,实施科技兴林,大力开展绿化造林,退耕还林,封山育林,推进林业生态建设,建设生态屏障。

(四)加大水土保持技术研发和工程建设力度

一是利用GIS、RS和3S等技术对土壤侵蚀区划分析,采用以植被营建为主要手段的生物工程技术,进行坡面、溪沟退化生态系统恢复技术研究与模式示范。二是针对不同类型的退化生态系统,从生态系统类型划分、乡土物种筛选、植物种群配置、快速栽植以及后期抚育管理等方面形成退化生态恢复技术体系。选取白刺花、野山枣和拟金茅进行坡地植被恢复;选取狗牙根、钻紫苑、棒头草等湿生物种恢复溪沟植被等。三是在水源涵养林建造分区和与造林整地、栽植及混交系列关键技术改善的基础上,确定以防蚀功能为主的水源涵养林营造模式、坡面生态公益林模式、侵蚀沟道水土保持功能为主的水源涵养林模式、山地经济林模式、农林复合经营模式、坡地生产建筑用材为主的水源涵养林模式等高效水源涵养型林草植被空间结构配置模式。四是进一步推广百喜草防治水土流失技术,创新种子发芽率提高技术。五是利用多水塘系统、缓冲带、湿地系统、土壤渗滤等生态技术削减径流量降低污染源、污染物的输出浓度。六是在适当的区域构筑必要的拦水截沙饮水槽、拦沙坝、山塘等工程设施,有效减少泥沙冲刷。

创新管理体制机制　建设"碧水湖北"

陈　虹*

水资源管理体制是水资源管理的机构设置和权限划分等方面的体系和制度的总称。一个健全、合理的水资源管理体制,是合理开发、利用、节约和保护水资源以及防治水害,实现水资源可持续利用的组织保障。现代社会,水资源管理体制问题已经成为水资源管理效率提高和可持续利用的深层制约,凸显出完善水资源管理体制的重要性和艰巨性。水资源管理体制是与一个国家的社会经济发展状况、水资源供求关系矛盾和国家的政治体制及水资源管理的历史沿革密切相关的。必须根据国家与我省经济社会发展的新要求,把完善水资源管理体制置于改革攻坚的重要位置,作为"做好湖北水文章"攻坚的重点领域和着力破解的体制机制障碍。

一、水资源管理体制机制的现状与问题

(一) 我国水资源管理体制机制的现状与问题

从我国水环境治理体制权力分配结构看,法律规定较为原则和模糊,治理方式既有垂直管理,也有传统的行政属地科层管理,两种管理系统的政策执行力度不一,条块分割,往往形成片状或分散式体制,造成治理的真空和死角,削弱治理效能。

(1) 从管理体制上看,由于对水资源的权属管理部门与开发利用部门相互间的关系和职责划分不清,导致部门之间职能交叉和职能错位的现象并存,"多龙治水"的问题依然存在。囿于我国现行水资源管理体制和法律规定,水利、环保、农业、林业、交通、土地、建设、规划、经济综合等政府职能部门均对水资源负有相应的法律职权。部门之间、政府之间、部门与政府之间在水资源管理中存在的职权交叉、冲突、漏洞不可避免地存在,部门分割严重,各部门为了自身利益而进行的单目标规划管理,必然与水资源多功能相矛盾。水环境治理各部门之间的职能划分没有顾及流域的特点,治理"权责"界定不清,监管职能重叠与真空同时存在。

---

* 陈虹,法学博士、硕士生导师,中南财经政法大学法学院副教授;湖北水事研究中心研究员。

(2) 从决策机制上看,水资源管理的多目标决策机制尚未形成,各项经济政策的环境一致性较差,公众参与机制还不健全,水资源有多重功能,相互之间联系紧密,任何一方面的不合理利用都会影响其他功能的发挥。立足于本地区、本部门、本行业利益,难以立足全流域、全局高度综合考虑水资源的各种功能属性,致使水资源开发、利用与保护分割化、碎片化严重,整体推进不够,整合性不足。要使水决策系统处于整体最优,就必须综合考虑多种功能,制定多目标的管理规划。

(3) 从协调机制上看,国家授权的协调机构难以完全发挥真正的协调作用。各行政区之间的协调同样存在着诸多困难和问题:各行政区间的横向协调没有制度化的措施,加之涉及各地区水环境监管部门、机构之间的利益分配,造成各地水环境治理力度差异大、协调成本高,浪费了本来就紧缺的治理资源。《水法》虽然规定我国水资源管理实行水利部统一管理下的分级、分工管理,水利部连同水利部下设的七大流域水利委员会对各自职权范围内的水资源进行协调,处理部门、区域纠纷,但是实际情况却相差甚远,难以发挥应有的协调功能。

可见,我国现行水资源管理体制机制的缺位、越位、错位的问题还比较突出,水资源可持续利用面临巨大威胁,水资源管理面临的压力之重、挑战之大前所未有。能不能管好有限的水资源,体制机制是前提和关键。这些,迫切要求进一步理顺水资源管理体制,建立高效的水资源管理机制,为更好满足经济社会可持续发展提供坚实的体制保障。

(二)湖北省水资源管理体制机制的现状与问题

1. 现状梳理

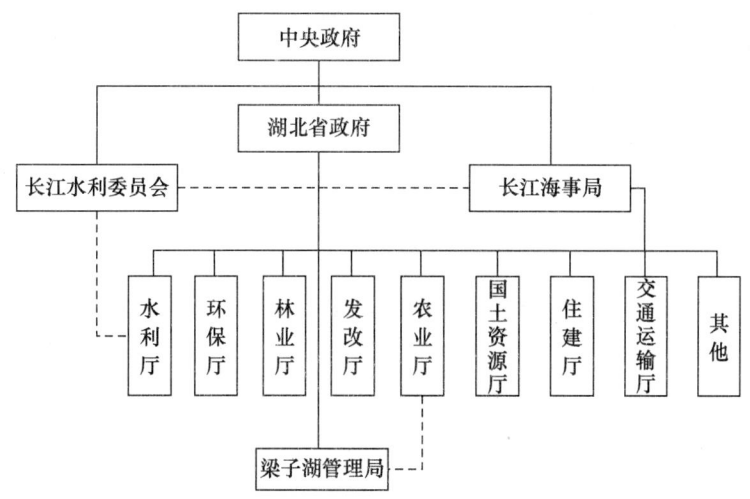

图1 湖北省现行水资源管理体制

在现有水资源管理体制构造下,湖北省涉水事务管理呈现出下列特点:(1) 由湖北水资源的自然属性决定,湖泊、湿地保护的任务较重,尽管在水利厅下面设置了湖北省湖泊局等机构,颁布了《湖北省湖泊保护条例》等地方性法律,作出了较大努力,仍有待进一步凝练经验,予以总结推广,深化体制机制创新。(2)中央部委派出机构如长江水利委员会、长江海事局与地方职能部门存在着机制协调问题。由于流域机构和地方水行政主管部门所处的位置不同,涉及具体利益时,地方往往基于本地区利益考虑,会与流域整体管理发生一些冲突,忽视流域整体的区域水资源开发也还大量存在。在流域管理过程中,如何实现流域管理与行政区域管理相结合,如何解决和避免流域统一管理与行政区域管理之间的矛盾,有待实践破解。(3)涉水职能部门协调机制亟待完善。实践中涉水职能部门在不断推动协商机制的构建,但整体规定较为原则抽象,对于资源合作、信息共享机制等"共商、共建、共享"协商机制并无系统性构建;例如省发改委环资处负责水资源重大问题的宏观决策,而省水利厅负责执行,如何协调决策与执行部门的关系有待明确。

2. 存在的问题

由于湖北"优于水且忧于水",全国普遍存在的流域与区域冲突、各部门难以形成合力等水资源保护体制的"痼疾"表现得更加突出。而且我省地域跨度大,各地水资源状况和经济社会发展水平差异很大,所面临的水资源保护、利用问题差异较大。由于水资源表现形态的多样性、水资源管理的复杂性,使得体制杂陈,更加复杂。结合我省各地实际情况,湖北省水资源管理体制机制的特殊问题主要是:

(1)梁子湖湖区省内跨行政区域机制协调问题。

湖北有许多全国乃至全世界独一无二的珍贵淡水资源,在水资源保护体制机制创新上取得了一些阶段性成绩:确立了湖北省梁子湖管理局对水域和岸线相对集中的管理体制;沿湖四市签订《保护梁子湖协议》推动跨界行政协调机制;通过《梁子湖生态环境保护规划(2010—2014)》谋求流域管理;开始重视公众参与机制。但梁子湖流域跨武汉、鄂州、黄石、咸宁四个行政区域,迄今未实现真正的流域综合管理,流域整体利益与地方利益的冲突十分严重,是湖北省跨区域湖泊管理体制运行不灵、运转不畅的典型代表。由于"一湖两制、四地分管、九龙治水",流域水资源保护受到严重威胁。

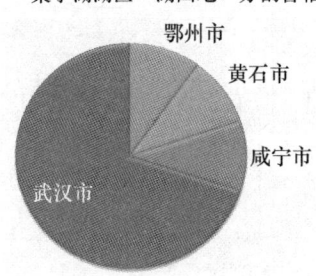

图2 梁子湖湖区管辖冲突

(2)荆江分洪区中防洪、经济与环境利益平衡问题。

依据《防洪法》、《湖北省分洪区安全建设与管理条例》、《荆江地区蓄滞洪区安全建设规划》,荆江分洪区成为长江中游防洪工程的一个重要组成部分;荆州分蓄洪区内有8个乡(镇),4个国营农、林、渔场,180个行政村,有各类企业1852家(其中上市公司2家)。在加大防洪抢险的同时,要考虑如何加大发展的力度,从滞后的经济建设中突围。近年来公安县以县城为中心沿长江布局的工业园投资兴建了屠陵工业园、青吉工业园,力补县域经济的短板;湖北黄山头风景名胜区地处湖北省荆州市南部,是1992年7月经国家林业局批准的首批国家级森林公园之一,后先后被确定为省政府"重点口子镇"、"省级风景名胜区",其中荆江分洪节制闸被评为"国家级重点文物保护单位"。各种身份相互叠加、冲突,形成了较大的利益冲突。三峡工程建成之后,荆江河段的防洪形势大有改观。过去,分洪区由于重在分洪,功能单一,综合功能尚未发挥,抑制了经济社会的发展。目前,蓄滞洪区绝大多数仅发挥了其单一的防洪功能,而忽视了蓄滞洪区作为当地群众生存和发展的重要条件,没有发挥其在改善居民生产、生活,以及洪水资源利用和生态保护等方面的功能。

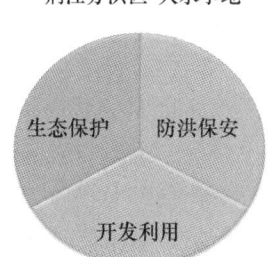

图3 荆州分洪区"人水争地"利益冲突

(3) 有关长江航运的垂直管理与地方管理体制冲突。

目前,负责长江流域管理的机构主要有两家,一家是水利部派出机构长江水利委员会,主要侧重长江水资源管理;另外一家是交通部派出机构长江航务管理局,主要侧重长江航运管理。历年来,长江水系行政管理体系经历了从无到有,从小到大的发展过程,为长江水系航运事业的发展作出了巨大的贡献。在充分肯定成绩的同时,我们也不能回避现有的行政管理体系客观存在的各种弊端,没有建立起一个与长江水系航运经济相适应的行政管理体系:

第一,行政机构互不隶属。在整个长江水系中,现有的行政管理体系存在两套"班子",其一为交通运输部下设的行政管理机构,主要有长江海事局、长江航道局、长江通信导航局、长江船舶检验局和长江航运公安局等。其二为隶属于沿江及沿江各支流湖北省地方政府的地方行政管理机构,例如,地方海事局和地方船舶检验局等。中央和地方行政管理机构在行使行政管理权利的过程中,虽然目的都是在于维护长江水系航运秩序,促进长江水系航运经济健康持续地发展,但是,在行政管理职能上却互不隶属,互不依存。前几年在中央和地方的协调下,长江干流上虽然进行了一定程度的中央和地方行政管理机构的合并和人员交流,但是,根据现实情况下看,这一举措并不彻底,并且在相当大的程度上仅仅是流于表面,非但没有从根本上消化长期存在的各种问题和矛盾,反而使原本存在的各种问题和矛盾变得更加复杂,更加尖锐。

第二,行政机关划段而治,整合不力。在整个长江水系中,行政管理体系存在"中央"和地方两套"班子"的问题,是历史遗留下来的,这一体系存在的不足和弊端已为航运界普遍诟病,并引起相关部门的高度重视,亟待进一步得以改革和完善。但是,现阶段出现的同一行政机构划段而治的情况,并不是长江水系航运经济发展的需要,甚至是一种行政管理模式的倒退。

长江水利委员会与长江航务管理局对长江流域的管理就如同"小马拉大车",本身各自的管理职能就比较单一,且属于部委的派出机构,只能就自身职责侧重管理,很难承担起长江经济带发展规划、管理的重任。同时,当前各自为政、"分灶吃饭"的省级管理体制也决定了沿江各县市难以站在全局考虑自身发展。管理体制弊端势必使长江经济带发展中出现决策主体与利益主体背离、管理边界与功能边界错位、长远利益与短期利益失衡等问题,造成各县市各自为政,缺乏整体规划,重复建设严重。

第三,行政机关各自为政。受行政管理体系的限制,各区段的行政管理机关在行使行政管理职能时只对自己的上级主管部门负责,只对自己管辖范围内的航运经济负责。虽然这种管理模式存在各种各样的弊端,但我们并不能过多地提出非议,毕竟这是历史遗留下来的痼疾。但是,我们不能回避的是,即使在同一区段内,不同的行政职能部门之间,在工作的协调和配合上,也并非齐心协力,互相支持,互相配合。例如,长江航务管理局是交通运输部的派出机构,其具体职责是协调长江干线各行政职能部门之间的工作,使下属海事机关、公安机关、通信机关、船舶检验机关和航道机关在其统一领导下,共同维护长江干线的航运秩序,促进长江航运经济正常有序地发展。但是,长江航务管理局的协调作用更多是流于层面上的,在具体事务的处理上,并没有充分发挥其应有的职能。对违章船舶的处理力度上,对违章人员的处罚力度上,对行政措施的执行力度上,各职能部门并没有做到互相协调,互相配合,切实做到整个干线"一盘棋"的理想境地。

(4)长江水利委员会流域管理与省水利厅区域管理难以协调。以《水法》为基础的法律法规体系构建了我国的流域管理体系,确定了流域管理与区域管理相结合的管理模式。流域管理的确立旨在解决我国长期以来水资源管理方面按行政区划、部门条块分割的管理模式带来的问题,改善"九龙治水"的局面。而作为流域管理核心的管理机关,被设置为水利部的派出机构,赋予了其在水资源保护和开发利用等方面的职能。但实践表明,经济社会管理体制是按照行政单元划分的区域管理体制,而流域管理有其自身的特点和规律,无论是水资源管理,还是水污染防治管理,都需要以流域为单元统筹规划和治理。"流域管理与行政区域管理相结合"的管理体制难以落实,高效的跨区域跨行业协调机制尚待建立,流域水行政管理中责权不清、手段缺失、体制不顺的现状还没有根本改变。具体而言:

其一,长江水利委员会身份模糊,制约职能作用发挥。依据"三定"方案这种"软性"规则,长江水利委员会被定位为事业单位,缺乏明确法律授权必要的监管执法权力,必须通过授权才具有水行政执法的法定职权,而授权行为常常是在对区域执法效应评估判断的基础上来确定的,往往滞后于流域管理的具体需要,这一状况严重制约流域水资源的开发、利用和治理。

其二,长江水利委员会与省水利厅等部门之间权责不明,导致流域管理与区域管理相结合的管理模式运行不畅。虽然确定了流域管理与行政区域管理相结合的管理体制,但对于两者结合点的确定、事权如何划分未明确,水资源流域开发治理中仍难以消除行政分割和各种体制性摩擦。虽然《水法》等法律规范对流域管理机构和地方政府水行政主管部门在制定流域或区域综合规划、拟定水功能区划中的分工作了安排,但在具体的执法监督权的分工方面却不明确,不足以克服区域管理带来的地方利益主导、地区间管理冲突等问题。此外,各涉水部门农业、渔业、交通、林业、建设、地矿等的功能性管理,权力交叉,范围不清,职责相互纠缠,作为部门派出机构的长江水利委员会无法解决部门间的协调问题。

其三,长江水利委员会与省水利厅等部门沟通协同机制虚化。长江水利委员会与省水利厅等部门分别代表国家和地方行使职权,不存在行政上的隶属关系,只存在业务上的指导与被指导、监督与被监督关系,分别在宏观上和微观上实施流域管理。长江水利委员会作为长江流域水资源保护管理机构,要把自己定位在对地方水资源保护管理进行组织协调和技术支持上,强化与区域管理机构的协调与沟通机制,正确处理流域综合规划与区域规划及产业振兴规划、流域综合管理与行政区域管理、流域经济和省域经济及沿江沿海经济、流域水利"短板"和区域比较优势等四个方面的关系,顺畅权力配置与水资源管辖的矛盾与冲突。

通过上述深度描述和类型化分析,我们发现,尽管各样本自然状况各异,时空尺度不一,呈现出的问题指向亦有所差异——省内跨行政区域机制协调;中央与地方"条块"冲突;防洪区、生态区与经济区的矛盾等。但是,无论是梁子湖流域、荆江分洪区,还是长江经济带,诸多的水资源管理都面临着体制机制创新的问题:如何顺畅体制机制,优化权力分配,有待改革与破解。

二、原因分析

我省水资源时空分布不均,水资源管理面临的深层次矛盾尚未根本解决。因此,必须实行最严格的水资源管理制度,建立起权威高效、运转协调的管理体制,才能根本改变水资源的过度开发、无序开发和低水平开发的现象,实现水资源的合理开发、优化配置、全面节约、有效保护。

(一)水资源管理体制未能适应水资源的流域性、水资源开发利用生态性的特点,存在着较大矛盾与冲突

在实际的运行中,"流域管理与区域管理并重"的格局并未真正形成,流域管理体制与区域管理体制难以实现有机结合,或者说,由于"并重"缺乏现实基础,也根本不可能形成。"多龙治水"局面没有从根本上得到改变。一方面是为数众多的管理部门之间权力争夺严重,难以统一和协调,大量的权力交叉、重叠与相当的权力真空并存;另一方面是中央的统一管理职能弱化,立法上的中央集权管理体制与实际上的地方政府控制矛盾十分尖锐。

这种管理模式从体制上割断了水资源的自然循环,不仅不利于水资源的综合利用和保护,更无法应对越来越严重的水资源短缺、水资源浪费、水环境污染、水事纠纷等问题。而且这种困局一旦形成就很难解开,特别是当协调涉及巨大的经济利益和超越了一定行政区域权限后,地方政府利益难以打破、各区域各部门职权难以划清、水事管理难以形成有效合力的弊端日趋明显。

(二)湖北尚未实行流域综合管理改革

流域管理与区域管理结合点不清、具体制度缺失,流域管理难以落实。近年来,江苏省、云南省及新疆维吾尔自治区等地区在探索适合省情的流域综合管理体制方面已先行一步,并通过地方立法将改革经验法定化。它们针对流域管理模式选择、流域管理机构的设置与法律地位、流域与区域职权划分、流域管理决策参与程序等流域综合管理的焦点与难点,确立了形式各异、但具有较强针对性和操作性的三级流域综合体制改革方案,以具体制度创新解决水资源开发、利用与保护的中的制度性缺陷。湖北省已制定了诸多涉及流域的规划,例如:《长江中下游流域水污染防治规划(2011—2015年)》《湖北省汉江流域综合开发总体规划(2011—2020年)》《湖北省汉江流域水利现代化规划》《清江流域旅游开发总体规划》《四湖流域综合规划报告》,但仍存在立足本部门、本行业利益,整合不足,难以实质性推动流域综合管理改革。

三、创新水资源管理体制机制的对策建议

(一)强化水资源保护协作机制

在涉水的多元化管理体系中,因此,湖北省水资源保护体制创新的关键是,积极推进流域管理与行政区域管理相结合的管理体制,由省政府、水利厅等职能部门出面,建立长江水利委员会与省水利厅、长江海事局与省交通运输厅等部门跨地区、跨部门的水资源保护协作机制,形成多部门、多层次的流域会商机制和信息交流共享机制,在水行政执法协作方面进行有益探索,并在实践中逐步完善相关工作方式和制度。

(1)建立联席会议机制。现有涉水法律规范,不可能把所有事项、流域与行政区域的职权作出明确的、具体的规定,即便有明确、具体的规定,在实际工作中,仍会有许多新情况、新问题,需要长江水利委员会与湖北省人民政府及其水利厅等相关部门及时相互沟通协调、相互支持。建议建立长江水利委员会与湖北省人民政府及其水利厅、发改委、环保厅等相关部门联席会议制度,长江水利委员会有关内设机构和省水利厅为具体承办单位。长江水利委员会负责人为联席会议召集人。联席会议一般可每年召开一次,也可以根据工作需要临时召开。联席会议议题由各成员单位提出,由联席会议召集人根据会议主题确定参会人员和议程。提交联席会议研究的有关事项,承办单位应根据需要,会前征求有关部门的意见。联席会议主要是协调解决水资源开发、利用、节约、保护中的重大问题,重点研究探讨化解行政纠纷,通报交流水资源总量分配、水资源论证、取水许可、水功能区管理、水资源保护、水事纠纷调处等方面的信息,协商解决需要协调一致的具体问

题,对水质污染、水事纠纷等社会敏感案件或社会影响大的案件,及时沟通,共同研究解决方案。联席会议研究确定的工作意见和决定,根据需要形成会议纪要。联席会议形成的决议、决定,各成员单位和有关单位、个人要认真执行。执行中遇到新情况、新问题,及时通报,由长江水利委员会会同湖北省人民政府协调,或提请下次联席会议研究。

(2) 建立信息共享机制。加强长江水利委员会与地方的信息联系,建立以流域为单元、开放性的水资源保护监督管理共享机制,实现长江水利委员会与湖北省人民政府及其水利厅、发改委、环保厅等相关部门的信息共享,交流共享内容主要包括:水污染事件调查处理信息;水量调度信息;水环境质量信息;入河排污口信息;污染源及其治理信息;水资源保护与水污染防治方面有关的规划及重大水事行动信息等。

(3) 建立监测预警协作机制。为更好地保护水源地水资源,提高风险预警能力,实现对长江流域水质、水量安全状况的实时监测,在已有的监测系统基础上,完善现有的监测体系,逐步实现监测数据的协作共享。采用人工监测和自动监测相结合的手段采集水源地安全状况数据,利用现代化通信传输、计算机网络、数据库、系统管理等技术手段,对突发性污染事故、水质水量变化和水源工程等情况进行监控和预报,建立快速响应机制,建立灾情信息快速传输系统,保障水源区的水质安全。

(4) 积极开展水事联合执法,在建立跨区域流域水事执法机制上求突破。解决"横向分散、纵向分离"的问题。纵向上,要探索完善跨区域、跨流域联合执法工作机制,及时防范和处理边界水事纠纷;横向上,要加强部门间联动,形成各涉水职能部门的良性互动机制,扩大执法效果。长江水利委员会与湖北省政府政府和相关部门应积极发挥协作交流机制的优势,密切合作,形成合力,明晰职责,最大限度地减少或避免行政干预带来的负面影响,积极探索走联合执法之路,为水资源保护和水行政执法工作的顺利进行提供大力帮助和支持。

(二) 打造具有湖北特色的水资源管理体制

湖北省关于水资源管理积累了诸多经验,其中尤以对湖泊的保护最为突出。与我国的湖泊保护理念"良好湖泊优先保护"、"突出重点、择优保护、一湖一策、绩效管理",由污染防治为主向风险预防为主转变,湖泊保护措施专门化、综合性转型相适应,《湖北省湖泊保护条例》立足我省特点,实施了湖泊保护体制机制的创新——"明确主管、优先保护、差异化管理":明确主管,意味着针对我省水资源管理中的"体制结症",梳理各职能部门的权责,明确水行政主管部门与环保、渔业、林业、发改委等其他部门的分工配合;突破湖泊管理的区域性限制,建立良好湖泊保护执法的协调机制,建立部门联动机制等权力协调机制;"优先保护",意味着转变思维,创新保护理念,构建新型保护模式。思维模式的转换,即变消极被动的应对填补为积极主动的防患未然,是对水质良好湖泊所进行的风险防范型保护;"差异化管理"意味着承认不同功能的良好湖泊保护目标的差异性,以此为基础,完善对重要水体实施特殊保护的地方立法。

基于梁子湖极其重要的战略地位与生态价值,打造环梁子湖生态示范带,推行最严格生态保护制度,试点绿色 GDP 考核,围绕"两型"社会建设和城乡一体化综合配套改革目标,把梁子湖区建成湖泊保护与开发体制机制创新区、国家级绿色示范区和生态农产品生产基地、世界级生态旅游区,以流域为单元进行综合治理。

对洪湖而言,要巩固2005—2007年生态环境治理的成果,强化生态保护的理念,建立荆州市洪湖湿地自然保护区管理局与相关部门的协调保护机制,理顺权属利益关系,防止"保护性养殖"、"保护性修复"的生态损害。

上述制度创新尝试,可结合湖北省内各地不同水体特点加以适用。通过差异化管理,因地制宜,因水制宜,真正实现保护一体化、人水和谐。

(三)制定"湖北省碧水行动计划"(2013—2020)

随着湖北经济社会的进一步发展,水资源保护的威胁日益凸显:城市水污染依然严重,制约经济社会发展;农村面源污染突出,饮用水安全任重道远;水生态破坏严重,恢复难度极大;水资源供应缺口日益增大,满足需求能力受限。各因素相互叠加,导致湖北水资源保护压力巨大。

为进一步强化政府和企业责任,下决心解决好关系民众切身利益的水污染问题,用实际行动改善区域、流域水质量,根据《中华人民共和国水法》、《中华人民共和国水污染防治法》、《中共湖北省委、省人民政府关于加强环境保护促进科学发展跨越式发展的意见》(鄂发【2012】7号),结合湖北经济社会发展现状和目标,建议制定"湖北省碧水行动计划"(2013—2020年)。

"湖北省碧水行动计划"(2013—2020年)通过饮用水源保护工程、水质维护型流域治理工程、水质改善型流域治理工程、湖库水环境改善工程以及风险防范提升工程等工程措施,实现到2015年省辖区内水质超标水体和支流水环境质量明显改善、库区水体富营养化趋势得到有效控制、建制镇及以上集中式饮用水水源地得到切实保护、水环境监测预警和应急能力显著提高的目标。强调优先解决群众反映最强烈的河流、湖泊水污染问题,确保城乡居民喝上安全、放心的饮用水。

坚持改革创新、先行先试、重点突破,分步推进,以重点流域水质改善为切入点,带动"碧水计划"的全面展开;坚持统一规划、统一检测、统一监管、统一评估、统一协调,共建共享的协调机制工作机制。成立省内各城市及省政府有关部门参加的协调委员会,并签署合作协议,各市市长轮流担任主任,秘书处设在省水利厅,每年定期举办联席工作会议。明确各方责任,各市人民政府负责编制和实施本行政区域"碧水行动"具体方案,负责落实配套资金,确保各项年度目标任务按期完成;省水利厅牵头协调"碧水行动"的实施,负责督查推进"碧水行动"日常工作,牵头开展全省饮用水源污染状况调查并制定各年度整治任务,负责核定水功能纳污总量,提出限制排污总量意见,加强入河排污口审批,全面实施取水许可论证和水土保持方案论证,动态化、常态化水资源监测,定期向社会统一发布监测信息,加强水资源费征收,科学核定用水定额。省发展改革委负责把"碧水行动"有关项目和资金纳入国民经济和社会发展计划,牵头推进次级河流水环境综合整治项目、城市生活污染整治、环境监控和风险防范工程等项目前期工作,负责跨界次级河流水环境综合整治实行"目标责任制"相关工作,负责推进全市产业结构调整和布局。

省环保厅负责排污审批、监管,负责工业污染治理和强制性清洁生产审核,负责牵头次级河流水污染综合整治规划编制、跨界次级河流水质目标考核和污染补偿工作,负责实施水环境风险防范工程和环境管理工程。省农业厅负责养殖污染和农村其他面源污染防治工程。

落实水污染防治责任单位责任制,调动各地方政府部门和社会力量共同参与,发挥党政一把手环保实绩考核的杠杆作用。

完善法治　加强湖北水资源保护立法

刘佳奇　尤明青[*]

水资源是人类生产、生活中极为重要的资源。省委书记李鸿忠同志多次强调："兴水利、除水害,事关人类生存、经济发展、社会进步,历来是湖北为政之要、民生之本、兴鄂之基。"湖北是水资源大省,江河纵横、湖泊众多,科学合理地保护好、利用好我省丰富的水资源,对实现湖北科学发展、跨越式发展,促进全省生态文明建设具有积极意义。

一、湖北水资源保护立法取得的成效及存在的问题

截至2013年,国家、湖北省水资源保护立法主要有43部(不含部委规章),其中法律7部、行政法规12部、湖北省地方性法规13部、湖北省政府规章11部。基本形成了法律、行政法规、地方性法规、地方政府规章的水资源保护法律体系,立法内容涵盖水质、水量、水文、水价、水资源费、防洪、抗旱、取水、供水、排污、污水处理、渔业、水库、水运、采砂、港口、水土保持、血防、移民安置、生态补偿、河道、航道等众多涉水领域。尤其是在湖泊保护、防洪、农村生态环境、移民安置、血防等方面体现出湖北省水资源保护立法的特色,在湖泊管理体制、农村面源污染防治等法律制度设计上全国领先。这些立法的出台使湖北基本形成了水资源保护法律体系,为我省水资源保护提供了制度保障。

湖北在水资源保护立法方面虽取得显著的成绩,但也存在一些不足和问题,具体表现在：

(一)立法存在空白

水作为一种自然资源和环境要素,是以流域为单元构成的一个统一体。地表水和地下水之间相互转化,上下游、左右岸、干支流之间的开发利用相互影响。水资源保护与水污染防治必须按流域统一管理,是世界各国行之有效的成功经验。而湖北作为水资源大省,目前水资源保护立法比较零散,仅针对水质、水量、水文等水资源保护的某一方面,水

---

[*] 刘佳奇,中南财经政法大学法学院博士研究生,湖北水事研究中心研究员;尤明青,法学博士、硕士生导师,中南财经政法大学法学院副教授,湖北水事研究中心研究员。

资源保护综合性立法缺失。

为了加强对于境内重点水域、流域的保护,世界各地纷纷出台重点水域、流域的单独立法。如日本《琵琶湖综合开发特别措施法》、《濑户内海环境保护特别措施法》和我国《江西省鄱阳湖湿地保护条例》、《滇池保护条例》等。相比之下,素有"千湖之省"美誉的湖北目前还没有专门针对境内重点水域的单独立法,对境内重点水域保护的法律支撑明显不足。

利用水价的杠杆调节作用实现水资源保护工作是国内外水资源保护的成功经验。国内已有许多地区出台统一的水价立法推进本地区水价的法制化,如《张掖市水价管理办法》、《长沙市阶梯水价管理办法》、《淮北市水价管理暂行办法》、《云南省水价管理暂行规定》等。相比之下,湖北省关于水价的立法仅局限在工程水价方面,没有涵盖关于农业、工业、城镇居民生活、再生水水价等的统一水价立法,仅有只针对水利工程水价的《湖北省水利工程水价管理暂行办法》。

近年来,湖北省屡遭旱灾侵袭,2010年至2011年更是发生了秋冬春夏四季连旱。面对旱涝灾害并存的现状,安徽、江西临近省份纷纷制定了针对本地区实际的抗旱条例,重庆市更是将防汛与抗旱相结合,出台《重庆市防汛抗旱条例》。相比之下,湖北省水资源立法中防洪方面的立法相对较为完善,形成了包括《防洪法》、《防汛条例》、《湖北省实施〈中华人民共和国防洪法〉办法》的法律体系。但针对抗旱的法律体系尚未建立,目前仅有《抗旱条例》一部行政法规作为法律依据,针对湖北省的抗旱专门立法尚未出台。

(二)立法相对滞后

地方立法的重要功能在于及时根据上级立法,制定适合本地区的上级立法实施办法、细则等。湖北省尽管根据上级立法,制定了相应的湖北省实施办法、条例,但这些实施办法、条例严重滞后于国家立法的修改和制定。《水污染防治法》已经于2008年进行了最近一次的修订,而《湖北省实施〈中华人民共和国水污染防治法〉办法》仍是省人大常委会2000年制定的,对于新增加的饮用水水源保护区管理制度、水污染应急反应、强化地方政府责任等内容均未涉及。《水土保持法》已经于2010年修订,重点增加了国家在水土流失重点预防区和重点治理区,实行地方各级人民政府水土保持目标责任制和考核奖惩制度,而湖北省实施《中华人民共和国水土保持法》办法至今沿用1994年的立法,对上述新增内容仍没有涉及。《渔业法》已于2004年进行了修正,将第16条第1款修改为:"国家鼓励和支持水产优良品种的选育、培育和推广。水产新品种必须经全国水产原种和良种审定委员会审定,由国务院渔业行政主管部门公告后推广。"而湖北省实施《中华人民共和国渔业法》办法仍然沿用2002年的立法,对这一点也没有涉及。《湖北省汉江流域水污染防治条例》1999年颁布,至今已有十余年的时间,其行政处罚的设计普遍明显低于《水污染防治法》对相关违法行为的处罚数额。

(三)立法之间存在冲突

囿于自身的立法层级,上位法"部门立法"导致法律之间存在冲突和矛盾的问题在湖北省也有体现。《水法》、《水污染防治法》、《渔业法》、《土地管理法》、《森林法》、《河道管理条例》及其在湖北省的实施办法等法律、法规、规章都可以成为水资源保护的法律依据。水利、环保、农(渔)业、国土、林业等职能部门都可以依法成为水资源保护和管理的法定职能部门,都可以按照各自的规划、标准、方式针对水资源的某一类功能和价值采取各自分散的保护和管理行动。虽然从形式上看,各部门都在依法进行保护水资源,但实际上,仅水资源单一价值的角度进行保护导致保护目标之间的冲突;各相关部门必然之间存在着权力竞争关系,进而带来管理上的不协同。同一片水域水质与水量的监管分离,渔业、航运、湿地、旅游、国土资源等诸多功能和价值也被相互冲突的立法肢解。

(四)立法不完善

1. 保护重点不明确

李克强总理在第七次全国环保大会上讲话中指出:"江河湖泊一旦污染,治理成本巨大,甚至不可逆转,要优先保护水质良好和生态脆弱的湖泊和河流。"明确宣告不能再走"先污染后治理"的老路,必须本着预防原则,对于水质良好和生态脆弱的湖泊和河流进行优先保护。2012年5月,环保部部长周生贤在全国环境保护部际联席会议暨松花江流域水污染防治专题会议上透露,国家在深入推进重点流域水污染防治的同时,已着手优先保护水质良好和生态脆弱的江河湖泊,在"十二五"期间,将按照突出重点、择优保护、一湖一策、绩效管理的原则,进一步明确了"优先保护"的工作思路。2012年出台的《湖北省湖泊保护条例》中也规定了对于重点湖泊可以专门立法,实现"千湖一法"与"一湖一法"结合。但从省政府公布的全省第一批湖泊保护名录看,依然是笼统的以水面面积(1平方公里以上湖泊和1平方公里以下的主要城中湖泊)作为列入名录的依据。具体哪些湖泊是重点湖泊?哪些重点湖泊需要立法?目前仍然不明确。

2. 法律责任设计不完备

在湖北的水资源保护立法中,法律责任的设计也存在不完善之处。首先,法律责任缺失。《湖北省水利工程水价管理暂行办法》中缺少法律责任的规定,导致该办法设计的权力(利)义务根本无法真正落实,对该办法的违反也无法得到有效的归责。其次,法律责任存在漏洞。如《湖北省水库管理办法》第26条规定:"禁止在水库周边兴建向水库排放污染物的工业企业。原已建成投产的,应当限期治理,实现达标排污。不能达标排污的,限期搬迁。"但对限期没有搬迁的处理,该办法却没有作出规定。这会在一定程度上助长排污者的违法心理,因为立法对于其排污行为除了罚款之外几乎没有可以震慑其违法行为的办法。在罚款数额很低的情况下,违法成本甚至低于守法成本。类似的情况也出现在其他立法中,法律责任的不完善给违法者以可乘之机。

(五)立法缺乏可操作性

尽管湖北省水资源保护立法覆盖范围很广,但也存在部分立法过于原则、操作性不强的问题。首先,通过立法构建公众参与机制是实现公众参与的重要制度保障。但除《湖北省湖泊保护条例》设有"公众参与"专章明确公众参与湖泊保护的具体途径之外,湖北省绝大多数水资源保护立法缺少公众参与的具体措施。即使有相关的规定也只是原则性的,缺乏具体的、可操作性的制度设计。其次,上位立法虽然规定了地方政府的环境保护目标责任制,但由于部分立法对于地方政府责任追究的规定过于笼统、可操作性差,导致很多情况下将政府责任变成了"部门责任",使法律对于地方政府,特别是地方政府行政首长的责任追究难以落实。

(六)存在立法技术问题

一是部分立法缺乏章节设置,仅笼统地将所有法律条文进行简单的罗列,条文之间缺乏逻辑性和类型化。二是部分立法语言表述不够准确。《湖北省城市供水管理实施办法》、《湖北省水库管理办法》设置"罚则"作为专章,但该章的内容中却包含处罚之外的行政强制和法律责任的救济制度,这些内容显然不是"罚则"所能涵盖。

二、国外、省外水资源保护立法对湖北的启示

(一)水资源保护统一立法

水资源是一种动态的、多功能的自然资源,同时又是生态与环境的重要组成部分,地表水、地下水相互转化,城乡水资源不可分割。《江苏省水资源管理条例》按照从工程水利向资源水利、可持续发展水利这一新的治水思路,加强水资源统一管理,突出节约用水,强化水资源的合理配置和保护,促进水资源的合理开发利用,为实现水资源的可持续利用,改善生态环境提供法制保障。其主要内容包括:

一是明确了水资源的管理体制。按照水资源自身规律和管理工作需要,要实现水资源的可持续利用,必须强化水资源的统一管理。该《条例》规定,省人民政府水行政主管部门负责全省水资源的统一管理和监督工作。市、县(市)人民政府水行政主管部门按照规定的权限,负责本行政区域内水资源的统一管理和监督工作。

二是明确了水资源规划、水功能区划、限制排污总量意见的法律地位。该《条例》中规定水资源规划是开发、利用、节约、保护、管理水资源和防治水害的基本依据;规划是水利建设水利工作的基础,是水资源可持续利用的前提。水资源规划体系包括全国水资源战略规划;江河流域或者区域综合规划;防洪规划、水资源保护规划,水土保持生态建设规划,以及灌溉、治涝、发电、航运、城市供水等专业规划;水中长期供求规划等。该《条例》把水资源规划作为水资源开发利用节约保护和管理水资源和防治水害的基本依据;经批准的水功能区划是水资源开发、利用和保护的依据;限制排污总量意见作为制定污染物排放总量控制实施方案的依据。

三是建立相应的法律制度。具体包括:(1)水资源综合规划、中长期供求规划、水功能区划、用水定额编制的备案制度;(2)水资源节约法律制度,包括取水计量与收费、农业节水、工业节水、城市生活用水和节水设施建设;(3)地下水开采控制制度;(4)水功能区划制度;(5)排污口审查制度;(6)取水许可制度;(7)用水总量控制制度;(8)水资源论证制度;(9)水资源统计制度;(10)取水计量制度;(11)超计划累进加收制度;(12)奖励

制度。

(二) 重点湖泊、河流单独立法

"一条河川,一部法律",这是古老的水事立法经验。实际上,对于水质良好和生态脆弱的重点湖泊和河流进行优先保护国内外已有先例。在国内,甘肃省出台《甘肃省石羊河流域水资源管理条例》对境内的石羊河进行单独立法保护;南昌市就针对境内的"中国第一大城市湿地"——青山湖专门出台《南昌市青山湖保护条例》;云南省的滇池、洱海、抚仙湖也均有专门的立法加以重点保护;太湖流域更是出台了行政法规级别的《太湖流域管理条例》,为治理太湖污染防治和生态保护提供更高层级的法律保障。在日本,琵琶湖是日本的第一大淡水湖,在20世纪70年代也曾被严重污染,工厂污水没有任何限制地排放到河流、湖泊,大量未充分处理的生活污水也排放到河流、湖泊,河湖水质富营养化,水变得臭气熏天,生态受到严重破坏。经过三十年的治理,琵琶湖水质大为好转,透明度达到6米以上,重新恢复美丽容颜,成为著名的旅游胜地。其中重要的原因就是日本专门制定了《琵琶湖综合开发特别措施法》作为湖泊保护的制度依据。

(三) 立法后评估

近年来,我国在立法领域建立后评估制度被提上了议事日程。2004年国务院发布《全面推进依法行政实施纲要》(国发[2004]10号文件),其中第17、18条规定:"积极探索对政府立法项目尤其是经济立法项目的成本效益分析制度。政府立法不仅要考虑立法过程成本,还要研究其实施后的执法成本和社会成本。""建立和完善行政法规、规章修改、废止的工作制度和规章、规范性文件的定期清理制度。要适应完善社会主义市场经济体制、扩大对外开放和社会全面进步的需要,适时对现行行政法规、规章进行修改或者废止,切实解决法律规范之间的矛盾和冲突。规章、规范性文件施行后,制定机关、实施机关应当定期对其实施情况进行评估。实施机关应当将评估意见报告制定机关;制定机关要定期对规章、规范性文件进行清理。"2008年全国人大常委会将"立法后评估"写进了工作报告,各地方上也陆续开展了立法后评估工作——浙江称为立法质量评估,云南称为立法回头看,海南称为立法跟踪评估,并且都取得了一定成效。目前,立法后评估会开展得更普遍、更深入,不仅在已开展的省市继续铺开,在其他省市也会逐步开展;不仅有专项评估,也会有综合评估;不仅有人大进行的评估,也会有社会力量进行的评估。更重要的是,评估结论的作用将进一步清晰,评估工作本身将走向制度化。

三、湖北省水资源保护立法的完善建议

(一) 科学制定水资源保护的立法规划

立法规划是我国一项独具特点的立法制度,其实质是配置立法优先权,即按照社会需求和执政党政策,通过对立法次序、层级和项目的理性设计实现立法权力、利益的优先

分配。它是立法科学化、系统化的重要方式,有助于建立法律供给与社会需求的良性平衡,实现科学、民主、有序、高效立法。

一是把急需的立法项目作为立法规划的主要内容。鉴于《湖北省实施〈中华人民共和国水污染防治法〉办法》、《湖北省实施〈中华人民共和国水土保持法〉办法》、《湖北省实施〈中华人民共和国渔业法〉办法》已经不能适应上位立法的变化,应当列入立法计划尽快出台新的实施办法;

二是坚持立改废并举,更加注重法律修改。鉴于修改法律产生的法律成本低且法律修改落实率比法律制定的落实率相比要高,有必要更加重视法律修改和法律清理工作。《湖北省汉江流域水污染防治条例》1999年颁布,至今已有十余年的时间,其行政处罚的设计普遍明显低于《水污染防治法》对相关违法行为的处罚数额,应当通过修改适应上位立法的变化。针对《湖北省城市供水管理实施办法》、《湖北省水库管理办法》设置"罚则"作为专章不能涵盖内容的情况,应通过及时修改加以完善。

三是加快重点领域立法。重点出台《湖北省水价管理办法》,对工业、农业、城镇生活、再生水水价等进行统一立法,充分实现价格机制对水资源管理与保护的杠杆调节作用。近年来,我省旱灾频发,使我省生活、生产、生态受到严重影响,为配合《抗旱条例》的实施,加快《湖北省抗旱条例》的制定和出台十分重要。

(二)制定《湖北省水资源保护条例》

根据规定,实施《水法》,水利部门是主管部门,环保部门是协同部门;实施《水污染防治法》,环保部门是主管部门,水利部门是协同部门。有必要将水利、环保两部门职责加以整合,更全面更有效地执行两法,使两部门更好地协同配合,发挥各自的优势,实行水量和水质的统一管理,确保水环境的改善和水资源的可持续利用。建议湖北省出台统一的《湖北省水资源保护条例》,整合《水法》和《水污染防治法》、整合水利部门和环保部门,结合湖北省的实际情况,实现水资源保护的统一立法。

《湖北省水资源保护条例》主要内容包括:(1)确定水资源保护规划的法定地位、编制部门、编制批准程序,并明确水资源保护规划和相关规划的关系;(2)明确水功能区编制的依据、程序和批准备案要求,明确限制排污总量意见作为制定污染物排放总量控制实施方案的依据;(3)对地表水饮用水水源区的禁止行为和需调整集中式饮用水水厂取水口的内容作出细化规范;(4)切实加强地下水的保护;(5)就排污口设置行政许可事项的办理,水利和环保两个部门的有效配合进行明确;(6)为促进节水减污,对各类节水明确具体要求;(7)对突发性水污染事故的处置,在应急预案中应当明确的内容进行细化;(8)对从事河道管理范围内开发利用、治理的工程建设,从水资源保护的要求出发,对工程建设行为进行必要的规范;(9)对加强水质监测、编制水资源公报、向社会公告以及信息共享提出明确要求;(10)对公众参与水资源保护提出明确的鼓励措施。

《湖北省水资源保护条例》应重点建立以下机制:

一是地方政府水资源保护责任机制。现有立法虽然规定了地方政府的环境保护目标责任制,但过于笼统,可操作性差。很多地方将政府责任变成了"部门负责",使地方首长的环境管理责任追究流于形式。建议通过立法规定各级人民政府行政首长对辖区内的水资源保护负总责,明确规定政府及其职能部门不履行水资源保护职责的法律责任。县级以上人民政府及其相关管理部门不履行水资源保护的职责,造成严重后果的,对直接负责的主管人员和其他直接责任人员依法给予处分;后果特别严重的,应当依法撤销职务。

二是水资源保护协调机制。鉴于现行体制下多部门、多地区对水资源进行管理,不可避免地会在具体管理中出现部门之间、地区之间的矛盾和纠纷。这需要明确建立一个长效的协调机制来解决此类问题。而且根据国内外协调机制设置的经验,建议湖北省水资源立法中明确由各级人民政府负责牵头协调部门之间的利益冲突,而实践中这也是最容易操作的和通行的做法。至于各级人民政府负责牵头的具体形式可以由各地区结合自身情况具体规定,立法应主要关注协调机制的制度化问题,要使具体建立起来的协调机制具有法律依据。

三是公众参与机制。综合治理理念下的"保护法"需要公众的积极参与,需要调动全社会的力量共同实现对水资源的保护。建议今后湖北省水资源保护法规规章的制定、修改、补充中,加强对公众参与机制的法律设计,加大奖励、指导、鼓励举报等"软手段"的法律规定比例。主要措施有:(1)加强水资源保护的宣传和教育工作,增强公众水资源保护意识,建立公众参与的水资源保护、管理和监督机制。(2)县级以上人民政府及其相关部门应当定期发布水资源保护的相关信息,保障公众知情权。(3)编制水资源保护规划、水污染防治规划、水资源立法、水生态修复方案和审批沿湖沿河周边建设项目环境影响评价文件,应当采取多种形式征求公众的意见和建议,接受公众监督。(4)广播、电视、报刊、网络等媒体应当开展水资源保护公益性宣传,倡导促进环境友好的生活方式。(5)鼓励社会各界、非政府组织、水资源保护志愿者参与水资源保护、管理和监督工作。(6)鼓励社会力量投资或者以其他方式投入水资源保护事业。

四是执法联动机制。水资源保护的执法工作涉及水利、环保、林业、交通、农(渔)业、公安等诸多政府职能部门。尽管部门间的执法权限和范围有明确的分工和界限,但一个违法行为可能触犯的不仅仅是一部法律,也不仅仅涉及一个部门的执法权限。如果发现违法行为不是或者不完全是本部门管理的事务,还需要通知其他部门,就可能延误对违法行为的查处。建立和完善水资源执法联动机制一方面整合了政府各部门的优势执法资源,有利于发挥各部门的执法专长,在一次执法活动中尽可能多地处理涉及各部门、多部门管理权限和范围的水资源保护问题;另一方面,通过实现部门之间水资源保护工作的配合与协作,也是部门之间协调机制的一种体现。

(三)实现对梁子湖、洪湖等重点湖泊单独立法

"一湖一策"或"一湖一法",这是国内外水事立法的成功经验。建议湖北省贯彻"良好湖泊优先保护"的原则,加快对洪湖、梁子湖等重点湖泊的单独立法工作。理由有三:

一是适应湖泊自身功能定位。根据《湖北省水功能区划》,梁子湖的功能定位于"保留区",是目前开发利用程度不高,为今后开发利用和保护水资源而预留的水域;洪湖定

位于"湿地自然保护区",是干流及主要支流源头区、重要的调水水源区、重要供水水源地,以及对自然生态与珍稀濒危物种的保护有重要意义的水域。根据区划,二者均属于需要在现阶段重点进行保护而非开发利用的水域。此外,梁子湖已经进入国家财政部、环保部开展的湖泊生态环境保护试点首批试点名单;洪湖已经被列为国家级和省级自然保护区,在国家林业局支持下已经启动了"洪湖湿地保护与恢复示范工程",足见国家、湖北省对梁子湖、洪湖保护的决心和支持力度。应当坚持"保护优先"的原则,通过立法进一步加强对其进行保护。

二是防控水质恶化的风险。结合《湖北省水功能区划》及最新水质检测检测结果:湖北省第一大湖泊——洪湖现状水质为Ⅲ,达到水功能水质规划的要求;第二大湖泊——梁子湖其现状水质为Ⅱ—Ⅲ,达到水功能水质规划的要求,二者总体水质良好。尽管如此,根据2011年《湖北省水资源公报》,梁子湖、洪湖的富营养化程度加重——均由中营养加重至富营养,洪湖还存在总磷超标的情况。这一状况表明,尽管两大湖泊水质尚良好,但如不加以重点保护,两大湖泊水质有进一步恶化的风险。

三是单独立法条件已经成熟。梁子湖、洪湖及其所在各地市已经结合自身的情况,出台了专门湖泊保护规范性文件。如荆州市出台了《洪湖湿地自然保护区保护管理办法》,武汉市出台《武汉市改善梁子湖武汉市域水质工作方案》等规范性文件,《梁子湖生态环境保护保护条例》的草案制定工作也已经开展。上述立法经验为我省进行梁子湖、洪湖的专门立法提供了宝贵的经验。更重要的是,《湖北省湖泊保护条例》的出台,为梁子湖、洪湖等重点湖泊的立法提供了明确的法律依据保障。此外,相关省市及国外成功的湖泊专门立法也可以为梁子湖、洪湖的立法提供有益的借鉴。

(四)建立立法后评估制度

省人大、省政府及省内有立法权的各级人大、政府应当在法规、规章颁布施行后,定期组织或委托相关机构对其立法的实施情况进行评估。后评估实施机构应当将评估意见报告制定机关;制定机关要定期对规章、规范性文件进行清理。后评估既要关注法规、规章的实施效果,还应立足法规、规章实施中反映出的问题,逆向检验所设置条文的合法性、合理性、协调性。根据评估结果提出完善法规、规章建议,省人大、省政府及省内有立法权的各级人大、政府应当根据后评估完善建议及时立改废相关立法。

借鉴先进经验　建设节水型社会

刘佳奇[*]

湖北是水资源大省，但主水少、客水多的特征明显。随着湖北经济社会的发展，一方面是用水需求不断增长，另一方面是水污染的加重，水供给形势严峻。面对水资源约束日益趋紧、供需矛盾日益突出的现状，建立节水型社会成为提高湖北水资源承载能力，建成"两型社会"，实现"竞进提质"、"效速兼取"目标的必由之路。

一、湖北省水资源利用现状

我省各级政府一直高度重视节水型社会的建设。2010年以来，全省人均用水量和农田灌溉亩均用水量趋势平缓、变幅不大，全省人均总用水量变化于500立方米附近，农业灌溉亩均用水量变化于400立方米附近；全省平均万元国内生产总值用水量和万元工业增加值用水量均呈明显下降趋势，按可比价计算，万元国内生产总值用水量2012年比2011年下降9.4%，万元工业增加值用水量2012年比2011年下降11.8%（不含直流火电下降11.9%）。

表1　湖北省用水指标变化对比图　　　　　　　水量:立方米

年份	2010	2011	2012
人均用水量	503	488	480
农田灌溉亩均用水量	396	424	410
万元国内生产总值用水量比上年（按可比价计算）%	(186)	−9.5(168)	−9.4(152)
万元工业增加值用水量比上年（按可比价计算，全部工业）%	(185)	−14.7(163)	−11.8(144)
万元工业增加值用水量比上年（按可比价计算，不含直流火电）%	(132)	−16.4(117)	−11.9(103)

可以说，我省在节水型社会建设中取得了显著的成效。但面对水资源约束日益趋近的现实，我省在建设节水型社会的过程中仍然存在诸多问题。具体表现在：

---

[*] 刘佳奇，中南财经政法大学法学院博士研究生，湖北水事研究中心研究员。

（一）用水总量增加

尽管单位用水量逐年降低，但伴随着我省经济社会的高速发展，用水总量也随之增加。2012年全省总用水量299.29亿立方米，用水总量进一步增加。按老口径统计，与上年比较，农业用水减少1.73亿立方米，工业用水增加1.25亿立方米，主要是火电直冷式用水增加；生活用水增加3.08亿立方米，主要是城镇和农村居民生活用水增加1.85亿立方米，牲畜用水增加0.56亿立方米，城镇公共用水（建筑业和服务业）增加0.62亿立方米。

如图所示，2002年至2011年的十年间，我省用水总量以年均2.36%的速度增加，2007年之后增速更快。按照此平均增速计算，到2015年湖北省用水总量将突破325亿立方米，大大超出国家设定的315.51亿立方米的用水总量红线。

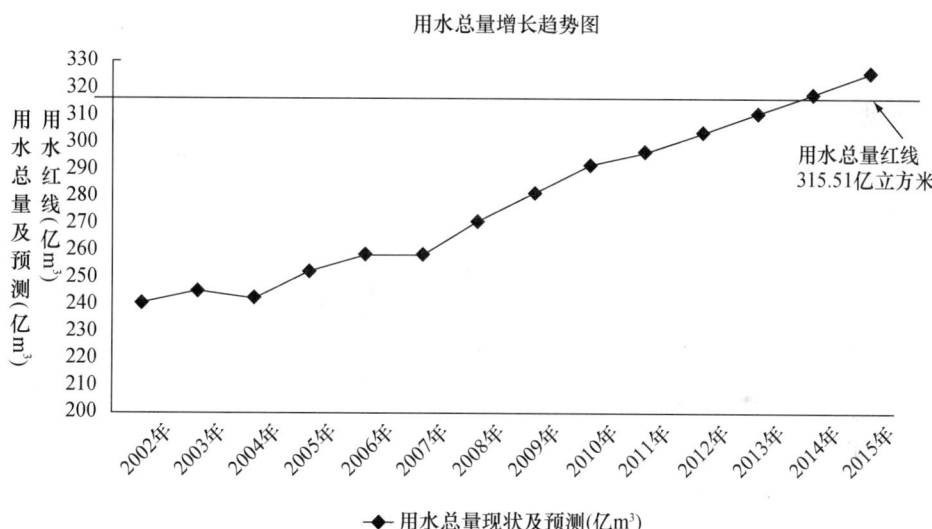

图1 用水总量增长趋势图

（二）耗水率高

2012年，全省用水消耗总量129.01亿立方米，比上年增加0.2%，耗水率（消耗量占用水量的百分比）为43.1%，高于全国52%的平均水平，同美国的70%—80%，以色列的85%—90%利用效率差距更大。

（三）废污水排放量增多

2012年全省废污水排放总量53.78亿吨（不包括火电直流冷却水），其中第二产业（主要是工业废水）为38.75亿吨，占72.0%，城镇生活污水11.63亿吨，占21.6%，第三产业废污水3.40亿吨，占6.3%。

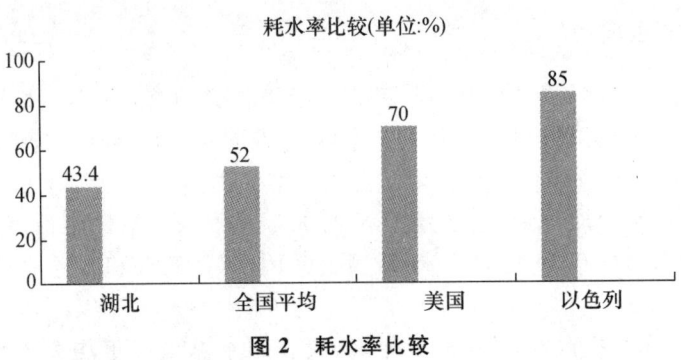

图2 耗水率比较

(四) 用水效率低下

2012年,湖北万元GDP用水量129立方米;万元工业增加值耗水量(含火电)115立方米,大大超过全国平均76立方米;农业有效灌溉系数仅为0.4858,单位立方水的农业经济产值仍较低,距离国家为湖北省设定的2015年水资源利用效率目标还存在较大的差距。

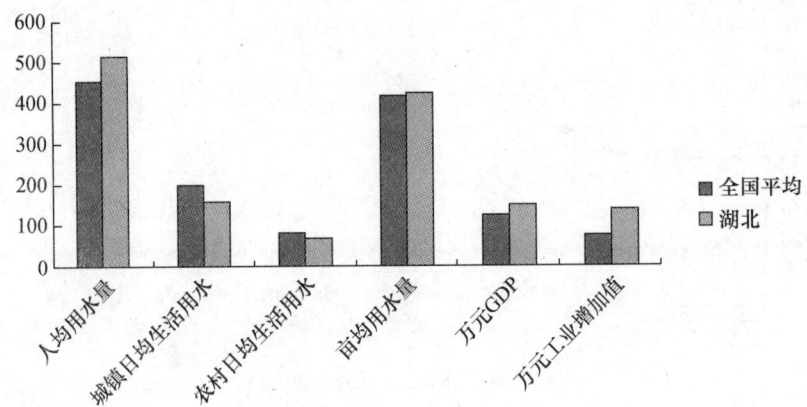

图3 湖北省万元GDP用水量比较

全省各市州工业用水重复利用率差异较大,非火(核)电工业用水重复利用率在60%及以上的市州仅有武汉市、黄石市、鄂州市、襄阳市;全部工业用水重复利用率普遍不高,仅有宜昌市达70.5%。

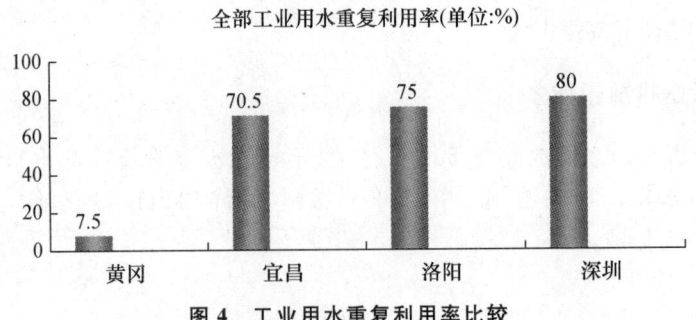

图4 工业用水重复利用率比较

全省各市州城市供水管网漏失率在9.5%—46.4%之间,天门市为46.4%,为全省最高,黄石市为9.5%,为全省最低,超半数的城市供水管网漏失率大于20%。而新加坡的水量漏失率仅为5%;日本东京的这一数值仅为6%。到2015年,湖北省城镇节水器具普及率才能提高到80%,也落后于苏州的100%、北京的95%。

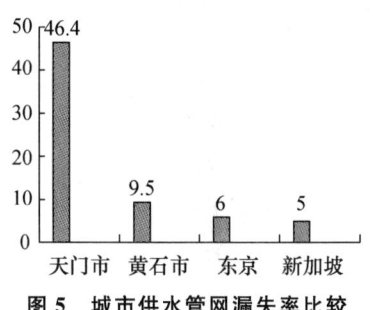

图5 城市供水管网漏失率比较

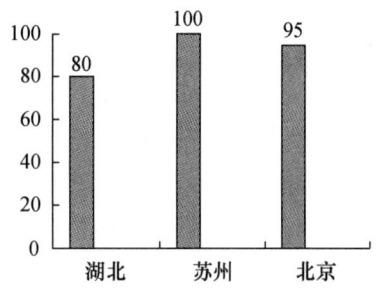

图6 2015年湖北省城镇节水器具普及率

二、国外、省外的节水经验

(一)编制节水规划

为提高水资源利用效率,实现水资源可持续开发利用,很多国家和地区都非常重视编制完善的节水规划来明确节水的方向。如江苏省制定了综合性的《江苏省水资源综合规划》,实现了对水质、水量、用水效率的统一管理,明确包括节水在内的水资源可持续利用对策和相关制度建设,在此基础上制定《江苏省节约用水规划》作为《江苏省水资源综合规划》的专项规划之一,对于节水型社会的目的、目标、期限做了明确的规定,对农业、工业、城镇生活、建筑业与第三产业的节水规划以及节水管理均作出了详细的部署。美国环保局于1998年颁布了城镇公共用水的《节水规划指南》,对不同规模的公共供水系统,分别提出不同的最低限度的节水措施和规划步骤。澳大利亚建立了高效用水计划,主要的指导原则是:节水应该是逐步的、持续的,而不应该是短期的、权宜的;高效用水计划的重点主要放在重点领域和具有最大潜力的节水措施之上;节水必须是经济有效的;节水措施不能以牺牲最终利益或利润为代价;实现手段必须是社会普遍接受的,必须获得社区的支持;高效用水计划必须包含一整套的、相互协调的方法,而不能仅仅依赖于某个单一方法。

(二)理顺水资源管理体制

为保证水资源的节约、合理配置和有效利用,许多国家都十分重视水资源管理问题,设置了适应本国国情的、全国性或地区性的水资源管理机构,对水资源的规划、调配、使用、开发等进行全面的管理。

美国对水资源的管理注重统一性和综合性,强调从流域其至更大范围对水资源的统一管理;强调水资源的综合利用。不仅重视水资源开发利用对经济发展的影响,而且重视水资源开发利用对其他资源和生态环境的影响。美国水资源管理的一个典型模式是田纳西管理模式。田纳西河是美国的一条河流,历史上曾经是水旱灾害频繁、水土流失严重、经济最落后的地区。此后美国政府通过一项法律,决定成立田纳西流域管理局,对整个流域进行综合治理、统一规划、开发和管理。经过68年的努力,修建了许多水利工程,控制了洪水,扩大了灌溉,发展了航运,开发了电力。同时,通过植树造林、防治水土流失等措施,改善了流域生态环境。

在以色列,根据水法,国家境内所有水资源均为国有,并设置职能部门——水利委员会统一管理。该委员会由政府官员和各类水资源问题专家联合组成,负责制定水资源政策、确定水资源分配额度、制定水资源开发计划与水资源发展规划以及防治污染、开发废水利用、研制海水淡化设备等。以色列对地表水和地下水实行联合调度、统一使用,实行取水许可证制度。

法国水管理的特点是由国家流域管理委员会水协会和地方水管理公司共同参与管理,建立了良好的灌溉设施,有完善的灌溉服务体系和管理体制。法国灌溉用水管理模式分为协作管理模式、区域开发区公司管理模式和单个灌溉工程管理模式三种。

(三)运用水价作为实现节水的重要经济手段

目前比较常用的水价政策是累进制水价和高峰用水价。以色列为了鼓励节约用水,一方面要求交付水费,另一方面规定在配额范围内后一半配额的水价高于前一半,超过配额用水加价300%。澳大利亚一般实行基本费用加计量费用的两费制,有的地区还执行累进水价政策。

为了鼓励农业节水,各国都制定了相应的水价政策,灌溉用水的水价远低于生活城市和工业用水。即使是在像美国、以色列这样的灌溉系统能够达到自我维持发展的国家,其灌溉用水的价格仍然远低于其他用水的水价。而在法国、德国,其灌溉用水的价格只有其他用水价的十分之一左右。美国农民使用处理后的废水可达到地面水三类标准,发展喷灌灌溉牧草等水价只有正常地表水供水价格的三分之一左右,比抽取地下水更便宜。

新加坡十分重视节水工作,制定了严格的法规政策,不仅工业的水价高于家庭用水价,而且工厂用水超过计划定额时要征收15%的节水税。我国深圳市正在逐步扩大再生水的利用范围,研究制定科学的水价体系,包括科学处理地表水、地下水、自来水、再生水、污水处理费之间的比价关系,以确保再生水的价格优势,鼓励用户使用再生水替代自来水。

(四)发展节水农业

随着世界性水资源能源的日趋紧张,采用节水节能的灌水方法已成为全世界灌溉技术发展的总趋势,推广节水灌溉也已成为世界各国为缓解水资源危机和实现农业现代化的必然选择。以色列是一个水资源严重紧缺的国家,人均水资源占有量只有365立方米。以色列的节水农业灌溉方法主要是滴灌和喷灌,水的利用率分别可达95%和85%,而且全部采用电脑管理,利用水分感应器自动调节灌溉,包括灌溉时间、次数、间隔、灌溉量等。以色列的灌溉面积为22万平方公顷,农业用水量为12.8亿立方米,占总供水量的62%。为了提高灌溉技术和自动控制技术,使灌溉平均利用率达到90%。这些措施使水的有效利用率大大提高,在单位面积的平均灌溉水量不增加的情况下,农业产出增长了12倍。

(五)推行清洁生产

自1989年联合国开始在全球范围内推行清洁生产以来,全球先后有30多个国家建立了国家清洁生产中心,推动着大多数国家的清洁生产不断向深度和广度拓展,对水资源的节约产生了积极效果。如西班牙在工业领域逐步推行清洁生产政策,包括减少用水量、降低污染负荷以及循环利用工业废水等。西班牙一家生产铸铝零件的工厂,实施清洁生产项目,通过循环使用清洗液,总用水量降低了33%,产生的废水量减少了95%,化学品的消耗量减少了70%。日本各企业对节水产品的开发竞争已经达到白热化。三洋公司推出了循环式洗衣机,洗衣服用过的第一筒水经过臭氧净化后重新流回滚筒里,用于漂洗或冲洗,用水量减少了2/3,西服、玩具、运动鞋等的清洁甚至可以不用水,直接用臭氧来分解脏东西和去除异味。

(六)加强节水相关技术、产业的研发与推广

(1)利用再生水资源。国外有不少城市将生产与生活中的污水和废水经过二级或三级处理净化后进行回收利用,用于冲洗厕所、浇灌绿化带也可以作为工业和商业设施设备的冷却用水等。日本从20世纪60年代起就大力研究和推广城市污水回用技术,70年代已初具规模,90年代初在全国范围内进行了污水回用的调查与研究及工艺设计,对污水回用的可行性进行了深入的研究,并建设了示范工程,大力推广污水回用技术。目前,日本全国生产再生水就已达到110亿立方米,相当于年需水量的12%。

(2)降低漏损水量。不少国家和地区对农业灌溉技术进行大量的改进,采用和推广低压管道输水的喷灌和微灌技术减少了水在输送过程中的蒸发和渗漏,使水的有效利用率得以提高。如西班牙在农业灌溉中采用管道输水技术,管道输水可以减少水在配水过程中的蒸发和渗漏,使水的有效利用率提高20%—30%,粮食增产10%—20%。新加坡公用事业局严查在自来水输送各个环节的水管"跑、冒、滴、漏"现象、水表损坏以及被他人通过非法连接的偷水现象。这使得新加坡的全国水量流失率,即水厂生产水量与出售到市场上的水量差异控制在最低限度,仅为5%,成为全球失水量最低的国家。

(3)节水器具的推广与使用。据美国一项研究统计:通过计量和安装节水装置(50%用户),家庭用水量可降低11%。美国为推行和规范更换安装节水型用水器具,1992年颁布了节水型室内用水器具的效率标准,使居民室内的旧型水龙头、厕所和淋浴头三种用水器具更换为节水型器具后节水50%以上。以色列研制、开发和生产出成套的节水器材和设备,尤其在现代节水灌溉技术方面,形成一个完整节水灌溉设备行业。包括各种阀门、过滤器、输水管道、喷头、滴头和自动装置等,这些技术设备都在世界领先水平。使用这些节水器具后,可节水30%。

(七)加强节水宣传,提供公众节水意识

为了使人们充分认识日益严重的全球水资源紧缺问题,强化人们的节水意识,许多国家采用各种方式开展深入的节约用水的重要性、迫切性和保护水资源的宣传和教育工作。提高了民众的节约用水的自觉性,使社会成员广泛参与节水。如美国洛杉矶市为了节水,曾动员100人作了188次节水报告,并组织7万名学生先后观看有关节水方面的电影。日本为了抓好节水工作,建立了一整套宣传体系,通过新闻、广播、报纸及专门编制的宣传手册,并组织参观城市供水设施等活动,教育群众,还将节水内容编入课本。8月1日是日本的"水日",8月1日—7日是"水周",许多半官半民的中介机构,经常性地协助政府进行提高节水意识、普及节水方法的宣传活动。

三、国外、省外节水经验对湖北省的启示

(一)制定《湖北省水资源综合规划》,在此基础上制定《湖北省节约用水规划》

制定目标明确的水资源规划,以此为基础制定专门的节水规划是外省市以及国外开展节水工作的前提。为落实中央、湖北省关于水资源开发、利用、保护的各项指标、任务,建议湖北省效仿江苏省,制定水资源综合规划,实现水质、水量、用水效率的统一保护,明确包括节水在内的水资源可持续利用对策和相关制度建设。在此基础上,针对湖北省节水型社会建设的实际情况,制定《湖北省节约用水规划》作为综合规划的一项重要专项规划,对于节水型社会的目的、目标、期限作了明确的规定,对农业、工业、城镇生活、第三产业的节水规划以及节水管理均作出详细的部署。

(二)推进城乡水务一体化管理,逐步建立取水、供水、排水统一管理机制,把用水、节水和治污结合起来

总结国外的治水经验,一是从流域甚至更大范围对水资源的专门、统一管理;二是加强明确分工,加强管理的参与性。在这两个方面,湖北省的水资源管理体制都存在问题:首先,节水型社会建设需要以涉水事务一体化管理体制来保障,截至2012年,在全省116个县以上行政区域中,实行涉水事务一体化管理的行政区域仅31个,其中副省级市1个,地级市4个,直管市2个,县(市、区)24个,绝大多数市、县未实行涉水事务一体化管理。即便是已成立涉水事务一体化机构的地区,有的也仅是换了一个名称,并未实行真正意义上的涉水事务一体化。其次,水资源管理体制改革进展缓慢。一方面存在地域上"城乡分割"的问题。重视城市节水机构的设置,忽视广大农村地区、基层的节水建设。除武汉、孝感、荆门等市从建设部门成建制转过来节水办、水资源管理人员相对较足以外,绝大多数市、县两级水资源与水政或水土保持合为一个科(股),且只有1个人,以两项工作均衡计算,用在水资源管理上的人力只有0.5人。另一方面存在职能上"部门分割"、"政出多门"的问题。国家层面的专门节水机构设置在住建部门,而我省"节约用水办公室"则设置在省水利厅(具体在水资源处),这本身就存在与上下级节水机构分属不

同职能部门的问题,不利于统一协调行动。此外,环保、物价、发改委等相关部门也分别从污染治理、水价、产业发展等方面承担节水型社会建设的相应职责,但各部门之间缺乏必要的协调,职能缺乏必要的整合,仅通过水利厅水资源处很难起到协调整合的作用。

建议湖北省利用武汉市及所属13个行政区、荆门市实行水务一体化管理的经验,对全省各市县城乡防洪、排涝、蓄水、供水、用水、节水、污水处理及回用等涉水事务进行统一的、系统的、综合的管理。在全省116个市县行政单位推行城乡水务一体化管理,对行政单位内城乡水资源进行统一规划,统一调度,统一发放取水许可证,统一征收水资源费和统一监督管理水质、水量,统一对污水的排放与处理,统一进行水行政执法。

(三)出台《湖北省水价管理办法》及其实施方案,对农业、工业和生活用水全面推进水价改革

目前,安徽、云南等国内其他省份相继出台水价管理办法及其实施方案,作为本省水价改革的制度保障。相比之下,我省仅颁布有《湖北省水利工程水价管理暂行办法》一部涉及水价的规章,无法起到对全省农业、工业和生活用水全面推进水价改革的制度支撑作用,湖北尚未形成全面的水价机制。具体而言:一是生活和工业节水的特色不明显。湖北省还没有公布具体的再生水单价,未能发挥水价的杠杆调节作用,无法起到鼓励利用再生水的作用。二是推广农业两部制水价还存在突出障碍。与北方干旱地区不同,湖北总体属于丰水地区,大多数农田无需常年灌溉,只在特别干旱的季节,或者特别干旱的年份进行灌溉。两部制水价既能满足农民的基本灌溉需求,又能通过水价调节起到节水作用,特别适合湖北这种灌溉需求年际变化较大的省份,对农民和供水单位本身是有利的。[①] 但湖北目前推广农业两部制水价还存在突出障碍:第一,农民对计量水价的认同度较高,但对不放水也要征收的基本水价则很难接受,基本水价在实际征收中特别困难,基本无法征收。第二,受计量条件限制,计量水费难以计量到户;水库末级渠系维护太差,漏、跑、漫严重,导致计量水价收费过高。第三,相当一部分特困户缴纳水费困难。建议我省尽快出台《湖北省水价管理办法》及其实施方案,其主要内容包括:

一是在农业供水方面,逐步推行基准水价与计量水价相结合的"两部制"水价。两部制定价是一种供水成本分摊计价形式,实际上是固定收取的基本水价和从量收取的计量水价的结合。建议采取如下规定:推广两部制水价,同时将基本水价纳入财政直补范围。农业是弱质产业,对农业灌溉用水进行财政补贴,是世界各国的通行做法。[②] 各国的灌溉水价一般低于灌溉供水成本,灌溉水价低于灌溉供水成本的部分,由政府来补助,或是由其他类别的用水收入来补偿。基本水价财政直补,减轻了农民水费负担,农民按计量交纳水费,体现"谁受益、谁负担"的原则,有利于节水。

二是在工业和城市生活供水方面,进一步推进实行阶梯式水价和累进加价制度。工业和城市生活供水方面采用累进制水价是国外通行的做法,2002年4月1日,《关于进一

[①] 马培衢,《农业两部制水价改革的福利效应分析——基于湖北漳河灌区末级渠系的调查》,载《水利经济》2007年第4期,第34—48页。

[②] 袁汝华、胡维松、黄秋洪:《国内外水价征收制度比较研究》,载《水利经济》1999年第2期,第43—48页。

步推进城市供水价格改革工作的通知》就全国各省辖市以上城市须在2013年底前实行阶梯水价,其他城市则在2015年底之前实行阶梯水价。一方面根据国家的要求和湖北省的部署大力推进此项工作,另一方面考虑到低收入家庭的承受能力,避免调价对低收入家庭造成较大影响,进一步提高了低保户减免水费的额度。

三是科学确定再生水水价。国外十分重视科学合理的利用再生水,通过适当的价格倾斜鼓励再生水的使用。设定科学合理的利用再生水价,确保再生水的价格优势,可以促进再生水的利用,提升单位水资源的重复利用率。湖北省应当以鼓励利用再生水资源的基本原则,通过适当调高自来水价格并降低再生水价格的方式确定我省再生水水价,鼓励用户使用再生水替代自来水。

(四)加快推进相关产业节水技术改造

从国内外的成功经验看,推行清洁生产,发展节水农业,是建设节水型社会的必经之路。建议湖北省以开展节水示范工作为手段,突出重点,加快相关产业的节水技术改造。具体包括:

一是围绕发展现代农业,以粮食主产区和蔬菜生产示范区为重点,加大适应性种植和节水灌溉示范项目建设力度。采取适应自然资源优势的作物区域化种植,进行技术的选择和配置,调整灌溉农业结构,将灌溉农业由水资源紧缺的地区转移到水资源丰富的地区。试点期间将优先在鄂北岗地、大别山区、武陵山区、丹江口库区等开展节水灌溉示范项目,全面提高农业节水水平。二是建设工业节水示范工程,对重点大中型企业进行节水技术改造,大力推广节水新技术、新工艺和新设备,提高工业用水重复利用率;重点抓好高耗水、高污染行业节水管理,积极开展节水示范工程建设。三是鼓励企业研发或引进先进技术,为节水减排工作提供科技支撑。四是加大城市生活节水力度,开展节水示范工作。重点在节水型社会试点市(县)加快城镇供水管网改造力度,降低管网漏失率。建立节水型生活用水器具推广制度和落后工艺、设备和产品淘汰制度,推广普及高效实用的节水器具,城镇宾馆、饭店、洗浴、游泳等公共场所逐步更换节水型用水器具,提高城镇节水器具普及率。新建、改建、扩建的公共和民用建筑,禁止使用国家明令淘汰的用水器具,引导居民尽快淘汰现有住宅中不符合节水标准的生活用水器具。试点期间每年选择部分学校、生活小区、机关事业单位等进行节水示范工程建设。

(五)将武汉城市圈打造成水污染治理、水生态修复产业基地

实现对可再生水资源的利用是国外节水的成功经验,生产与生活中的污水和废水经过二级或三级处理净化后进行回收利用是提升水资源重复利用率的重要手段。武汉城市圈布局着钢铁、化工、造纸、电力等高耗水、高污水产业,据《2011年湖北水资源公报》,仅武汉城市圈第二产业废水排放量就为188642万吨,占全省的49.4%。我省以重型化为主,资源型、初加工型工业比重偏高的产业结构现状,一方面需要消耗大量水资源,另一方面又会排放大量污水。《湖北省工业"十二五"发展纲要》强调大力发展钢铁、金属冶

炼与深加工、石化、化工等项目,而这些项目都是高耗水、高排放污水行业,这些工业项目的发展会加重节水、污水治理工作的难度和进度。同时,《湖北省工业"十二五"发展纲要》仅仅对"单位工业增加值用水量"进行了比例上的限制。在工业规模不断扩大的情况下,尽管单位工业增加值用水量减小,但用水总量、废水排放量如果不加以限制并不当然减少,甚至可能继续增加。不降反升的用水总量、污水排放量对于湖北省节水工作无疑增加了新的负担。

在这样的背景下,将武汉城市圈打造成水污染治理、水生态修复产业基地具有很高的可行性。理由如下:一是市场需求大。武汉城市圈城镇居民生活、第二产业、第三产业废水排放量分别为54638、188642、16759万吨/年。圈内以及全省的水污染治理任务艰巨,这给水污染治理产业发展带来巨大市场。二是企业基础好。武汉城市圈已有以凯迪水务公司、武钢碧水源为首的一批水污染治理的优秀企业,以及较为发达的环保产业。第三,政策条件好。《武汉城市圈资源节约型和环境友好型社会建设综合配套改革试验总体方案》明确提出,以水环境生态治理和修复为重点,完善环境保护的市场机制,建立生态补偿机制,努力实现环境保护与生态建设一体化,建设生态景观和谐、人居环境优美的生态城市圈。武汉城市圈有"先行先试"的政策优势,有利于不断地探索、创新、突破。

将武汉城市圈打造成水污染治理、水生态修复产业基地的主要措施:一是争取国务院在武汉成立水污染治理产业的改革试点项目。二是加强环保优惠措施整合。整合财政、税收、信贷、价格等渠道的政策激励及优惠措施,形成一个整体,吸引资金及技术进入环保产业,实现投资主体多元化。三是培育市场主体,提高环保产业集约化经营水平。进一步加大水污染防治的市场开放程度,将各类科教、商业资源整合在一起,做成产学研销大平台,重点开发附加值较高的技术,推进水污染防治运营市场化和服务专业化,以此为基础,将武汉城市圈打造成湖北、全国,乃至全世界的水污染治理基地。

(六)增强全社会的节水意识

长期以来根深蒂固的水的易得性观念,使湖北人对水的重要性缺乏认知:人人都以为湖北的水多,不知道湖北的水少,"千湖之省"的美誉遮蔽了湖北水资源约束日益趋近、问题越发严峻的现实。湖北人当然地认为本地水资源丰富,对建设节水型社会的紧迫性和重要性认识不足,以至于节水工作投入不足,激励公众参加节水型社会建设的机制不健全。导致全民节水意识不强,生产生活中浪费水、污染水、破坏水现象十分普遍,加剧了水资源供需的压力。

培养公众的节水意识是实现节水型社会的基础,加强节水宣传教育是实现节水型社会的重要手段。各级政府及部门要加大水资源现状和保护的宣传教育力度,提升公众的水忧患意识,使全社会都来关心水、珍惜水、保护水、节约水,扭转人们盲目乐观的"水多"观念,遏制用水浪费,厉行节约用水,限制污水排放。利用"世界水日"、"中国水周"等活动,通过报刊、广播、电视、互联网等媒体,调动公众参与节水活动的积极性。展开推进"节水型企业"、"节水型灌区"、"节水型学校"、"节水型机关"、"节水型社区"等节水防污创建活动,对在水资源节约和保护工作作出成绩的单位和个人进行奖励,提高全社会节水意识。通过社会机构进行水文化培训、高校设置水文化选修或必修课、在中小学课程中设置专门的节水知识课程、举办水文化论坛等途径推进节水教育,营造"节水光荣、浪费可耻"的良好风尚。

实施"清水入江"计划 实现江夏永续发展

苏 军[*]

江夏,地处中国经济地理中部,具有得中之优;境内长江及"五湖一河",水域面积占版图面积39%,更具得水之优。江夏,昔日的"楚天首县",如今经济发展迅猛,已连续五年居全省县域经济之冠。水资源环境的保护是经济社会持续发展的保障,环境容量直接决定着经济社会的发展状态和趋势。如何做到在江夏经济高速快速发展的同时让江夏山更绿,水更清,使江夏经济持续永续发展,真正做到在发展中保护,在保护中发展?

江夏区委、区政府认真贯彻中央关于"把生态文明建设放在突出地位,融入经济建设、政治建设、文化建设、社会建设各方面和全过程,努力建设美丽中国,实现中华民族永续发展"的精神,高度重视生态文明建设,举办了高规格的学习研讨班,为建设幸福江夏、美丽江夏找到了一把金钥匙——"清水入江"计划。

一、"清水入江"计划的内涵

金龙大道东起藏龙岛工业园,经庙山开发区、大桥新区、纸坊街、郑店黄金工业园区,西至金港新区通用产业园,直抵长江大堤,与文化大道呈正十字交叉,江夏90%以上工业都分布在金龙大道和文化大道沿线,这个构成江夏的"黄金十字架"集聚了江夏庙山、藏龙岛、大桥、金港"四大天王"的工业园区和五里界、纸坊、郑店的新型城镇,形成了一线串七珠的效应,江夏现在乃至未来90%以上的GDP将集聚于此。

"清水入江"就是沿金龙大道布设尾水入江管网,让承载江夏GDP的北部经济发展组群及人口最密集区域,通过污水处理达标后排入长江。清水入江计划的实质是拯救湖泊,腾出环境容量,创造更多的"绿色GDP"。具体来说:(1)纸坊污水处理厂扩容后日处理能力达到7万吨,可吸纳大桥新区、纸坊城区、庙山园区的污水,庙山园区、大桥新区将完善市政污水收集管网就近接入纸坊污水处理厂进行处理。(2)五里界污水处理厂(在建)能够辐射五里界集镇和周边村湾,可在中洲路附近接入金龙大道管网。(3)梁子湖区域主要是生活污水,经分散处理后,沿梁湖大道建排水管网与金龙大道管网对接,临湖区

---

[*] 苏军,江夏区环保局局长。

域进行污水处理后中水回用,远湖区域采用分散式人工湿地和集中式人工快渗技术处理后进行土地消纳。(4)郑店区域通过分散的污水处理厂处理郑店集镇和黄金工业园的污水,处理达标后清水汇入金龙大道管网。(5)金口污水处理厂地处金口新城和金港新区中间区域,远期处理能力将覆盖金口新城和汽车工业区,污水处理达标后与金龙大道污水管网一并通过闸口汇入长江金口段。

二、"清水入江"计划的重大意义

"清水入江"计划的意义不仅仅是在保护湖泊的层面上,更体现在它是实现江夏永续发展之策,能解环保之结、发展之惑、远景之忧,实现江夏经济社会永续发展。

清水入江能解环保之结。保护环境与社会发展一脉相承,对环境的有效监督和科学管理是经济社会可持续发展的助推剂。清水入江既是为污染源找到好的出路,更是为环评审批找到了依据,这与环境影响评价制度的作用不谋而合。正是有了清水入江的科学定位,北部地区的环评审批才有科学的根据,扫清了项目引进和环评审批的障碍,既更加科学地落实了环评制度,又高效地解决了发展与保护的难题。

清水入江能解发展之惑。项目要引进,企业要发展,经济要跨越,这一系列连锁效应都离不开环境的容量,有限的环境容量必然会阻碍经济的发展,倒逼经济的转型和升级,只有减少资源消耗才能科学持续的发展,真正实现在发展中保护,在保护中发展的美好愿景。清水入江计划提出的分散处理、管网收集、排放入江的处理模式可以无限复制,让产生的污水通过处理排入长江,不留在江夏境内,只有环境减负才能有效缓解环境保护与经济发展的矛盾,实现相互促进、共同发展。

清水入江能解远景之忧。环境是前提,环境容量是保障,没有足够的环境容量,一切的发展数据只能是口头文章。当前,江夏经济发展依然迅猛,从生态功能区划的要求来看,江夏南部地区以都市农业、生态农业发展为基点和支撑,生态产业必然落户在南部地区。从地理环境来看,大批驱动江夏"经济航母"的工业项目均落户北部地区,北部地区与武汉主城区相连,是江夏经济、政治、文化的中心,把有限的环境资源利用好,把影响环境的污染源治理好,腾出环境容量才能解发展之忧,才能营造人与自然和谐、人与人和谐、人与社会和谐的氛围,让清水入江计划为北部地区创造无限的空间容量,就能实现永续发展。

三、实施"清水入江"计划的几点建议

目前,"清水入江"计划得到了上级环保部门的积极回应,但付诸实施还有很多工作需要跟进和开展。建议重点抓好以下环节:

(一)高起点谋划

整体考虑江夏北部经济带和其他区域的关联性,邀请具有较高资质的单位参与项目

规划、可行性研究报告、建设方案的编制,把加强饮用水水源地保护、工业废水深度处理、截污管网的系统布局、城镇污水处理厂的合理设置与建设等,作为清水入江工程的重点。以环评的方式来系统地完善水污染控制措施,为"清水入江"计划"定型",为项目实施提供科学根据。

(二)高标准建设

"清水入江"工程是江夏百年大计的工程,也是实现江夏经济永续发展的重大工程,必须严格工程招投标管理,强化工程监理,特别是环保工程的监理要聘请专业人员参与。项目的实施要借鉴先进地区的工作经验,坚持环保效益和自然景观相结合的原则,在实施过程中要更加融入自然、贴近周边环境,发挥生态功能。

(三)多渠道融资

通过积极争取上级环保、水务等部门专项资金、整合区级财政资金、引入社会投资等方式,多渠道筹措建设资金,满足清水入江项目建设资金需求。要大手笔投入,让这项百年大计工程有充裕的资金保障,切实发挥作用。采取生态补偿的措施把水生态环境建设与区域土地开发紧密结合起来。

(四)系统化管理

实施清水入江计划,还要强化行政监督,进行系统化管理。一是加大依法行政力度,严格控制湖泊周边地区开发建设,强化排水接管,污水必须接入排污管网。二是加强对现有污水处理设施运行状况的监控,污水收集及处理设施所属单位,强化设施维护运行管理,确保设施正常运行。三是责令沿湖污染负荷重、排污量大的单位限期新建、改造污水处理设施,提高处理规模。四是加强环境卫生保洁工作,加强各类垃圾收集处理,严禁向城市排水管渠倾倒(扫)垃圾,减少垃圾进入下水道后向湖泊扩散。五是注重建、管结合,建立长效管理机制,确保清水入江工程发挥长期效益。

问题聚焦

水资源的流域治理

　　水因其形成和运动具有明显的地理特征,构成了以流域为单元的统一体。水资源开发利用和保护以区域为主转向以流域为主,从政府管理到多元主体治理,既符合水资源的自然特性,也顺应世界水资源管理模式的发展趋势。2012年5月,湖北水事研究中心与北京大学法学院、日本龙谷大学政策学部联合举办了"中日流域治理国际研讨会",来自两国的专家学者就流域治理问题进行了深入的讨论与广泛的交流。

论我国流域水资源管理体制的创新

王树义　庄　超[*]

流域管理的研究涉及经济学、政治学和生态学、法学等领域,多学科的研究视角对于完善流域水资源管理体制意义重大。流域水资源管理体制是流域管理的核心问题,在一个流域内只有建立了真正有流域管理职能的管理机构,流域的可持续发展才能真正实现。目前我国以区域为主结合流域统一管理的模式弊病多出,流域水资源管理体制的创新是立足流域自然属性前提下对流域管理现状的积极回应和改革,也是从环境治理走向环境善治的必然要求。在总结国外流域管理模式的发展及经验借鉴的基础上,探寻我国的流域水资源管理体制变革之道。

一、流域水资源管理体制的内涵

(一)多视角下的流域管理

1. 流域问题与流域管理

流域是一个完整的、综合的、特殊的生态系统;是一个以降水为渊源、以水流为基础、以河流为主线、以分水岭为边界的特殊区域概念。一个流域是一完整的系统,流域的上中下游、左右岸、支流和干流、河水和河道、水质与水量、地表水与地下水以及流域生态系统等组成的不可分割的整体。流域问题是伴随流域水资源的开发利用过程而产生的,既是一个自然科学的问题,也是一个社会学问题。主要表现为流域水量的减少和分布不均,以及由此采取的水量分配引发的纠纷;流域水质不断下降,水污染日益严重,对居民生活和生产影响恶劣;流域水生态系统在开发过程中遭到破坏,自净能力降低。因而流域问题是水资源、水保护、水生态的综合性和复杂性问题。

流域管理随着人们对流域水资源的开发利用逐渐发展起来,是为应对流域问题的主要措施。早期的流域管理是对流域水资源的管理,而且主要是对流域水资源的开发和利

---

[*] 王树义,武汉大学法学院教授、博士生导师,教育部人文社会科学重点研究基地——武汉大学环境法研究所所长;庄超,武汉大学法学院2011级博士研究生。

用,包括防治洪涝灾害、发展航运和灌溉水利工程的管理。20世纪中叶以后,随着水污染问题日益加剧,流域管理的内容开始向综合方向发展,由单纯的水利开发发展到水环境的保护等多方面,流域管理的目标转变为对水资源的开发、利用、保护与加强进行合理规划与分配,以实现水资源与经济、社会在流域以及流域的水资源的配置,以及水土保持、林业、农业、土地等的管理,结合社会经济发展,通过规划等措施促进流域内生态、经济、社会效益的最佳发挥。正是因为流域管理涉及水资源的分配、水资源保护与作为一种经济资源的分配等具体利益分配与调整问题,触及利益范围广、层次多、利益关系复杂。国外近年来研究流域管理的核心力量是政治学、经济学以及环境科学。这反映出无论国家政治、经济状况的有何差异,流域管理都涉及中央与地方的关系,关注的是流域水资源的开发利用,强调的是生态环境的保护。从多学科角度分析流域管理的内涵,明确其特殊性和复杂性,促进流域管理形成更加明确的目标和更具针对性的措施。

2. 流域管理的特殊性及复杂性

首先,从生态学和环境科学角度讲,流域的生态整体性是流域管理的基础。流域的界限是自然生成的,非人为划分的,也是开放的,它既是一个完整独立自成系统的水资源单元,也是一个以水资源为纽带形成的各种生物单元组成的生态系统。流域与外界有着密切的联系与交流;流域内不同等级的组织之间,也存在着物质和能量的联系。正是这些物质和能量上的密切联系,使得不同等级的组织构成了流域的整体结构。对局部的干扰,可以影响流域整体;而对局部的控制,有可能使流域的整体得到一定程度上的调节。即在这个生态系统中,每一个组成部分的变化会对其他组成部分乃至对整个流域生态系统的状况产生影响。由流域的这种整体性特点所决定,在流域的开发、利用和保护管理方面,只有将每个流域都作为一个空间单元进行管理才是最科学、最有效的。① 因此,社会行为主体对流域管理的界定,应当以这种客观自然的流域为基础,充分考虑和遵循流域的统一性、系统性。

其次,在经济学研究领域中,流域水资源是典型的公共物品,具有公共资源与流动资源的双重属性,对流域环境资源的保护向整个流域内的所有居民提供。流域水资源作为公共水资源,需向流域内所有行政区域开放。这个公共水资源的特点是稀缺的,一个区域的更多使用会减少另一个区域的使用,在这种情形下,由于地方利益、部门利益的存在,市场的外部性和"搭便车"情形便可能出现在各地方、各部门之间,水资源使用的矛盾,经常会发生以邻为壑、转嫁污染、推诿责任的现象。由于流域水资源属于没有明确的产权公共物品,流域内的个体都可以根据自己的成本效益原则使用它,由此造成流域的开放性使用和流域资源的非竞争性使用,从而使流域环境资源的开发利用极具外部性,即流域内个体对流域资源的掠夺性开发和环境破坏。由于流域的边界与行政边界不一致,不同区域的政府对本地区的流域都有管理权,制定了各自的流域环境资源开发利用、管理规划和政策,而这些规划和政策难以统一,从而出现政府失灵的情形。因此,市场的外部性与政府管理失范,需要建立相应的管理体制与运行机制,实

---

① 王树义:《流域管理体制研究》,载《长江流域资源与环境》2001年第4期。

现外部性的内部化与有效竞争的目标,而这些目标都必须建立在流域之上才具有可操作性。

再次,从政治学和管理学的视角来分析,流域管理作为公共事务,必然要求采取集体行动,而非个体行动。个体对公共资源的自由选择与利用和社会的公共资源的分散管理,将产生破坏性竞争。这就需要制度设计,即激励个体行动服从于公共利益的制度安排。因此,流域管理的核心问题就表现为特定的社会经济、政治和文化条件下,通过设计合适的激励机制,对流域水环境管理利益相关者的行为作出规范和调整,使之服从流域水环境管理的公共利益诉求。从公共行政研究的视角看,流域水环境管理不仅包含着政治内容,而且包含着行政内容。根据决策理论,在公共管理中,管理主体越多越分散,管理责任就会愈是趋于松弛,对资源的保护就越无力。权力越是集中并趋向单一中心,责任就越明确,权力主体之间的破坏性竞争和摩擦就越小。① 在中央政府和省级政府层面,流域水环境管理主要涉及"国家意志的表达",即制定和发布各种相关的水环境管理政策制度。在地市和县级政府以下的层面,流域水环境管理主要涉及"国家意志的执行",即监督国家法律政策实施状况,并执行上级政府的政策法规和决定命令。② 然而从公共治理层面上看,流域管理因其所设利益相关的广度和复杂度必然要求广泛的意见表达和参与,因而流域管理是一种公共意志的表达,也是公民社会背景下的公民自治的体现。

从上述分析可以看出,流域管理的功能是实现流域水资源的有效开发利用和管理,在强调流域生态环境的整体性和综合性的基础上对全流域的调查和分析是统一管理的必要前提;流域水资源开发利用所产生的政府和市场失灵以及外部性的内部化要求在流域管理机制中多元参与,制定各项流域规划和生态补偿措施,保障多主体的参与和利益相关者的权益实现;同时,众多利益相关者的对流域水资源的管理的意见表达及参与是公共治理理念的必然要求。基于上述分析。构建流域的同一管理在生态、经济和社会管理成层面具有正当性。

(二)流域水资源管理体制的内涵与外延

管理体制的核心问题是管理机构的设置和职权范围的划分。一个科学、合理的流域水资源管理体制,是对流域的开发、利用和保护活动进行有效管理的先决条件,是实施流域可持续发展战略目标的基本组织保证。③ 水资源管理体制是关于水资源管理中的组织结构、职责划分和管理制度的总称。随着人们对水资源客观性认识的深入,管理体制在逐步演变,但总的趋势是主要由人为控制逐步转向更加重视水的客观性,由水资源的分割管理转向水资源的统一管理,集中表现在由行政区域管理为主转向以流域为单元,实

---

① 吕忠梅:《论水污染的流域控制立法》,载武汉大学环境法研究所编:《水污染防治立法和循环经济立法研究——2005年全国环境资源法学研讨会论文集》(第一册)。
② 王资峰、宋国君:《流域水环境管理的政治学分析》,载《中国地质大学学报(社会科学版)》2010年第1期。
③ 王树义:《流域管理体制研究》,载《长江流域资源与环境》2001年第4期。

行跨行政区的管理为主的体制。①

流域水资源管理体制,是指流域管理机构的设置、管理权限的分配、职责范围的划分以及机构运行和协调的机制。流域水资源管理体制是流域管理机构设置与管理权限划分的总体性和基础性制度,它是一般流域管理制度的基础和决定因素。只有建立强有力的流域水管理机构、明确流域水管理机构的职权,才能提高我国流域水管理的有效性和权威性,防止管理主体的法律地位虚化。结合前文所分析的流域管理与经济学、政治学和生态学的界定,流域水资源管理体制应当是一项系统的工程,也是流域管理的核心问题,在政府、市场和社会多元参与的前提下、立足流域生态特性的资源的开发、利用和保护活动的权力配置与管理的实施。

二、国际流域水资源管理体制模式

以流域为单位的综合管理模式成为国际上对流域管理主要模式。主要有三种情形:一是,以行政区域管理为基础但不排除流域管理的管理体制;二是,按水系建立流域机构,以自然流域管理为基础的管理体制;三是,按水的不同功能对水资源进行分部门管理的管理体制。② 但总的发展趋势是以流域为单位的综合管理模式。大多数国家都从流域整体出发,建立起以整个流域为单元的流域综合管理体制。目前,美国、日本、澳大利亚等发达国家都通过组建流域管理机构进行流域统一管理。由于各国的自然、社会和经济的差异性,流域水资源管理体制建立的模式有所不同,目前国外的流域水资源管理体制主要有三种类型:

(一) 流域统一管理模式

第一类是负责流域水资源统一开发、管理及多种经营的流域管理局,如美国的田纳西河流域管理局(Tennessee Valley Authority,TVA)、印度的达莫达尔管理局。流域管理局的特点是:属于政府部门,对中央政府负责,有专门的经费,立法赋予高度的自治权,在经济社会发展领域具有广泛的权力。最具代表意义的流域管理局是田纳西流域管理局。田纳西流域的管理由具有政府权力的机构 TVA 董事会和具有地区资源管理理事会的咨询性质的机构实行,机构间相互配合。TVA 董事会是流域水资源的最高管理机构,由国家授权赋予其统一规划、开发、利用和保护流域内各种自然资源的广泛权限,以《田纳西流域管理局法》为依据,保证了职权能够充分行使。TVA 在机构性质上属于政府的一个机构,直接对中央政府负责;在管理权限方面,法律授予高度的自治权;在资金运行方面,TVA 有专门的经费,滚动开发。TVA 的运行模式如图1所示。目前 TVA 存在的主要问题是在协调与地方政府、各有关部门对水资源开发利用的利益方面遇到相当大的阻力。

---

① 袁弘任、吴国平等:《水资源保护及其立法》,中国水利水电出版社2002年版,第120页。
② 俞树毅:《国外流域管理模式对我国的启示》,载《南京大学法律评论》2010年秋季卷。

• 问题聚焦 •

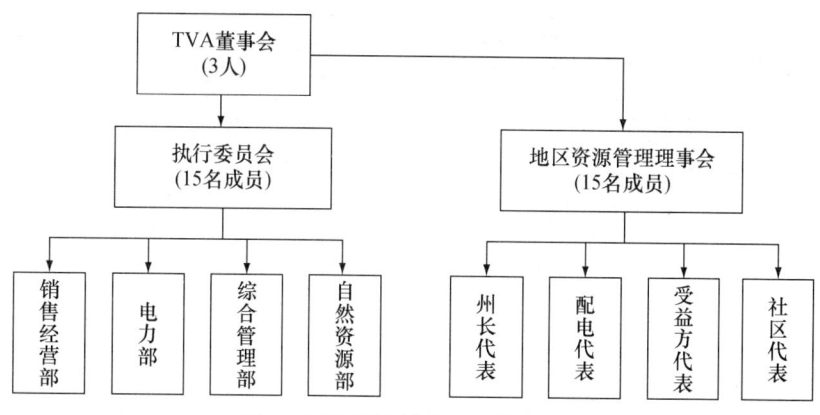

图 1　田纳西流域管理局管理机构

（二）区域管理模式

区域管理模式是由国家立法或由河流流经的州或省政府和有关部门，通过协议建立的河流协调组织，是根据协议对流域内各州的水资源开发利用进行规划和协调，区域管理模式的典型代表是墨累—达令河（Murray—Darling River）管理委员会。

墨累—达令河是澳大利亚最大的河流。墨累—达令河流域管理委员会在20世纪90年代开始开展实施生态调度的研究，1992年墨累—达令河流域各个州政府分别通过了全新的《墨累—达令河流域协议》，明确了墨累—达令河流域部级理事会、流域管理委员会和社区咨询协会3个机构的分工管理体制。部级理事会是最高权力机构，由联邦政府和流域4州负责土地、水及环境的部长组成，主要负责制定政策。流域管理委员会是部级理事会的执行机构，由州政府中负责土地、水利及环境的司局长或高级官员担任，其主席由部级理事会指派，通常由持中立态度的大学教授担任。流域管理委员会下设一个由40名工作人员组成的办公室，负责日常事务。社团咨询委员会是体现区域合作管水模式的重要特征，社区咨询委员会向部级理事会和管理委员就应关注的自然资源管理问题提供咨询，同时还向管理委员会反映社区对所关注的问题的观点和意见。咨询委员会成员由墨累—达令流域4州的部长任命产生，旨在加强流域机构与流域社团的联系，其成员包括：地方流域机构代表、国家特殊利益相关者群体代表，负责流域管理委员会和社区之间的双向沟通。①

然而，墨累—达令河流域在2007年爆发严重的水旱，水资源危机的发生让澳大利亚重新审视其管理机构的设置和运行，并建议建立独立的水环境管理者，主要负责制订用水计划和河流健康，促进水权交易。②

---

① Erin Bohensky：" 22 Experiences in Integrated river Basin Management，International and Murry Darling Basin，Lessons for Northern Australia"，*Northern Australia Land and Water Science Review* Full Report，October 2009.

② Peter Cullen，"Facing up to the Water Crisis in the Murray-Darling Basin"，*Brisbane Institute* 2007，p. 13.

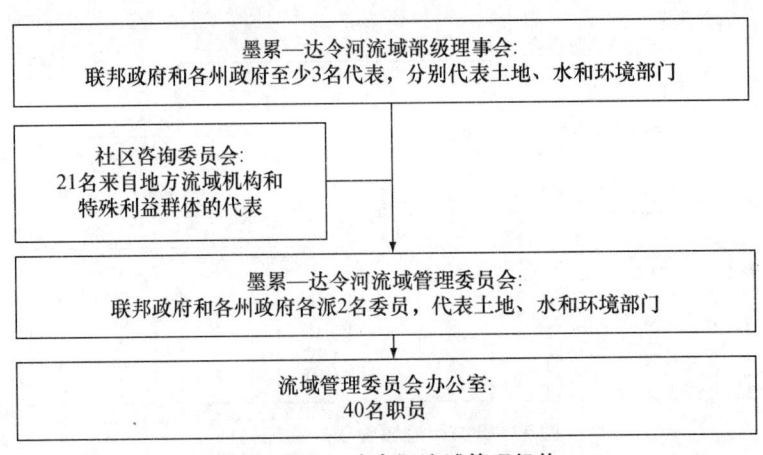

图 2　墨累—达令河流域管理机构

(三) 流域与区域相结合模式

琵琶湖是日本第一大淡水湖。琵琶湖流域管理特别重视组织机构的构建。琵琶湖的管理机构众多,既有中央政府一级的水管理部门,又有地方政府专管河流湖泊的部门,还有相关省厅设有专门的琵琶湖管理机构。由于各方面参与琵琶湖管理的机构较多,为了更好地协调各方关系,专门设立了县、市、镇、村联络会议制度,由中央政府与地方共同组成行政协作体制和中央省厅协作体制。县、市、镇、村联络会议成员单位由其所在的小流域组织机构组成;琵琶湖综合保护推进协会由国土交通省、农林水产省、林野厅、大阪府、兵库县、京都府、滋贺县、大阪市、神户市、京都市组成;琵琶湖综合保护联络调整会议成员由国土交通省、厚生劳动省、农林水产省、林野厅、水产厅、环境省组成。这种管理协作体制除了部门之间、中央政府与地方政府之间交流与沟通以外,更重要的是负有调整协调各方活动的责任,使琵琶湖的管理在纵向上得到理顺,横向上得到协调。[①] 琵琶湖流域被分成 7 个小流域,按小流域设立流域研究会,每个研究会选出一位协调人,负责组织居民、生产单位等代表参与综合规划的实施。[②]

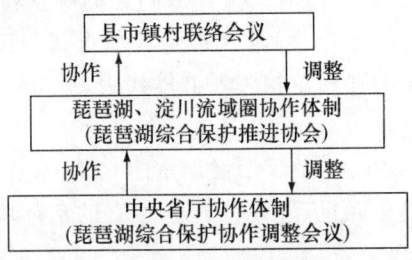

图 3　琵琶湖管理协作体制

[①] 傅春:《中外湖区开发利用模式研究——兼论鄱阳湖开发战略究》,社会科学文献出版社 2009 年版,第 81—82 页。

[②] 张兴奇、〔日〕秋吉康弘等:《日本琵琶湖的保护管理模式及对江苏省湖泊保护管理的启示》,载《资源科学》2006 年第 6 期。

三、我国流域水资源管理体制

我国流域管理的核心问题就是管理体制的问题。我国在借鉴国际水管理模式的基础上,结合本国国情和水情实行流域管理与行政区域管理相结合的管理体制。这种管理体制为我国的大江、大河的治理开发与保护发挥了重要的作用。我国现行的流域水资源管理体制是一种传统的、相对落后的"统一管理与分级、分部门管理相结合"的管理体制,实质上是"统一管理与分散管理相结合"的管理体制。按照这种管理体制的设计的初衷理应是以流域统一管理为主,以部门管理和行政区域管理为辅,在实践中却逐步形成了国家与地方条块分割的形势,主要以河流流经的各行政区域管理为主,各有关管理部门各自为政,分割管理。我国的七大流域统一管理机关,如长江水利委员会、黄河水利委员会等,长期以来并不具有实施统一管理所必须拥有的足够的管理权限,在流域水资源保护方面的行政执法权也未有明确的规定。具体而言,我国现行流域管理体制的主要弊病表现在:

首先,有关涉及流域管理事项的机构设置重叠、多头管理,流域管理缺少协调、统一全流域的基本规范。我国《水法》没有对流域管理的基本原则、基本制度及其运行机制作出系统规定,没有明确流域管理机构与相关部门、地区的关系,没有授予流域管理机构协调各地区及相关部门的权限,流域管理机构执法主体的地位没有明确。由于历史的原因,在区域分割的管理体制下,各行政区在管理权限上存在冲突,为了本地区经济的发展,很少考虑流域内经济的长期和可持续发展,而流域管理机构对于违法水事行为很难进行处罚和纠正,对流域内的控制性骨干工程大多没有直接管理权和调度权,难以发挥统一管理的作用。

其次,流域管理机构性质不明,缺乏法理基础。《水法》规定了流域管理机构的法律地位、职能和权限,即"行使法律、行政法规规定的和国务院水行政主管部门授予的水资源管理和监督职责"。但《水法》将流域分为三类:一类流域是国家确定的重要江河、湖泊的流域;二类流域是跨省、自治区、直辖市的其他江河、湖泊的流域;三类流域是其他江河、湖泊的流域,并明确规定在一类流域上设立流域管理机构,二类、三类流域上都未明确规定。从法理上讲,我国现有流域管理机构的性质仍然不明确。目前水利部已经设立的黄河水利委员会、长江水利委员会等七大一类流域管理机构从性质上分析,是水利部在各个流域及其相关区域内的派出机构,代表水利部行使所在流域内的水行政主管职责,为具有行政职能的事业单位。作为水利部派出机构的流域管理机构一般情况下不具有行政法律主体资格,其只能以水利部的名义进行一定的水资源管理活动,并由水利部来承担法律责任,这与建立流域管理机构的初衷相悖,也限制了流域管理机构作用的发挥。[1] 根据行政法原理,经法律、法规授权的事业单位具有行政主体地位并拥有一定的行政权,但从目前我国法律法规的规定来看,流域管理机构仍缺乏法律授权。

---

[1] 俞树毅:《国外流域管理模式对我国的启示》,载《南京大学法律评论》2010年秋季卷。

最后,缺乏利益主体进行平等协商、实现共同发展的互利机制。流域水资源管理从一定意义上是对流域水资源这种公共资源的优化配置。在水资源的供给配置中,不仅要有效,而且要合理,要有助于实现流域水资源管理的总目标。广泛的合作和参与是公平决策的必要条件。当前公众缺的知情权保障不力,对重大项目设计和可行性研究的参与权益以及对其实施过程的监督权也无处落实,难以及时将自己的诉求和建议反馈到相关的政府部门和机构,极易造成信息不畅通和公众的非理性行为。我国水资源保护立法过于强调国家的环境保护权力,公众参与管理环境事务的权利仍停留在原则性规定上,缺乏具体且有效的实现途径。《环境影响评价法》在公众参与程序性规定方面比较笼统,公众参与流域管理的渠道、途径不通畅,削弱了流域管理机构的议事、协调和仲裁能力,难以适应水资源管理日趋复杂的状况和社会公众对水资源保护利用的要求。

四、创新我国流域水资源管理体制

笔者在分析和研究我国现有流域水资源管理体制存在的弊病和流域水资源保护面临的严峻形势后,认为创新我国流域水资源管理具有必要性。创新流域水资源流域管理体制要求具备科学性、合理性及可行性。科学性是指创新流域水资源管理体制符合流域自然属性的客观要求;合理性是指创新流域水资源管理体制在理念上有治理专向善治;可行性则是我国流域水资源管理体制的现状有创新的空间和必要。

(一)流域自然属性的客观要求

流域水资源的自然流域特性和多功能属性不仅构成了经济、社会发展的资源基础,也是诸多水问题和生态问题的共同症结之所在。流域是以水为载体,由资源、环境、社会、经济等若干子系统相互作用、相互制约而组成的有机统一整体。在系统内部,任何一个子系统的变化或某一区段的局部性调整均将不可避免地对整个流域产生重要影响。[①]因此,对水资源的管理需要在流域范围考虑,在维护水资源在流域整体上要素的完整性的前提下,使其开发利用在不同区域间不同功能间分配,才能保障和实现外部损益的内部化,更好地发挥水资源的综合效益。流域水资源兼具经济功能、净化功能、生态功能,其功能具有多样性、复合性、高度依存性。水资源的稀缺性使得各功能之间的利用矛盾十分突出,要保证水资源的持续有效利用,各功能之间必须统筹兼顾,合理安排。即在管理中实现水资源功能规划、决策、分配的一体化,在确保经济、社会与环境资源协调发展和顾及社会公平与效率的目标和原则下,实现各功能之间、各区域之间的合理配置。[②]以流域为单元对水资源实行统一管理的模式已为世界上大多数国家所接受,成为国际公认的科学原则。

---

① 幸红:《流域水资源管理相关法律问题探讨》,载《法商研究》2007年第4期。
② 李启家、姚似锦:《流域管理体制的构建与运行》,载《环境保护》2002年第10期。

（二）从环境治理到环境善治的推进

治理"是一个上下互动的管理过程，它主要通过合作、协商、伙伴关系、确立认同和共同的目标等方式实施对公共事务的管理。治理的实质在于建立在市场原则、公共利益和认同之上的合作"。[①] 善治（good-governace）的实质就是"良好的"、"富有成效的"合作。善治是为克制政府和市场双重失效而提出的理论。善治的价值取向归根结底是全球化和民主化进程推动下产生的必然结果。善治是良好的治理，是治理力求达到的目标。善治就是使公共利益最大化的社会管理过程。善治的本质特征就在于它是政府与公民对公共生活的合作管理，是政治国家与公民社会的一种新颖关系，是两者的最佳状态。[②] 善治需要公民的政治参与，是政府与公民之间积极而有成效的合作，这种合作成功的关键是公民对政治管理过程的参与。只有公民参与选举、决策和监督，才能促使政府并与政府一道共同形成公共权威和公共秩序。

强调环境善治的前提是宪法、法律权威，责任明确，多元化的治理主体在互利、互信的基础上进行利益协商和合作。流域环境治理走向流域环境善治要求具备以下几个要素，一是合法性，即流域机构的法律地位、设置、权限是符合上位法的规定；二是有效性，流域水资源管理体制的形式可以是多样化的，但目标却是一致的——实现流域的有效治理和保护，纵观国内外的流域水资源管理体制的变更脉络，寻求可持续的、有成效的管理是流域水资源管理体制改革的逻辑起点；三是透明性和公开性，即指流域管理中信息公开和全流域利益相关者在决策制定过程中的意见参与和表达。因而环境善治的推动要求变革现有管理体制中公众参与的模式和程序，要求建立完善的监督机制，也是流域水资源管理体制对全球环境治理变化趋势的积极回应。

五、我国流域水资源管理体制创新的理路

在一个流域内只有建立了真正有流域管理职能的管理机构，流域的可持续发展才能真正实现，这样的管理机构的具体组织形式可以多种多样，但必须赋予它必要的管理权，建立与其相适应的流域管理机构。水资源的自然流域特性和多功能统一性，都要求按流域统一管理：一是区域管理要服从流域管理；二是部门的专业管理要服从流域的综合管理。流域的综合治理、开发、管理，必须依靠各"条条"、"块块"的积极参与和协同管理；同时，又要求这些"条条"和"块块"的管理纳入流域统一管理的轨道。[③] 科学的流域管理机构设置能够保证流域管理法律的顺利实施，提高流域管理工作效率。

（一）流域水资源管理体制创新的学理解释

流域水资源管理体制的创新是在坚持生态学、经济学和政治学的多学科视域下，针

---

① 俞可平：《治理与善治引论》，载《马克思主义与现实》2009年第5期。
② 同上。
③ 萧木华：《从新〈水法〉看流域管理体制改革》，载《水利发展研究》2002年第10期。

对现有流域水资源管理体制存在的问题进行改造。具体而言,区域管理为主导致流域水资源管理效率低下,矛盾多发;多部门参与管理必然需要部门之间的沟通和协调机制;流域水资源管理所涉及的广泛而复杂的社会关系使得公众的知情、决策和参与成为体制创新的重要环节。因此,学理上的流域水资源管理体制创新主要体现为效率原则、协调原则和公众参与原则在流域水资源管理实体和程序上的要求。

1. 流域管理效率的提高

效率原则在许多国家都是评价政府活动及体制的合理性的重要标准之一,管理的有效性和管理机构的效率始终应作为设置体制的基本目标。[1] 体制创新的目的就是要增强管理的有效性和提高管理机构的效率。管理系统的专门化和管理体制的单一权力机构,有利于减少决策和办事过程中的消耗,可以增长效率,克服无责任性和混乱性。吸取过去水资源保护管理体制中普遍存在的因权力分散而导致的低效率的惨痛教训,避免"公众悲剧"和"非集权化的恶性循环"的发生。而管理系统的专门化和管理体制的单一权力机构,有助于减少决策和办事过程中的消耗,可以增长效率、克服无责任性和混乱性。因此,在流域水资源管理体制中应充分认识"同一专门化才能增长效率"的意义,赋予流域水资源管理机构以决策权、监督权、协调权和执行权,使其真正担负起统一管理的责任,增加对专门化系统的组建、合并与强化的体制从而保障管理的效率,避免流域水资源管理体制因权力过于分散而导致效率低下的问题。

2. 多部门间的沟通与协调

流域水资源的公共性和对其使用方式的多元性决定了其资源保护管理的任务绝对不可能是由流域机构独立完成,而必须与流域内地方政府协调配合。流域管理的协调主要包含两个方面,一是区域的水资源管理服从流域的水资源管理,即在水资源管理体系中,流域水资源管理高于流域内行政区划的水管理,行政区划的水管理应当服从流域水资源管理的统一协调;二是部门的专业性水管理要服从流域水资源综合管理,各行业的水管理应当纳入流域水资源管理的体系中,尊重和服从流域水资源管理。[2] 这就要求正确处理统一管理与分权的关系,在保证管理效率的前提下,确立合理解决矛盾的原则,建立广泛的多机构间的沟通与协调机制。即要明确各管理部门的具体职责与权限,明确各部门行使职权的法律程序和行为范围。

3. 多元决策和参与的保障

流域管理是对公共资源的分配与控制,公正、合理是分配与控制的重要标准,并以此保证分配有益于实现环境保护的总体目标,有益于实现社会的共同利益。从这个意义上讲集体决策、民主决策是实现正义与公平的必要条件。各国的流域管理机构中一般都有许多相关专业的专家,在作出流域内重大决策的过程中广泛听取并采纳他们的意见,并进行科学论证。多元决策集中体现了集体决策和民主决策的思想,是保障正义、公平的条件。多元决策可以推动水环境资源管理、经济管理、社会管理的协同化进程,可以兼顾

---

[1] 吕忠梅:《长江流域水资源保护立法问题研究》,载《中国法学》1999年第4期。
[2] 张承中:《环境管理的原理和方法》,中国环境科学出版社1999年版,第67—80页。

流域公共利益以及各区域间、各相关利益主体间的相对公平,维护社会正义。此外,流域管理还涉及社会各方面的利益,重视公众参与是应然要求。因此,流域管理应当具有广泛性和社会性,而公众参与必不可少。公众通过参与流域专项立法、流域规划编制、水量分配、水质标准的制定等事务,可缓和部门利益和地方利益的冲突,推动流域管理的有序进行。

(二)流域水资源管理体制创新的基本思路

1. 流域统一管理——流域管理机构的定位

如前文所述,流域统一管理体制符合流域自然属性的客观要求。流域的这种整体性特点决定,在流域的开发、利用和保护管理方面,将每一个流域都作为一个完整的单元进行管理才是最有效的。根据全流域的社会经济情况、自然环境和自然资源条件以及流域的物理和生态方面的作用变化,将流域作为一个整体来考虑其开发、利用和保护方面的问题。这无疑是最科学、最适合流域可持续发展之客观需要的。由于每个流域的地理位置不同、流域范围不同、径流量不同、流域内社会经济发展程度不同、资源开发利用的目标不同,诸多的自然因素与社会因素的差异导致了各流域水资源保护重点的区别,如黄河流域以水土保持为重点,长江要以预防为主。水资源的流动性和流域性,决定了水资源按流域统一管理的必然性。

流域统一管理是对当前管理体制弊端的回应。我国目前流域管理方面所实行的条块分割的管理体制,只会助长地方保护主义和部门保护主义,阻碍流域自然环境和自然资源的高效利用及综合利用,导致流域上、下游之间的污染转嫁,引起地区之间的污染纠纷,加剧流域各地方利益的矛盾冲突,阻碍流域可持续发展战略的实施。[①] 对整个流域开发、利用和维护管理工作进行全局性的通盘考虑,统筹安排,统一规划,统一指挥,统一行动。

2. 流域自治——流域管理机构的职权划分

流域管理既需要集权,也需要分权与平衡。事实上,在水资源保护管理体制的构建中,一直存在着集权与分权的难题。这是各国流域管理面临的共同难题,许多国家经过多年实践,大都选择了从区域走向流域和倾向单一决策、指导、控制与执行中心的方向。在相当长时期内各国也都是实行分散管理,水资源开发利用分别由不同的部门负责,但最终基本上都向集中型转变。我国多年来实施统一管理与分部门管理造成的分权模式在实践中导致的流域管理机构法律效力虚化,无法发挥流域管理的统一协调作用。正如政治学上的权力集中统一有利于公共管理的实效和公共治理的有序进行。

流域管理较有成效的国家一般都建立了权威高效的流域管理委员会,流域管理委员会通常由联邦政府代表、用水主体代表、地方政府代表等成员组成。流域管理委员会行使最高决策权力。在流域管理委员会之下,一般设有办事机构—流域管理局,并设置具

---

① 王宏巍、王树义:《〈长江法〉的构建与流域管理体制的改革》,载《河海大学学报(哲学社会科学版)》2011年第2期。

有咨询协调职能的机构,以利于监督管理,从而构建了决策、执行、监督相互分离又相互制约的管理体制,保证了流域管理的高效运转。从对各国流域管理法的分析中可以看出,流域管理的成功都需要一个权威的流域管理组织对流域进行统一规划与统一调度。因此,在法律中强调统一的流域管理机构在流域整体管理中的地位,并运用法律和法规将流域管理机构的权利、责任、义务和机构体系等重要方面确定下来是国际流域管理的趋势所向。同时还应当赋予流域管理机构跨部门与跨区域综合管理的职能,力图建立一种能够对流域环境资源进行整体性分析和全局性分配的管理模式。而且,各国流域管理法也注重流域管理机构与国家职能部门和地方政府的监督、协调相结合,注重部门间及区域间的合作与协调。

3. 综合流域管理——流域管理的维度

对水、土地、矿产、森林、草原、野生动植物等自然资源按要素分类进行立法的模式忽视了生态系统的有机整体性和关联性,造成了人为地割裂等。加之受其他原因的影响,使我国流域生态系统整体得不到有效保护,出现了"点上治理、面上破坏"的情况,或是"局部改善、整体恶化"的问题,流域整体生态环境形势依然严峻。目前流域管理的困境一再警示我们,流域生态系统作为一个整体,必须对其进行系统管理。[①]

综合生态系统管理(Integrated Ecosystem Management,IEM)是在 2000 年《生物多样性公约》缔约方大会第五次会议通过的第 V/6 号决定,提出了有关生态系统办法的 12 项原则即 COP-5 原则。IEM 认为自然是一个系统概念,社会化的选择,要求综合对待生态系统的各组成成分,综合考虑社会、经济、自然(包括环境、资源和生物等)的需要和价值,综合采用多学科的知识和方法,综合运用行政的、市场的和社会的调整机制,来解决资源利用、生态保护和生态退化的问题,以达到创造和实现经济的、社会的和环境的多元惠益,实现人与自然的和谐共处。[②]将 IEM 的理念和方式应用到流域管理的实践,就是要从整个流域全局出发,从生态环境的整体性上去综合考虑各个因素间的相互联系,以系统学的观点充分认识流域内部各子系统之间以及与外部环境要素之间相互依存又相互冲突的关系,综合利用法律、行政、工程技术、经济、信息、宣传教育等多种手段,将跨部门参与方式运用到流域管理的实践中去,优化机构设置、完善相关立法、创新管理体制和运行机制、协调各方利益,积极探索流域管理的新途径和新模式,从而实现全流域综合效益最大和社会经济的可持续发展。[③]

考查各个国家流域管理法,法律的调整对象都经历了一个逐渐演变的过程,从专门规范流域水资源逐步演变为统筹考虑流域内所有环境资源要素,并开始强调流域生态保护与流域社会经济发展的关系,从经济、环境、社会问题的角度进行流域生态系统的综合管理,如密西西比河流域联盟成立的目的就是要实现流域生态系统管理,要求在流域规划中既考虑流域资源的开发利用,又考虑资源的保护;既使流域内经济发展和人们生活

---

① 俞树毅:《我国流域管理模式创新及法律制度供给》,载《甘肃社会科学》2008 年第 6 期。
② 蔡守秋:《论综合生态系统管理》,载《甘肃政法学院学报》2006 年第 3 期。
③ Bruce P. Hooper: "Integrated Water Resources Management and River Basin Governance", *Universities Council on Water Resources Water Resources Update*, Issue 126, 2003, pp. 12—20.

水平得以提高,又考虑流域生态环境的保护。这种整体管理的模式也是密西西比河流域管理成功的关键所在。

六、创新我国流域水资源管理体制的具体设想

在借鉴国际流域综合管理的成功经验,结合我国流域的特性的基础上,笔者建议我国流域管理机构采取流域水管理委员会加流域管理局双层体制,并设立流域专业技术委员会提供技术支持和科学论证。该模式充分体现了"决策、执行、监督"相分离的主导思想,其特点是功能性职权的一体化、管理体制分权制衡化、管理手段方式多样化、民主化、科学化。在创设的流域管理机构模式中,流域水管理委员会是议事决策层,流域管理局是管理执行层,流域监督委员会和专业技术委员会是监督参与层。这种管理体制有利于对流域内各种自然资源要素、经济要素和社会要素的统一管理,实现流域内人与自然、社会的可持续发展。具体安排如下:

(一)决策机构——流域水管理委员会

流域水管理委员会是流域的决策机构,该机构为流域管理的最高权力机构,定位于议事、决策和协调机构,流域的开发、利用和保护由其统一决策。流域水管理委员会拥有监督、管理或管制权力,与有关部门达成管理协议或协定。流域水管理委员应当直属于国务院领导而非由国务院行政主管部门领导,不隶属于国务院的任何部门,而应当受国务院的直接领导和指导。流域水管理委员会旨在民主协商的基础上建立有效的参与机制、协商决策和协调议事机制,用流域民主协商代替简单的行政强制和行政命令,实现对流域涉水活动的管理变革。流域水管理委员会作为决策机构,其行使的是宏观管理职责,立足于从中长期、从整体角度宏观调配流域的各种自然资源,主要负责从整体上对流域进行科学管理,统筹规划,并在各种政策、规划等决策出台后,监督有关各方组织实施。作为新型的体现民主协商原则的具有决策权力的议事机构,应由国务院相关行政部门、流域各省级人民政府等方面的代表组成。从各部门、各行政区域的角度和利益出发,对流域整体规划和治理进行协商,实现决策体系内部的参与和民主协商,力求高效、持续利用流域内的水、土资源以及其他环境资源,实现流域的可持续发展。并对流域各地方政府部门的环保、水利、航运等相关工作起着指导、监督作用,体现了流域综合统一管理的意志,以追求最大综合效益为目标。

(二)执行机构——流域管理局

流域管理局是流域管理的执行机构,即流域管理委员会的具体办事机构,流域管理局直接对流域委员会负责,由具有高度专业技术技能与管理实践经验的专家组成。流域水管理委员会对流域管理局实行垂直领导。流域管理局负责流域监督管理的日常工作。鉴于社会发展和流域管理的迫切需要,以及组织法自身的不协调,应将其定位为国务院的派出机构,有利于该管理局的法律权威性,避免其成为一个职能单一的水管理者而加

入众多管理主体的权力竞争和利益争夺当中。为了更好地履行流域管理的职责,行使自己的流域水资源管理体制权限流域管理局可以根据工作的实际需要,按支流设立派出机构或者流域管理分局,分局直接受流域管理局的行政领导和业务指导,这样,就形成了一个以流域水管理委员会、流域管理局和各分局为具体管理机关的流域统一管理、垂直领导的管理体系。

流域管理局负责流域防洪与抗旱、水资源开发、利用和保护、水污染防治与生态环境保护、河道与河口、水工程的建设与运行等方面的统一监督管理。流域管理局可以根据日常监督管理工作的需要,在流域直管区设立派出机构,行使法律、法规规定的日常监督管理职能。

(三) 监督参与机构——流域监督委员会

流域监督委员会是流域管理机构中的监督组织。其主要职责是负责收集流域涉及的各方面意见,针对一些重大问题进行协调咨询,确保流域相关各方面的信息交流,并形成有针对性的建议、意见或对策,供流域管理委员会决策参考。流域协调监督委员会还行使监督之责,保证流域管理始终在公正、公开、透明的状态下健康运行。流域监督委员会对流域管理局贯彻执行流域水管理委员会作出的决策事项有权实施监督,协调流域管理过程中部门和地方利益及权限的冲突,以流域的整体视角实现水资源的保护和利用,并负责协调解决跨界水事纠纷。流域水管理委员会和流域监督委员会和专业技术委员会之间是决策支持、监督参与关系,流域监督委员会作为利益相关方参与的公共决策平台,其权威性往往是各种利益平衡的结果与反映,因而有权通过合法渠道参与流域管理委员会对流域重大事项的决策过程并行使自下而上的监督权力,保障权力的制约和良好有序地运转。

中国流域治理问题与对策

中国的流域治理问题已经得到理论界与实务界的广泛关注,有关流域治理的理论与实践也取得了一定的经验和成果,但也还存在相当多的问题和教训。汪劲教授、翁立达局长、高利红教授从不同的角度对中国流域治理理论与实践中存在的问题进行了剖析,为完善中国的流域治理提供了启示与思路。

中国流域生态补偿制度与实践

汪 劲[*]

生态补偿这一概念在中国明确、完整的提出是在2005年以后。但是在此之前,在20世纪80、90年代与生态补偿有关的一些活动在中国就已经开展。如我国20世纪80年代开始实行的排污收费,以及20世纪90年代在矿山、森林等领域实行的保护收费等。20世纪90年代中后期,还曾经围绕生态服务的研究,提出了"生态服务价值"的概念。尽管如此,我国实行的这些类似生态补偿的行为与西方国家实行的生态系统服务付费存在差别,其原因在于我国的水资源是全民所有、国家所有,在对国家所有的资源进行开发利用的过程中,政府占据了重要的地位。所以,在我国"十五"计划时期,党中央、国务院开始提出要完善中国的生态补偿机制。2000年前后,我国着手在部分重点生态流域开展了生态补偿的工作,而当前面临的主要问题是如何构建我国的流域生态补偿机制。

(一) 生态补偿的财政制度及其实践

在中国,流域生态补偿主要还是采用财政支付的方式进行,包括地方政府对市、区人民政府的转移,以及本市辖区内的转移。在中央政府的财政转移当中,主要还是采用一般均衡性转移支付和专项转移支付。与一般均衡性转移支付相比,专项转移支付的资金使用目标相对集中,支付对象也相对明确。如2008年浙江对省内江河源头所在地、市、县给予的专项转移支付,2009年广东省东江上游地区安排专项资金开展生态补偿的试点等。除前述纵向的转移支付外,实践中还有一些横向的转移支付,特别是在生态服务的

---

[*] 汪劲,北京大学法学院教授,博士生导师,北大资源、能源与环境法研究中心主任,北大核政策与法律研究中心主任。

受益者和保护者较为清晰的流域上下游地区之间,上下游地区地方政府间自发开展了生态补偿的有益探索。如福建的九龙江流域、张家口和承德的地区合作、新安江流域和安徽的上江流域都采用了这样的模式。

总体来看,流域生态补偿的方式在中国主要有三种:第一种是跨界断面水质目标考核,目前比较有代表性的是湖北省子牙河水系,以及辽宁省跨行政区域河流出市断面水质目标考核。这种模式具体是在两个城市水体断面交界处明确设立水质标准,如果说上游来水满足断面水质标准,则下游向上游支付补偿费用,如果上游来水没有满足断面水质要求,则就上游向下游支付补偿费用。第二种是针对饮用水水源地的生态补偿,目前福建省和浙江省都在推行。这种模式就是从水费,或者说是污水处理费,以及水电站的收益中提取一定比例的资金作为饮用水水源地的保护资金。这笔资金由市或者是县政府建立基金,由本级财政安排具体使用。第三种是江河源头水源涵养地的补偿,目前最著名的是新安江流域生态补偿,此外还有淮河流域上游在河南境内的生态补偿等。这两个流域的具体补偿方式均采用水质断面的标准,操作较为容易。其中,新安江的流域生态补偿财政部、环保部和水利部都有参与,国家财政部也有投入,而河南省境内的淮河上游补偿则是由河南省级财政对流域源头实行补偿。

有关我国流域生态补偿的实践,目前存在的主要问题有:关于生态补偿的法律依据还不充分;其次是我国的生态补偿虽然是政府主导,但涉及的政府相关职能部门过多。这种情况的生态补偿机制尚未建立。生态补偿的资金来源比较单一,主要是国家和地区通过财政资金的方式来进行投入。补偿的方式过于简单,标准不一,补偿的范围比较狭窄。以政策性补偿为例,补偿项目往往具有阶段性和时间性,这个阶段和时间一过,可能又要回到项目补偿前的状态。再如,把补偿放在几个重点项目上,并不能实行平等化的补偿。还有就是在均衡性转移支付过程当中,政府往往把生态补偿资金优先用于农业、医疗、卫生、教育,但并没有把重点放在生态补偿上。此外,中央财政转移支付也存还如下两个方面的问题:首先,转移支付的规模所占的比重仍较低。如2010年中央对地方的一般转移支付占到转移支付总额的49%,运用财政上的因素法进行资金的分配,最终计算出来能够体现均等化效果的转移支付只占一般转移支付的14.70%。其次,除了纵向的横向转移之外,我国还没有建立起明确的横向转移制度。从目前的情况看,获益地区普遍不愿意支付补偿费用给保护地区,如果没有上级政府的干预和协调,补偿难以落实。

(二)中国生态补偿立法最新的动态

根据国务院的部署,我国将于2015年颁布《生态补偿条例》。为了实现这一目标,自2010年开始我们着手起草关于完善和建立生态补偿机制的意见。意见主要包括以下五个方面:第一个方面就是确定生态补偿的七大重点领域。这七大重点领域既包括森林、流域、矿产,又包括区域、海洋、湿地,还包括国家重点保护的区域。第二个方面就是要确立生态补偿的原则。生态补偿立法首先要确立两个原则,一个是政策原则,一个是费用原则。第三个方面就是建立生态补偿的运行机制,关于运行机制目前确立的目标是中央统一决策,地方分级负责,利益者参与。在这个机制下,主要生态补偿的主体,包括政府、受益者和受损者等。第四个方面就是要确立资金投入的机制。未来生态补偿的资金主要来自于四个方面:财政转移支付、财政专项资金、政府引导协商和鼓励社会投资。

目前,我国实现生态补偿立法还面临以下几个问题:第一,如何定义生态补偿。第二,生态补偿法律关系主体和补偿类别之间的关系如何。第三,未来资金投入渠道如果增加,那么财政转移支付的范围应如何设计。第四,政府的生态补偿专项资金怎样筹集,费用从哪来,是从财政资金中提取一定的比例还是采用其他方式,目前还在探讨之中。第五,如何把横向生态补偿的机制建立起来。目前我国与生态补偿相关的部委有十三个,这十三部委并存足以说明横向生态补偿机制构建的复杂程度。第六,建立生态服务价值的评估制度。首先要把生态的价值确定,然后再来确定实际补偿的数据,即确定补偿的标准。

长江流域的水污染防治

翁立达[*]

长江流域20世纪70年代以前水质尚可,但20世纪70年代以后,水污染问题、生态环境破坏问题持续恶化。长江流域污水排放量在1999年至2009年的十年之间,从96亿吨增加到了330亿吨。伴随着水污染日益严重、水生态日益恶化,长江流域水生生物多样性也受到了严重威胁,如白鳍豚几乎绝迹,江豚也面临很大的生存威胁。

长江流域的水污染有如下几个特点:一是下游污染重于上游,支流污染重于干流,湖泊水库富营养化普遍。二是污染河段长,从1998年到2004年污染河段一直呈增长趋势。特别是城市江段近岸污染带,从攀枝花至上海段的21个主要城市,790公里监测结果反应,1982年污染带长度为460公里,1992年565公里,2003年是650公里,一直呈现增长的趋势。三是湖泊水库普遍营养化。"九五"期间国家重点治理的"三湖",即太湖、巢湖和滇池均进行了治理,但是收效甚微。原因在于点源和非点源污染,比如农业、化肥、含磷洗涤剂等仍未得到有效控制。四是水污染事故频发。其中,影响比较大的如2004年沱江两次污染事故和太湖污染事故,仅太湖污染事故影响了无锡200万人的用水。除了水污染之外,长江流域另外一个对水生态环境影响比较大的就是大型水利工程。如三峡水利工程,虽然产生了显著的防洪、发电、航运效益,但是也造成了一些负面影响,如对鄱阳湖的影响。现阶段南水北调的东线、中线工程正在建设之中,在建的水库也有三到四个是大型工程建设,这些水利工程的建设也会对长江流域的生态产生显著的影响。

综上所述,我得出的结论是:长江流域的水污染问题并没有得到有效的控制,生物多样性受到严重威胁;大型水利工程建设对长江生态环境的影响不容忽视;长江水生态与水环境面临严峻挑战;长江是我国的战略水资源,是我国经济、社会可持续发展的重要保障,保护母亲河任重道远。

---

[*] 翁立达,长江流域水资源保护局原局长,教授级高级工程师。

针对上述问题,我们应当采取如下对策:一是实施流域综合管理。这是在全世界范围内被证明行之有效的解决水污染的重要措施,其中当然还包括对水资源的统一管理。二是针对长江流域存在的水污染防治、水生态保护问题制定专门的法规。三是完善流域综合规划。四是在水资源管理方面必须严守"三条红线"(即水质、水量、用水效率)、流域水功能区划、水污染防治规划,以及上游水污染防治规划的要求。五是对包括三峡水利工程、南水北调工程在内的长江流域大型水利、水电工程实行统一调度、统一运行、统一管理。

中国的流域治理模式反思

高利红[*]

自20世纪末至本世纪的前十年,国内关于流域管理、流域治理、流域水资源保护、流域水污染防治等主题的学术研究成果较多。我对这些学术研究成果进行了总结和归纳,发现其中绝大部分的主张都是要加强水资源的流域管理,但并没有注意到加强流域管理背后的风险。当然,这些观点的提出有着重要的背景,那就是多年来中国流域水资源管理的现状是有很多职能部门都在治水,这种情况被形容为是"九龙治水",因为在中国的传统神话当中,龙是负责治水的。如果说"九龙治水"的局面饱受诟病,这说明在很大程度上我们的研究者看到了目前水资源多头管理的问题。换言之,我国的水资源管理存在一个横向分权的状态。但是,我愿意就这个问题发表一个观点:水资源的问题涉及的利益群体非常复杂,地域非常广泛,没有哪个国家是由单一的职能部门来完成全部的水资源管理工作。试图让"九龙治水"变成"一龙治水"的观点,是我国横向治理的思维向传统纵向治理思维发展的体现。这不仅与现在的善治观点不符,也与水资源问题实际的利益复杂性不符。因此,我的观点非常明确:流域水资源治理的分权模式非常重要,但重点不在横向,而在于纵向。

上述就中国的流域管理体制已经作出解析,有必要再简单地介绍一下我国现在已经设置的流域管理机构及他们的优势。我国在水利部之下设置了七个流域派出机构,分别是:长江水利委员会、黄河水利委员会、淮河水利委员会、海河水利委员会、珠江水利委员会、松辽水利委员会和太湖流域管理局。它们是我们国家主要流域管理机构,性质是具有行政职能的事业单位。关于机构的性质问题,国内也有诸多学者予以批评。认为应当将其从事业单位的性质改变成真正的行政单位,转变为国家机关。

根据国务院的"三定方案",虽然七大流域管理机构在职能的具体设置上略有区别,但基本职能大同小异。总体上包括:(1)负责保障流域水资源的合理开发利用。(2)负责流域水资源的管理和监督,统筹协调流域生活、生产和生态用水。(3)负责流域水资源保护工作。(4)负责防治流域内的水旱灾害,承担流域防汛抗旱总指挥部的具体工作。(5)指导流域内水文工作。(6)指导流域内的河流、湖泊及河口、海岸滩涂的治理开发

---

[*] 高利红,中南财经政法大学教授、博士生导师,湖北水事研究中心常务副主任。

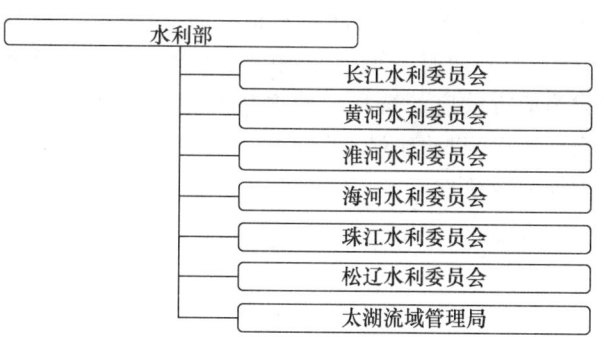

等。(7) 指导、协调流域内水土流失防治工作。(8) 负责职权范围内水政监察和水行政执法工作,查处水事违法行为;负责省际水事纠纷的调处工作。(9) 农村水事水利工作。(10) 流域内的控制性的水利工程的管辖。(11) 承办水利部交办的其他事项。如果对这些职能作进一步的具体分析,我们看到流域管理机构的职能涉及的范围十分庞杂。既然如此,那么流域管理机构用什么样的具体机构来完成这些职责呢?一般来说,流域管理机构下设四类具体机构,第一类是流域管理机构的机关;第二类是单列机构,如长江水利委员会就设置有长江水资源保护局;第三类是直属事业单位,比如说水务局等;第四类是直属企业单位,比如说长江水利水电开发总公司。

水利委员会机构设置

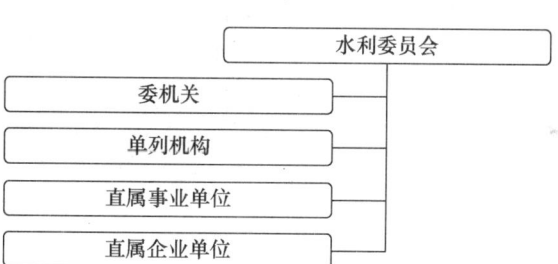

我现在比较担心的是,水利部派出的七大流域管理机构和省级的水资源管理机构之间的分工与合作问题。省一级担负水污染防治的职能部门很多,但我仅举"九龙"其中的两个,即水利厅和环保厅。环保厅和水利厅之间的职能分工延续水利部和环保部之间职能分工。总之,它们与水利部派出的七大流域管理机构间的职能很多是重叠的。再看七大流域管理机构所辖的流域范围,如果在地图上拼接就可以发现,七大流域管理机构的管辖范围涵盖了中国除新疆和西藏地区、西南地区之外的绝大部分区域。从近些年水利部各个流域管理机构的工作重点来看,如水文工作,就从早期的水文监测增加到水事监测的工作。在我前述的背景下,就有相当一部分的职能重叠、地理范围的重叠以及与省级各职能部门的工作重叠,基于以上分析,我对流域机构的管理与省级管理部门的管理问题,作出如下三点评价:(1) 职能重复颇多。(2) 执法多处重叠。(3) 加强流域执法有加强中央集权之风险。当然加强中央集权并非都是负面作用,也有正面作用,但我主要是想强调这种集权风险的存在,这种风险的关键在于对地方政府所追逐利益的忽视和打压。地方政府的某些利益和追求固然可能是不正当的,但如果不给地方政府任何表达利益诉求的机会,必然在其他方面有一定的影响。如管理中的消极不配合、行动怠慢和阳奉阴违就将有可能成为地方政府的选择。而这些可能的选择也正是中央政府与地方政府关系中常见的弊病。所以,我的建议十分明确:(1)加强协调机制的建设。(2)流域综合执法应当充分尊重地方执法权限。

日本的流域治理

湖北水事研究中心翻译、整理

流域治理问题是世界性问题，日本在流域治理的理论与实践中都取得了不俗的成果。植田和弘教授、中村正久教授、北川秀树教授关于日本流域治理的理论研究及治理实践之介绍，对湖北乃至中国流域治理的理论与实践都有很强的借鉴意义。

流域环境治理——保护与开发的评价问题

植田和弘[*]

湖泊管理与流域管理密不可分。在我来看，湖泊的流域管理问题正是"公地"的问题。"公地"是大家共有的资产，任何人不能也不应该独占，对"公地"的管理一旦失败就会酿成悲剧。关于"公地的悲剧"有人就曾写过一篇论文（1968年，哈丁发表的著名论文《公地的悲剧》），尽管这篇论文在很多方面是值得商榷的。此外，经过学者们的研究，在世界各地还有很多"公地"管理的例子。既然如此，今后我们应该怎么样开发"公地"？解答问题的关键在于湖泊流域的生态功能，即生态环境的服务功能，因为从服务功能那里我们可以获得生态服务价值。

湖泊流域具有的生态功能是多元的，有时某一项功能会给其他功能的实现带来利好，但有时也存在一项功能破坏另外一项功能实现的风险。具体而言，如在湖泊流域范围内扩大农用地面积，这会对当地的农业发展带来利好。但是，由于农业发展导致过多的有害物质流入湖泊水体，这也会给湖泊水质和湖泊生态环境带来负面影响。正因为湖泊或者湖泊流域具有多种价值，所以多种价值之间会存在冲突；正因为多种价值之间冲突关系的存在，所以需要建立较为健全的湖泊流域治理机制。质言之，为什么湖泊流域会发生诸多环境的问题，主要应当归因于湖泊流域治理的失败。湖泊就是一个"公地"，在治理这个"公地"的过程当中就可能会发生失灵的问题。湖泊流域治理是世界性难题，而怎样使"公地"的治理健全化就是我们需要持续关注的焦点。

---

[*]〔日〕植田和弘，日本京都大学大学院经济学研究科教授。

在有关"公地"治理的研究方面,有一位学者——埃莉诺·奥斯特罗姆,做了很多的努力。尤其《公共事务的治理之道》一书,给我们现在以及今后关于"公地"的治理研究留下了很多的启示。她是一位女性,最初的专业是政治科学,2009年获得诺贝尔奖。在对全世界各地的林场、渔场、灌溉农业区等各种各样的"公地"进行考察之后,她发现很多"公地"的运营和治理都是非常成功的,这是她为我们作出的最大的贡献。对于"公地"的治理,传统经济学认为或是通过市场机制来进行治理,或是通过政府的参与来进行治理。但她认为既不是市场也不是政府,而是"公地"可以通过自治组织和自主治理解决很多方面的问题,进而成功地解决"公地悲剧"的问题。

我们在考虑怎样进行湖泊流域治理的时候,其出发点在于湖泊流域归谁所有,因为不同的所有权形态会涉及不同的治理方式。我在文章的开头关注过20世纪60年代那篇最初的关于"公地"管理的论文,这篇论文本身存在很多值得探讨和商榷之处。因为我们在研究这篇论文的时候,需要关注所有权的形态问题。例如在日本,"公地"的所有权都是确定的,但是发表于20世纪60年代的那篇论文则认为只要是"公地"谁都可以利用,开放性地利用。所以,当时他写"公地悲剧"这篇论文的时候,实际上不是"公地"的悲剧,准确地说应当是"开放性资源用地"的悲剧。我认为"公地"肯定是有主体的,决策主体也是确定的。因此,在"公地"治理和湖泊流域治理的问题上,一方面受到所有权形态的影响;另一方面,在开发利用的过程中规则和决策由谁来制定也是非常重要的。尤其是在湖泊流域治理问题上,如何对湖泊流域所拥有的自然环境和自然资源的利用规则化将是至关重要的问题。

当具有决策权的主体制定有关资源利用的规则之后,对规则的执行是否得当进行评价也是非常重要的。在针对某一个湖泊或者流域的资源进行经济开发和利用的时候,是否要把这个项目执行下去需要有一个评价的标准。传统经济学,尤其是开发经济学所运用的理论就是成本效益分析。从成本效益分析的角度,如果效益大于成本,那么这个项目的规则就可以执行下去。成本效益分析的方法看似简单,但是实际应用起来难度还是比较大的。什么是成本,什么是效益,或者说成本如何确定,效益如何确定,都就是很大的问题。在开发过程中我们的肉眼能看到的资源是可以算的,但是由于开发造成文化的破坏或者是环境自然的破坏,这些破坏的成本是否也要计算到成本中,这就是一个政策选择的问题。如水质改善政策或自然资源恢复政策在世界的很多地方都在开展,通过水质的改善能够带来多大的环境效益,自然恢复之后会带来什么样的效益,需要非常精确的数据才可以进行评价。此外,成本的承担主体和受益主体不同这种情况是必然存在的。这又涉及非常复杂的利益分配问题,所以也不能单纯地因为收益大于成本就马上着手项目的执行。

我以上所谈到成本或者经济效益都是可以用货币明确表示和计算的。但实际上,包括流域问题在内的环境问题中,还很多的成本效益是没有办法用货币来计算的。此时,我们应该怎样进行政策的选择?首先,在某一个流域范围内制定了规则和目标之后,执行的标准在于其是否实现可持续发展。其次,我认为同时还应该考虑到成本的效果问题,注意不是效益而是效果。

湖泊的管理方法

中村正久[*]

  湖泊管理与湖泊水资源管理等问题是相互关联的。地球上90%的水资源是以静态水体的方式存在,剩下的10%是以流动的方式存在。如果人类要使用这些水资源,把流动的河川静止下来是非常困难的。因此为了人类的生存所需,我们需要对那90%的淡水资源,即以静止形态存在的水资源进行保护。

  关于湖泊以及湖泊水资源的管理问题,首先,我认为湖泊水体反映出什么样形态是非常值得关注的。其次,为什么淡水湖泊资源管理难以实现可持续发展,这一点也很有必要去讨论。最后,湖泊与河流存在一个非常关键性的差别,就是在湖泊里水的滞留时间比较长,有可能长达十几年或者几百年。湖泊里面还有一些特殊变化,比如说生物方面,或者是化学,物理方面,这些是我们人类难以预测,也是难以控制的。正因为湖泊有这样一些特征,是一个非常复杂的体系,所以我们不能把这三个问题割裂开解决,而是要统和起来进行综合治理。基于以上考虑,我提出了开展湖泊流域综合管理需要考虑的四个问题。

  第一个问题是考虑水的不同形态。"Lentic"这个词,是一个表示静止的水系统。"静水"就是静止的水体,与其相对就是"动水",也就是流动的水,这两个概念是对水的物理形态的一种表达方式。关于"静水"和"动水"两者是什么关系,我们可以参考下面这个图。因为湖泊流域体系,一部分是自然形成的,另一部分是人工建造的。所以以"静水"—"动水"作为指标将湖泊流域分为以下三种:比较弱的"静水"—"动水"系统、中等的"静水"—"动水"系统和比较强的"静水"—"动水"系统。

  第二个问题是考虑人类应当怎样进行自然资源的开发,以及开发以后会得到什么样的结果。随着时间的推移,人类进行资源的开发,使得整个自然界的资源供应服务呈现恶化的趋势,导致自然界难以恢复到之前的形态。只有等到人类发现自然环境恶化的现象是自身所致的时候,才会采取一些紧急的措施保全它,对它进行保护。此时,尽管人类花费很大的工夫力图使自然恢复以前的状态,但是实际上是难以恢复到之前的状态的。在此,可以举一个关于水质、水中浮游生物的浓度以及水体营养化程度之间关系的例子。随着水体营养化程度的增高,如水体中氮、磷的增加,水体中浮游生物的浓度,首先会有一个缓慢的增长,只有当到达一个临界点时才会出现激增的现象。至此,人类才能观测到湖泊浮游生物增加的现状,才会着手采取一些临时性的紧急措施。但是采取了紧急措施之后,虽然水体的营养化程度可以得到一定的缓解,但是浮游生物的浓度不会立刻随之下降。尽管我们尽一切努力试图把它恢复为以前的状态,

---

  [*] 〔日〕中村正久,滋贺大学环境综合研究中心教授。

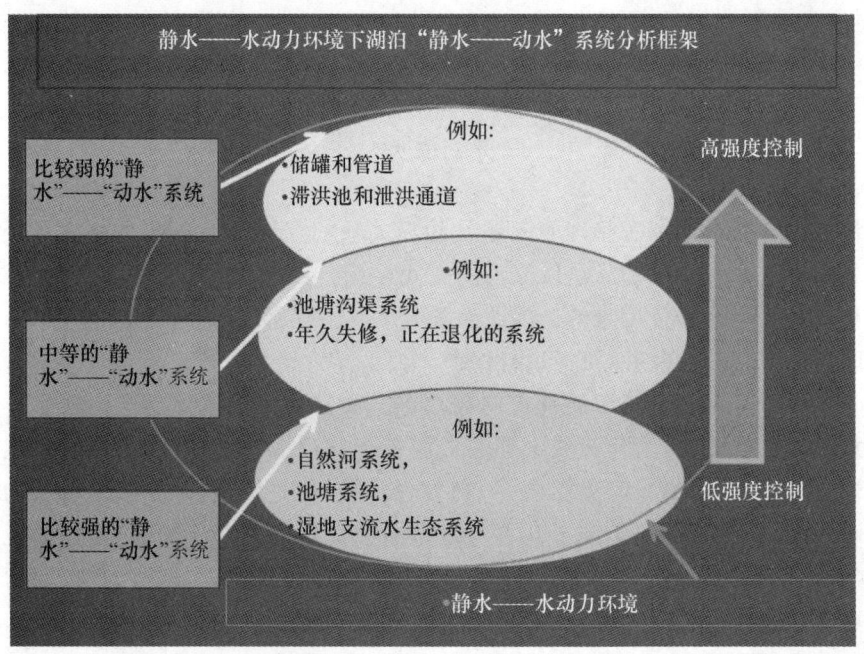

但这样一个目标还是很难实现的。

　　第三个问题就是考虑生态系统服务的多功能性。生态系统服务包含四种具体功能：自然生态服务、调节服务、支持服务、资源服务。关于这几种服务之间的关系，首先对人类来讲，我们普遍关注的是资源服务。因为人类都渴望进行资源的开发和利用，所以首先要从大自然索取资源。在这种情况下，对其他几种具体的服务功能就难免会有所忽略，但其中服务功能的意义却同样重大。例如，我们对自然资源的开发利用过度，就会使生态系统的调节服务和文化服务出现恶化的趋势，最终导致我们的支持服务无法得到满足。以湖泊为例，倘若湖泊的水量没有了，湖泊就会渐渐地消失，最后必然失去其应有的生态支持能力。

　　最后一个问题是应当实现湖泊流域的综合管理。关于这一点，包括了一些费用成本的负担问题、体制问题、流域的上下游之间的合理分配水资源的问题等，这些问题都需要我们在湖泊流域管理中给予充分考量。湖泊流域综合管理这个原则的主旨就是实现湖泊流域的综合管理包括六个要点，即机构、政策、参与者、技术、信息、资金。这六点就是支撑湖泊流域综合管理的六根支柱。如果这六根支柱有些还没有树立起来，或是六根支柱"长短不一"导致整体没有达到平衡，我们的湖泊流域综合管理目标就不能够实现。关于这六根支柱与湖泊流域综合管理之间的关系，具体如下图所示：

实际上,要使这六根支柱达致平衡是需要时间的。整个进程是一个循环的过程:首先我们要认清湖泊流域的现状,其次应确定我们要怎么样进行支柱的建设,再次是对这些支柱进行观测,最后才能实现进程的循环性,使湖泊流域系统实现可持续发展。关于如何实现这个循环的进程,以及对这个进程的现状进行评估有很多的方法,例如我们可以制定一些指标,或者制定一些评价方法来对这一系统以及每根支柱的实际情况进行评估。总言,一个共识就是,如果不先使这六者之间实现平衡后再加强建设,湖泊流域的综合管理是不可能实现的。

最后,关于湖泊流域的综合管理平台的建设需要在微观、宏观与介于微观与宏观的界面上同时进行。因此,这三个层次需要一个统一规划,如全世界各个国家的合作,如果没有统一的规划是很难以实现的。

公众参与流域治理

北川秀树[*]

关于流域治理,确实需要多学科综合参与才能实现。而我是从社会、从公民参与意识的角度来进行研究的。我本人曾经在京都政府作了23年的公务员,然后从公务员又变成大学老师已经快十年了。我个人还组织了民间环保组织,今年也是这个环保组织成立10周年。此外,我还在中国陕西省进行植树造林工作,我们投资5000万日元,植树500公顷。因此,本报告的主题就是关于政府、民间组织以及公众参与。

全世界范围内信息公开以及公众参与已经为大家所熟知,其中很重要是环境影响评价,因为环境的恶化会对当地居民的健康和生活环境带来直接的影响。现在环境问题包括垃圾、废气,还包括全球变暖等问题,这些问题不仅是政府的问题,也是企业、公民、社会共同的问题,而且应该由政府和企业、公民、社会合作加以解决。1992年的《里约宣言》

---

[*] 〔日〕北川秀树,日本龙谷大学政策学部教授。

中提到了每个人都有通过适当的途径获取政府所掌握的信息,并且有参与政府决策过程的权利。欧洲的《奥胡斯公约》(Aarhus Convention,1998)中也规定了公共机构有随时收集、公开信息的任务,其中包括健康、安全、文化等信息,还有公众参与环境决策以及获得司法救济保障的权利。日本某些地方政府在20世纪80年代也出台了信息公开的条例,但当时的政府缺少信息收集、整理、公开工作的经验,至少在上世纪90年代之前,日本的政府信息公开还是相当落后的。

日本关于河流湖泽环境对策方面的法律包括了1970年颁布的《水质污染防治法》,1984年颁布的《湖泽水质保护管理措施》,2005年颁布的《湖泽水质保护法》。其中,《湖泽水质保护法》增加了公民可以参与听证会等内容。颁布这些法律后实际的情况是变好了还是变坏了,现在还说不清楚。但是关于日本流域治理,多方利益相关者共同参与项目确实是非常重要的。还有就是加强建设以居民为基础的组织,并且制定出能达成共识的组织制度和成本负担规定的程序。日本颁布了《民间组织法》之后,民间组织的数量在不断地增加,现在已经到了1.3万多个。日本公众对于参加民间组织的热情非常高,但是由于资金和人员不足的问题,民间组织主要靠政府的补贴来运营,所以民间组织缺乏可持续性。

我曾经在东京的东北部,与一个民间组织代表和有关部门的领导就环境保护进行了交流,受到以下启发:第一,地方政府、居民、民间组织和企业拥有一个共同的任务或者使命,这对环境保护的促进作用是非常大的。第二,现在受到行政垂直管理的影响,如果环境保护的行为或者方式不变为商业模式,简直就是难以维系。因此,就提出"政府溶解"的观点,由民间组织来协调不同的单位进行工作。第三,重新认识当地传统文化以及一些传统的技能。像武汉也是历史悠久的一个城市,也能够发掘出一些古老的文化和传统。第四,在湖面上通过让小学生种植植物的活动来进行环境教育。如中国滇池的民间组织也通过在滇池岸边种植一些植物来防止波涛。

基于上述情况,我想说明以下三点:第一,我们必须加强公众参与的制度建设。日本20世纪80、90年代在公众参与方面、信息公开方面还是非常落后的。第二,据统计,中国有3300多个环境保护组织,政府在环境保护工作中应增强公民的参与意识,鼓励成立环境民间组织,特别是应当为学生的参与和交流意见搭建必要场所和平台。第三,通过多方面发掘当地的文化传统和理念,把它变成一种商业行为、经济行为。比如说日本京都市的旅游业非常发达,在这里就把很多老房子进行重新改造装修之后变成餐厅或者小旅馆。

政策评估

移民扶持与南水北调

湖北作为移民大省,移民的生存状况受到各方关注。国家出台了专门的移民后期扶持政策并要求由第三方对该政策的实施情况进行监测评估,以保证人民得实惠,政府得民心。"湖北省大中型水库移民后扶政策监测评估中心"不仅完成了评估报告,而且进行了更为深入的思考。南水北调中线工程对于生态环境的影响是全面的,并与移民政策的制定以及当地的经济社会发展密切相关。

湖北省大中型水库移民后期扶持政策实施情况监测评估报告

湖北省大中型水库移民后期扶持政策监测评估中心*

根据国家发改委、财政部和水利部《关于开展大中型水库移民后期扶持政策实施情况监测评估工作的通知》(发改农经[2011]1033号)等相关文件精神,受湖北省移民局的委托,2012年,湖北省大中型水库移民后扶政策监测评估中心(以下简称监测评估中心)完成了湖北省2011年度大中型水库移民后期扶持政策实施情况的监测评估工作。

一、监测评估的主要情况

(一)后扶方式与人口核定情况

2011年,湖北省继续执行鄂政发[2006]53号文件规定的后扶方式,严格采取原迁移民直补资金和增长人口项目扶持的办法,即原迁移民按照每人每年600元的标准直补到人,增长人口按每人每年500元标准实行项目扶持到村。从抽查的情况看,原迁移民直补资金发放情况较好,增长人口项目扶持方式各县(市、区)存在差异。

在人口核定上,2011年,湖北省根据鄂政发[2006]53号和鄂移[2006]175号文件要求,继续贯彻省将中央核定的水库移民现状人口一次核定到有关县(市、区)不再调整的规定。绝大部分县(市、区)按照"增人不增,减人要减"原则,开展了后扶人口的核定工作。

湖北是全国移民大省。截至2011年底,中央核定的湖北省现状移民人口1899822人,比2010年末增加了3240人,为新建水库核增的移民。湖北省核定到各县(市、区)现状移民人口2024389人,与2010年相比增加了39231人,是由于新建水库移民和落实南水北调中线工程外迁移民(预留指标)的增加。2011年湖北省移民人数占全省常住人口

---

* 本报告是《湖北省大中型水库移民后期扶持政策实施情况监测评估报告(2012)》的节选。由湖北经济学院移民工程咨询中心、湖北省大中型水库移民后期扶持政策监测评估中心组织完成。项目总负责人:吕忠梅;报告主编:曹礼和(湖北经济学院教授、湖北省水库移民监测评估中心主任)、詹峰(湖北经济学院副教授、湖北省水库移民监测评估中心副主任)。

的3.5%,占全省农村人口的7.3%。

(二) 移民规划编制情况

2011年6月,湖北省移民局出台了《湖北省大中型水库移民规划编制工作大纲(2011—2015年)》(以下简称《编制大纲》)、《湖北省大中型水库移民后期扶持规划(2011—2015年)编制细则》和《湖北省大中型水库库区和移民安置区基础设施建设和经济发展规划(2011—2015年)编制细则》(以下简称两个细则)。根据《编制大纲》要求,各县(市、区)后扶规划编制工作于2011年9月底完成,经当地人民政府审批后报省移民局备案;两区规划由市(州)人民政府汇总审核后,于2011年10月底完成报省移民局审批。

2012年6月,湖北省政府批复了由湖北省移民局编制的《湖北省大中型水库库区和移民安置区经济社会发展"十二五"规划》。但是需要指出的是,湖北省后期扶持规划正由省移民局组织汇总,目前还没有全省统一编制的省级移民后期扶持"十二五"规划;各地上报的两区经济发展项目规划正在审批过程中。

(三) 直补资金发放情况

湖北省原迁移民直补资金发放严格执行鄂政发[2006]53号文件规定,采取一卡(本)通的形式,实行社会化发放,一年分两次直接发放到个人。2011年,湖北省财政厅下拨直补资金55003万元,各地实际发放直补资金53910.2万元,资金发放率达到98%。

从抽查的情况看,截至2011年底,省级财政分两次下拨到47个监测县(市、区)的原迁移民直补资金42665万元,各县(市、区)实际发放直补资金40950.5万元,账面留存(结余)1714.5万元;实际监测的直补资金发放率为96%,其中有18个县(市、区)的直补资金发放率达到100%,但有5个县(市、区)的直补资金发放率在90%以下。

(四) 增长人口项目实施情况

2011年,湖北省继续执行增长人口实施项目扶持政策,后扶项目采取村组规划、乡镇申报、县级批复、省级备案的方式。当年湖北省财政累计下拨增长人口扶持项目资金55371万元。计划实施后扶项目8300个,实际完工项目7138个,年度完成投资47619万元,项目完成率为86%。

从抽查的情况看,47个监测县(市、区)2011年度后扶项目计划投资48608.37万元,涉及后扶项目6508个,完成投资42164.56万元,实际监测的投资完成率86.74%,其中有23个县(市、区)全部完成了2011年度增长人口项目计划,但有5个县(市、区)的后扶项目计划年度完成率在50%以下。

(五) 两区项目规划实施情况

2011年,湖北省两区项目规划继续采取县级申报、省级审批的方式。当年省级财政累计拨付两区项目规划移民资金45894.6万元,其中安排2011年度两区项目计划资金37816.8万元,另补拨2010年度两区项目资金8077.8万元。全省计划实施两区项目

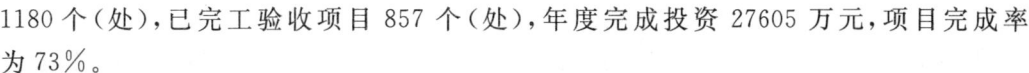

1180个(处),已完工验收项目857个(处),年度完成投资27605万元,项目完成率为73%。

从抽查的情况看,47个监测县(市、区)2011年度计划实施两区项目918个,计划资金26436万元,当年实际完成项目667个,投入资金17608万元,项目完工率72.66%,资金完成率66.61%。其中有21个县(市、区)的年度项目和资金计划完成率均达100%。但也有极少数县市由于南水北调搬迁等原因,两区项目实施进度较慢。

(六) 项目管理情况

移民后期扶持的项目分为增长人口后扶项目和两区经济发展规划项目。项目管理包括立项管理、计划管理、招投标管理、合同管理、施工监理、验收管理、预决算管理、档案台账管理等多个方面。目前湖北省移民后期扶持的项目管理基本规范。

从抽查的情况看,在200个样本村的423个项目中,达到招投标标准的37个项目全部按要求进行了招投标;达到施工监理标准的20个项目也全部进行了监理;有施工合同的项目397个,占抽查项目总数的93.85%;有工程施工方案的项目395个,占93.38%;项目立项征询移民意愿且有移民民主表决的项目390个,占92.20%。

(七) 资金使用管理情况

2011年,湖北省共筹集到各类移民后期扶持资金174017.9万元。其中:(1)国家下拨资金156400.8万元;(2)湖北省筹措资金17617.1万元。湖北省当年已累计使用移民后期扶持资金159988.6万元。其中:(1)省财政下拨后扶资金110374万元。包括直补资金55003万元,增长人口项目资金55371万元。(2)两区规划项目资金45894.6万元。(3)其他资金3720万元。

从抽查的情况看,各县(市、区)资金使用比例最高的是原迁移民直补资金,其次是增长人口项目资金和两区规划项目资金。湖北省移民后扶资金的拨付、使用和管理情况总体良好,资金运作较为安全。但是仍然存在县级报账制执行不到位、票据管理不规范的现象。

二、评价、问题与建议

(一) 总体评价

本次监测评估以湖北省15个市(州)、47个县(市、区)、200个移民村为样本进行了抽样调查,结果显示,移民收入稳步提高、生产生活条件得到改善、两区社会基本稳定。其中移民样本户2011年人均收入为5694元,比2010年的5082元增加了612元,增幅为12.04%。同时,移民群众对后扶政策实施情况的总体评价较为满意。

(1) 后扶政策评价。2011年,移民对后扶政策的满意度有了大幅度的提升,达到了94.4%。其中,"很满意"为21.4%、"满意"为73%,分别比2010年提升12.8个百分点和

11.7个百分点。究其原因,主要是湖北省从2011年3月开始,集中3个月时间在全省开展"万名干部进万村入万户"活动,组织省、市、县三级26460名干部、8550个工作组,遍访全省26018个村、1062万农户,向群众广泛宣传包括后扶政策在内的党和政府的各项方针政策,群众对于后扶政策有了更加深入的认识和体会。

(2) 资金发放评价。在接受调查的移民中,对资金发放评价为"满意"和"很满意"的达到93.5%。在调查过程中,很多移民认为后扶直补资金直接到人,没有中间环节,公开透明,能直接贴补生产生活开支,是看得见摸得着的政策实惠。

(3) 项目实施评价。移民对项目总体来说非常满意,其中"满意"和"很满意"比重为92.8%,只有4.7%的移民对项目"不满意"和"很不满意"。说明项目在计划实施过程都比较规范,符合大多数移民的愿望和要求,后扶项目比较得民心。

(4) 实施效果评价。后扶政策实施以后,移民普遍感觉增加了收入,提高了生活水平,移民村的水、电、路等配套设施较之以前有明显改善,移民对后扶政策实施效果较为满意。调查显示,移民对2011年度后扶政策实施效果满意度达到92.9%。

(二) 问题

(1) 对项目扶持方式和直补标准的政策性问题,部分监测县(市、区)移民机构和样本村移民群众均有意见反映。部分县(市、区)移民机构认为,对于一些后扶人口少且分散的移民村组,现行的增长人口项目扶持方式,其操作难度大,效果不明显。另外,随着物价的上涨和人们生活水平的提高,大多数原迁移民普遍希望国家能够提高直补资金标准。

(2) 三峡库区基金封闭运行人为制造了社会不公,带来了较为严重的移民攀比心理和移民矛盾。三峡库区基金只用于安置在三峡库区四个县的移民身上,同样作为三峡工程的移民,迁移到三峡库区之外的群众却无法享受三峡库区基金。因此,安置在其他县市的三峡移民,例如枝江市、当阳县、公安县、荆州区的移民产生了强烈的社会剥夺感和不公平感,经常为此上访。由于这部分移民频繁上访,为了平息移民矛盾和移民攀比心态,相关部门并未将这笔福利补偿款下发给三峡库区四个县的移民。于是造成这些移民怀疑地方政府私下侵吞了这笔资金,相互联合起来上访,转而发展成政策衍生问题。三峡移民普遍对这项特殊的区域性政策感到不满,向监测工作者倾诉抱怨。这些不满和对立情绪如果任其发展,就可能影响到社会和谐。

(3) 少数县(市、区)原迁人口核减制度执行不到位。2012年度所监测的47个县(市、区)基本做到了每年一次人口核减,但也有个别地方未能严格执行年度核查。如仙桃市自2006年人口核定后就不曾核查过,历年已自然减员的移民家庭直至今年依旧享受原迁人口直补政策,移民局称继续发放的理由是移民家庭太过贫困。这种死亡不减的直补资金发放方式违背了湖北省后扶政策和相关文件规定,也容易引起移民间的攀比和矛盾。

(4) 核减原迁人口形成的结余资金(账面留成)缺乏使用规定和监管依据。湖北省移民管理机构并未对核减原迁人口形成的结余资金如何使用作出具体、明确的政策规定,所以各地对这部分结余资金的使用方式各不相同。监测情况显示,部分地方因漏登、漏报人口与自然减员平衡后,形成较大额度的直补结余资金,有的地方将这些资金滞留在财政账上,有的地方已将这些资金转入项目扶持。尤其是扶持项目的,各县(市、区)根据各自的情况临时投向某些项目,导致资金使用缺乏监管,资金使用效益也有待核实。如宜城市结余的资金335.66万元以"撒胡椒面"的形式,分散使用到各个有计划资金的后扶项目中,这些资金究竟是否用于移民急需解决的现实性生产生活问题,资金能否对移民后续发展发挥带动作用,需要对其进行跟踪监管。

(5) 项目审批和资金划拨速度滞后。各地普遍反映"两区"计划省里批复较晚,有时甚至到年底才批复,后扶和"两区"资金近两年都很晚才下拨,有时还跨了年头。另外,省移民局下达项目计划与财政厅项目资金计划有些不对应,使得下级无所适从。

(三) 建议

1. 创新后扶管理模式,积极推进后扶政策实施的标准化与量化管理

湖北省各级政府和移民部门按照党和国家水库移民后扶工作"政策兑现、资金安全、移民满意、社会稳定"的目标要求,做了大量艰苦细致、卓有成效的工作,保证了全省大中型水库移民后期扶持政策实施状况逐年向好发展。但是在监测评估中发现,移民后扶管理的方式和方法还需要不断完善和创新,针对2006年制定的《湖北省大中型水库移民后期扶持基金使用管理暂行办法》(鄂财社发[2006]108号)、2007年制定的《湖北省大中型水库移民后期扶持项目管理办法(试行)》(鄂政办发[2007]118号)过于简单、可操作性不够,监测县(市、区)的移民管理部门普遍希望修改和完善这两个办法,出台较为具体的移民后扶政策操作规程,建议以标准化与量化管理指导移民后扶工作。

创新管理模式,加快后扶政策实施与管理的标准化建设有利于规范政策执行行为,有利于统一考核与评估,还有利于消除政策不统一带来的各种矛盾。我们认为,这项工作的时机已经成熟,且刻不容缓。首先,各地都有这样的强烈愿望。希望省里具体明确政策,统一考核奖惩。其次,经过后扶工作第一个五年规划期的实践,各地对后扶政策实施的流程、办法、基本工作规律及现实问题等已基本了解。最后,目前正是"十二五"规划的头两年,进行标准化建设对指导和规范后期工作大有裨益。另外,监测评估中心近几年对此类问题有了一定的研究,并在指标体系方面进行了设计。

加快后扶政策实施与管理的标准化建设。一是必须对政策本身的各项规定、要求,通过细则或办法予以明确、具体。如后扶政策中项目管理细则、资金管理的具体办法、人口核定的实施细则等。二是要有规范统一的量化考核指标。三是要有定期的考核评估行为。四是必须建立于标准化、量化考核与评估相匹配的奖惩机制。

2. 适当调整和完善移民后扶政策,积极探索移民后扶方式

首先是人口核定办法。由于水利工程建设和人口迁徙、生命更替等各种社会原因和自然原因,各地移民人口不断产生动态变化是正常的。后扶人口核定中的国家对省、省对县(市、区)的"增人不增,减人不减",县(市、区)对村的"增人不增,减人要减"的刚性规定,适用于后扶政策实施初期统筹管理的实际,但随着移民后扶政策实施的管理体制机

制不断完善,这种同一问题、不同层级的政策口径差异,增加了后扶政策实施的实际工作难度,还有可能累积成新的问题,应从实际出发择机进行政策调整,现在有条件、也有能力做到按"增人要增,减人要减"的口径进行移民人口核定,从而避免政策惰性产生连带问题。建议在"十二五"规划期内,再进行一次全面的人口核查,把过去多登多报、漏登漏报以及自然减员、新增移民等因素造成的移民人口动态变化情况摸清核准,从而解决一些地区直补资金短缺的问题,减少一些地方直补资金结余量较大并呈持续增长态势的问题。

其次是统一后扶政策和扶持方式。三峡库区外迁移民及其安置地干部反映,对三峡库区基金封闭使用表示不解,认为应在支持两区项目的政策上平等均衡,惠及所有三峡移民。同时,湖北省各地后期扶持方式的不一致也已带来地区间移民盲目攀比、效仿和一系列社会矛盾。如果没有制度干预,矛盾波及的范围和强度可能日趋严重。对项目扶持方式和扶持标准的政策性问题,少部分监测县(市、区)移民机构和样本村移民群众均有意见反映。建议组织开展专题研究,进一步调整和完善湖北省各项移民后扶政策及管理办法。

3. 高度重视移民稳定工作的复杂性,对特困移民群体还需特别关注

在当前加快转变经济发展方式、全面建设小康社会的形势下,要高度重视移民心理、心态变化,各类扶持政策既要充分体现人性关怀,注意各类政策的连续性、可衔接性,又要加强政策宣传解读和移民的教育引导,特别要注意在移民群体中实际存在的攀比心理、身份性抱怨心态和对政策的依赖性,动员全社会各方力量参与移民后扶的相关工作,以更有效的措施和手段、更加包容的政策环境去化解矛盾、维护稳定。

对特困移民群体还需特别关注。由于历史的原因,移民搬迁缺乏科学规划,搬迁仓促,补偿标准很低,绝大部分移民就地后靠,依山傍水而居,山水分隔,居住环境恶劣;大量耕地、山林被淹,生产资料严重匮乏;经济社会发展非常滞后,还有一定数量的移民生活十分贫困。特别是一些老、边、远库区的移民,国家对他们的补偿还是有欠缺的。据统计,湖北省大中型水库农村移民特殊困难群体尚有188111人,占移民总人数的9.6%,其中:山洪地质灾害影响移民55711人,困难移民127987人,水上漂移民4413人。湖北省的特困移民群体主要来源于大别山区、秦巴山区、武陵山区、幕阜山区,其中幕阜山区是省委省政府根据国家扶贫纲要精神确定的省级连片特困山区,涉及阳新、通山、崇阳、通城四个县。能否解决好这些特困移民群体的脱贫致富问题,将影响湖北省建成小康社会的总体目标,而湖北的财力很难在短期内具备解决这些问题的实力,为此,建议国家在政策和资金上给予湖北以特别的支持,帮助湖北解决好特困移民群体的长远发展问题。

4. 准确把握移民后扶工作的阶段性目标,培育特色产业,增强"造血"功能

"留得住、能发展、可致富",是湖北省分步实施移民后扶政策的基本要求,符合移民在不同阶段生存发展的渐进需求。前五年是后扶初期阶段,主要目标是解决水库移民的温饱问题以及库区和移民安置区基础设施薄弱的突出问题。现在正在实施的"十二五"规划期是中期阶段,主要任务是改善移民生产生活条件、提高移民谋生素质,全面改善库区和移民安置区基础设施,为移民安稳致富奠定基础。远期(2016年以后)目标是库区和

移民安置区经济社会发展条件同步实现小康社会水平,移民群众安稳致富。最近,在湖北省南水北调中线工程丹江口水库移民搬迁安置工作表彰暨帮扶发展动员大会上,省委书记李鸿忠针对南水北调新移民帮扶工作又提出了新的目标要求:"一年基本稳定,两年安居乐业,三年安稳致富",尽管这个要求很高,但从认识论的角度看,稳定、安居、致富是移民在二次创业中三个渐进的期望值,有显著的阶段性特征。政府和参与移民后扶工作的各方力量,都要转变观念,认识、把握好移民发展的阶段性规律,把握好"两区"发展水平与社会发展水平必然从差异趋向同步的规律,把促进移民安稳致富作为实施后扶工作的根本目标,统筹兼顾移民群众的现实利益和长远利益。在实际工作中,要善于运用典型引路的办法,将移民集中安置村发展成为新农村建设的示范村,建设环境优美、设施完备、管理规范、服务齐全、生活丰富的文明小区,提高移民的生活质量。要高标准规划小村庄建设,逐村制订切实可行的建设方案和年度计划,分步实施,因地制宜,分类指导,从环境卫生入手,逐步改善文化活动设施、医疗卫生设施、社会服务设施,加强内部管理,每年建成几个示范村。还要用典型引路的办法引导移民群众转变思想观念,用事实告诉大家,只要我们共同努力,小康生活水平和小康社会的目标一定能够实现。

重点支持具有可持续性的民生发展项目。按照湖北省政策规定,对新增移民每年人均实施500元项目扶持,前五年新增移民扶持项目重点是解决移民村组的道路、排灌、饮水、农田改造等基础设施问题,不仅使移民群众直接受益,对改善当地群众生产生活条件也起到了很大作用。第二个五年,库区和安置区基础设施条件将大为改善,在继续解决好移民最关心、最直接、最现实问题的同时,应把投资重点转移到生产发展、技能培训、环境保护等具有长期效应的方向,促进移民持续增收、提高谋生素质、提升生活质量。

从中长期目标看,解决好移民问题,根本的出路在发展,关键在增强移民及移民村的自我发展能力,促进移民增收致富。今后一个时期,要特别重视引导、扶持库区和移民安置区培育特色产业,增强"造血"功能。单一的"输血"式资金扶持和"一亩五分地"小生产模式,很难从根本上改变移民村发展滞后的现状,只有依靠市场和行政相结合的手段,因地制宜发展产业化经营,扶持移民发展生产性项目,逐步增强移民自身"造血"功能,才能实现促进移民安稳致富的目标。例如,山区和丘陵地带,应依托山林优势,大力扶持发展特色种植业,扶持移民发展柑橘、蜜柚、油茶、中草药种植等产业;平原和湖区,可以依托交通、水面资源,大力发展特色养殖业,扶持发展精养鱼池、黄鳝、龙虾和鸡、鸭、鹅家禽养殖以及莲藕、菱角等种植;城市近郊和毗邻地带,可以依托市场优势,大力发展特色产业项目,扶持发展农副业产品加工、农机具经营与维修、农产品流通、农家乐餐饮等产业。培育特色产业必须因地制宜,关键在于基层政府的科学规划、村组干部的示范引带、移民群众的积极配合三个方面形成合力。

5. 关心基层移民机构的困境,加强移民干部培训,提高从业人员的素质与管理水平

基层移民机构既是实施移民后扶政策的组织者,又是处理、解决移民矛盾的焦点部门,还是移民发泄情绪、申诉抱怨的直接对象,他们承受着来自各方的压力,而且收入较低,身心疲惫,需要各级政府给予重视和关怀。建议强化落实14部委[2010]2978号文件精神,由政府牵头,加强部门联动,调动更多的社会力量和资源参与移民后扶工作。特别

要细化移民后扶工作的内容和流程,明确政府各部门,尤其是移民和财政部门间的管理内容、边界、程序等,明确各地各级移民机构关于后扶工作的强制性信息沟通机制,在实施移民后扶政策的各个方面,真正建立起以事为中心的多部门协作、联动、互补的权责运行机制。另一方面,各级政府要加强对移民加入农村医保、社保等社会保障体系的监督管理,让移民充分享受社会保障,逐步引导移民对后扶政策从依赖性心态向优越性感受转变。

移民后扶工作政策性强、工作量大、知识涉及面广,对从业人员的政策水平、业务素质要求较高,从湖北全省的移民管理部门的人员编制、结构看,人手不足、人才有限仍然是制约移民后扶工作效率的瓶颈。建议省级移民管理部门加强后扶业务培训,在改善队伍结构的同时,增强基层调研,有针对性地全程跟踪和现场指导不同类型扶持项目,对不同类型的项目建立完善扶持项目管理细则和易于操作的项目实施流程,提高发展性扶持项目的管理水平,确保各类工程质量和效果。

关于加强湖北省大中型水库移民后期扶持工作的思考

稽 雷*

2006年5月,国务院出台了《关于完善大中型水库移民后期扶持政策的意见》,决定对纳入扶持范围的移民每人每年补助600元,连续扶持20年。七年来,湖北省积极贯彻落实大中型水库移民后期扶持政策,取得了一系列工作成就,但也存在着尚需发展和完善的方面。以下笔者结合参加湖北省实施大中型水库后期扶持政策监测评估工作的实践,从管理、经济、社会、资源与环境等方面就如何加强湖北省大中型水库移民后期扶持工作谈点看法和体会。

一、创新后期扶持管理方式,提高管理水平和绩效

建议创新后期扶持管理方式,在项目和资金的管理方面采取措施,加强监管,提高项目管理水平和资金的使用效率,具体措施包括:

(一)创新后期扶持管理方式,积极推进后期扶持政策实施的规范化管理

湖北省各地移民部门在后期扶持管理中,积极大胆地探索创新扶持方式,如股权投资方式、土地流转方式、投资办厂方式、集中资金"推磨转圈"方式等。接下来应该积极跟踪调查研究,规范其运行方式,积极推进后期扶持政策实施的规范化管理,以促进后期扶持政策效果的持续发挥,可采取的措施包括:(1)必须对政策本身的各项规定、要求,通过细则或办法予以具体明确,如后期扶持政策中项目管理细则、资金管理的具体办法、人口核定的实施细则等;(2)要有客观科学的量化考核指标;(3)要有定期的考核评估行为;(4)必须建立与规范化考评相匹配的奖惩制度。

(二)定位市级机构职能,充分发挥市级移民管理部门的作用

计划的直报(县—省)与财政资金的直达(省—县)使市级移民管理部门在思想上产生被边缘化的错觉,这种错觉削弱了市级移民管理部门的主动性,导致市级移民管理部

---

* 稽雷,湖北经济学院法学院社会学系副教授,河海大学博士后。

门在职能定位上始终没有跳出传统的"圈圈"（管计划、管资金），在管理行为上仅限于协调和服务功能。事实上，后期扶持政策的许多文件都强调了市级移民管理部门的职能。针对后期扶持政策实施现状，建议将市级移民管理部门明确定位为：规划与协调职能、计划初审与备案职能、检查督促与整改职能、培训与考评职能等。

（三）完善后期扶持统计制度，促进后期扶持政策实施状况的监控

各类统计月（季、年）报是进行分析、控制和研究决策的重要手段。湖北省移民局过去几年在推行网络系统化建设过程中虽然设计了各类统计上报数据内容，但推广应用极为有限。而在水利部要求上报统计数据的系统中，各地均反映统计报表系统存在系统不完善、内容繁杂乱、上传数据难、掉线很频繁等诸多问题。因此，统计上报制度比较薄弱。规范的后期扶持统计报送内容应涵盖后期扶持政策实施的各个方面，具体应包括后期扶持人口变动数据、直补资金动态数据、规划进度数据、计划执行数据、受益状态数据、管理基础数据等内容。

（四）出台后期扶持监测评估纲要，推进监测评估工作的常态化与标准化

2011年，国发农经[2011]1033号文，财政部财企[2011]303号文对我国各地开展后期扶持监测评估工作及其经费列支等作出了一系列原则性政策规定。然而，湖北省对如何结合本省实际情况开展监测评估工作，目前仍然处于探索阶段，为进一步提高湖北省监测评估工作的效果，促进监测评估工作的常态化、标准化、稳定化，省相关部门应尽快出台湖北省监测评估工作纲要，以便具体明确湖北省监测评估的目的、任务、权责、承担条件与方式、开展范围等内容。

（五）加强移民干部培训，努力提高从业人员的素质与水平

移民后期扶持工作政策性强、工作量大、涉及知识面广，对从业人员的政策水平、业务素质要求较高，从湖北省移民管理部门的人员编制、结构看，人手不足、人才有限仍然是制约移民后期扶持工作效率提高的瓶颈。因此建议移民管理部门加强后期扶持业务培训，在改善队伍结构的同时，增强基层调研，有针对性地全程跟踪和现场指导不同类型扶持项目，对不同类型的项目建立完善扶持项目管理细则和易于操作的项目实施流程，提高开发性扶持项目的管理水平，确保各类工程质量和效果。

（六）明确各部门职责，促进后期扶持工作的协调与联动

政府牵头，多部门联动的移民后期扶持工作管理体制和机制在执行过程中，确实容易带来很多问题，诸如牵扯、拖拉、推诿、责任不清、边界不明、沟通不畅等。建议细化移民后期扶持各项管理的内容及流程，明确各部门尤其是移民和财政两部门的管理内容、边界、程序等，同时明确各地各级移民后期扶持管理信息强制沟通机制，构建以事为中心，以移民主管部门为基础，以相应部门配合监督、审核为支撑的权责运行机制。

二、大力发展库区和移民安置区经济,提高移民收入水平

应重点研究和加强后期扶持政策对移民群体收入和消费的拉动作用,例如发放小额贷款、对移民从事个体经营提供优惠政策、提供项目扶持和就业指导、通过后续产业规划和发展以提高移民收入水平等,具体措施包括:

(一)加强库区和安置区基础设施建设,改善移民基本生产生活条件

基础设施建设是库区和安置区经济发展的最基本条件,是经济发展的硬环境。一个区域的经济发展,没有良好的基础设施条件是不行的。加强库区和安置区基础设施建设要做到:(1)加强基本农田建设,通过中低产田改造和土地治理,使移民人均耕地面积有所增长,有一份能够维持基本口粮的生产资料;(2)加强小型水利设施建设,切实解决移民人畜饮水和安全饮水问题;(3)加强道路交通建设,实现村村通公路,便道到农户,为发展农村物流提供条件;(4)加强电力和通信设施建设,通过农村电网改造和电视电话覆盖工程,逐步消除电视、通信盲区;(5)针对少数库区和安置区存在的特殊问题,有计划地改善教育、卫生和文化设施条件,推动移民改水、改厨、改厕、改圈,改善人居环境。通过加强库区和安置区基础设施建设,基本解决移民出行难、用水难、用电难、就医难、上学难等问题,为库区和安置区经济和移民的良性发展奠定良好的物质基础。

(二)完善水库移民后期扶持机制

在制订后期扶持项目规划时,在初期的基础设施等硬件建设达到一定程度以后,要偏向于提供技术服务和技能培训等软件建设上来,要能适应移民的实际需要,将增收发展作为项目扶持规划的突破口。此外,通过培训机构加强移民劳动技能培训,帮助和组织移民选择合适的职业,完成移民劳务输出,增加移民经济收入,实现人口与经济协调发展、城乡统筹协调发展。同时,把后期扶持与专业部门的规划结合起来,改善移民生产生活条件。在做好规划的前提下,把库区和移民安置区的基本农田改造纳入国土、农业部门土地治理工程规划;把人畜饮水纳入水利部门的案例饮水工程规划;把村组公路建设纳入交通部门的"村村通"规划等,通过移民后期扶持资金的匹配与专业部门的项目规划相结合,改善库区和移民安置区基础设施条件。

(三)转移移民富余劳动力

各级移民管理部门应加强劳动力外出就业的组织工作,加强管理和指导,保证劳动力有序、有效地向异地转移;加大智力投资,发展库区和安置区文化教育,加强移民技术培训,各级移民管理部门要充分利用好移民后期扶持培训资金,加强对移民的生产技术和工作技能培训,使库区移民的人力资本得到及时更新并增加存量。同时要鼓励移民从事集约生产和外出务工,特别是从事农业以外的生产经营活动,从而改变以往"靠天吃饭"的收入来源结构,提高库区和安置区劳动力市场经济意识和多种经营能力,增强富余

劳动力自谋出路的能力。把移民劳动力转移和生产实用技术培训与扶贫、农业部门的培训工程结合起来,为移民增收创造条件。例如,通过与农技培训部门的项目整合,广泛对移民进行良种良法、畜禽养殖、网箱养鱼、经果林栽培管理、沼气池建造等实用技术的培训,并在种畜、种苗、技术指导和推广、示范方面加强服务,提高移民的生产技能;通过扶贫部门、劳动保障部门的劳动力就业和职业培训项目的整合,采取"各出一点资金"的办法,加强移民劳动力订单培训,推进移民劳务输出,促进库区和移民安置区的剩余劳动力转移。

(四)创新农村金融体制,对移民能够受益的生产开发项目给予扶持

库区和移民安置区一方面经济发展相对滞后,移民增收渠道单一,另一方面也有丰富的水能、旅游、水面、矿产资源和独特的农业优势。针对库区和移民安置区移民发展生产的资金瓶颈,将水利建设、扶贫开发、城乡一体化建设和移民后期扶持等政策性资源和资金有效整合,合理规划、形成合力;重点突击、各个击破,充分发挥各种政策与资金最大综合效益。建立移民生产启动资金,实行项目管理,采取无息或低息贷款、到期偿还、滚动发展的运作模式,解决移民生产无投入的问题。也可以对移民生产开发项目进行资金补助,提升移民投资开发的积极性。

(五)调整农村产业结构,促进农业现代化

(1)发展特色农业,将粗放式经营转向集约型经营。因地制宜地做大做强现有特色农产品生产基础,充分利用高新工业生产加工技术,打造湖北特色品牌。

(2)实行"庭园集约化"。在以山区、丘陵为主的地带实行庭园集约化,合理有效利用资源,发展高效农业。要拓展庭园经济的深度和广度,在生产方式上,突出垂直空间多层配置、突出名特珍奇种养、突出综合经济效益。

(3)加强扶持和引导,构建名特产品的种植、养殖、储藏、保鲜、加工、运销、服务等高效集约化的立体生产经营形态。

(4)加大招商引资和移民对口支援力度,鼓励大型企业集团优先到库区发展产业,解决库区和移民安置区产业空心化问题。

(5)依靠市场和行政相结合手段,因地制宜发展产业化经营,扶持移民发展生产性项目,解决好移民增收致富的根本。政府部门要在项目规划、资金扶持、实用技术培训等方面予以实打实、一对一的帮扶,地方政府要出台相关优惠政策,鼓励本地外出务工经商成功人士回乡创业,吸引有志之士投资兴业,带领移民增收致富。

三、维护移民合法权益,建设和谐移民社会

在社会建设方面,建议维护移民合法权益,鼓励和引导移民公众参与,促进移民社会融合等,具体措施如下:

（一）完善利益协调机制，维护移民合法权益

水库移民的社会稳定问题，说到底还是一个利益问题。化解移民矛盾、防止移民不稳定事件特别是突发性群体事件的发生，构建和谐库区，需要有良好的社会利益协调机制，来调节库区和移民安置区社会的相关矛盾冲突，协调水利水电开发中涉及的各利益主体特别是政府、项目业主与移民之间的利益关系。

（二）完善诉求表达机制，规范移民诉求表达行为

不同的社会阶层、不同的社会利益群体、不同的社会成员，都有各不相同的利益和利益诉求。水库移民作为社会中的利益群体也是如此。当其权益主张在体制内不能解决时，必然会寻求体制外的救济，寻求无效后，群体性事件发生难以避免。因此，必须建立健全法制规范的社会协调和对话机制，引导各个社会阶层、社会利益群体和社会成员以理性、合法的形式表达自己的利益诉求。

（三）完善社会参与机制，维护移民的知情权、参与权和监督权

社会参与是指在社会公共管理中，公民对与自己生活密切相关的社会事务的参与，通过合法方式和相应程序介入决策的过程。水库移民是水库淹没影响的主要对象，是移民安置活动的主体，是水利水电工程建设的主要利益相关者，对工程项目开发建设、征地补偿政策、安置去向、安置方式、安置标准以及权利义务有知情权、参与权和监督权。这不仅是国家移民安置条例赋予的权利，是依法移民的必然要求，也有利于广大移民群众在参与安置去向、安置地点、安置方式的公共决策中，全面了解安置补偿政策和最关心的问题，通过正常渠道表达自己的诉求和意见，加强与政府的沟通，在理解和信任的基础上形成良好的合作关系，减少社会摩擦和纠纷。

（四）增加库区和安置区的投入，大力发展社会事业

应增加库区和安置区的基础设施经费的投入，大力发展库区和移民安置区的社会事业。具体包括提高库区和安置区学龄儿童的入学率和巩固率，在升学问题上对移民子女给予适当照顾，通过升学转移移民人口；推动城乡教育均衡发展；进一步提升新农村公共服务功能；完善农村医疗卫生和计划生育体系，繁荣库区农村文化事业；完善库区社会救济体系；加强农业实用技术推广等项内容。

另外，把改善移民生存条件与生态移民政策结合起来，实施移民二次搬迁。对就近后靠安置，至今仍居住在边远山区、生产生活条件恶劣的水库移民，利用国家异地搬迁扶贫政策，实施二次搬迁。在库区生存环境容量特别紧张的地方，只有实施生态移民，适当迁出一定数量的人口，才能从根本上缓解当地的人地矛盾，解决移民的生存条件问题，确保稳定脱贫。

（五）加强移民社会支持网建设，增加社会资本存量

社会支持网是指一群特定的个人之间的一组独特的联系。主要包括情感支持网、经济支持网等。它是一项防止移民贫困化并保证其安居乐业,促进移入地社区整合和政治安定的重要课题。① 加强移民社会支持网建设,可采取的措施包括:第一,在移民群众中建立各种娱乐性俱乐部,如篮球俱乐部、乒乓球俱乐部等,密切移民的情感联系;第二,建立行业性协作组织和互助组织,促进移民之间的经济联系;第三,培育移民社区的社会自治组织,扩大移民社会参与,提升移民的社区归属感。

(六)紧扣"四化"抓同步,力促移民转市民

党的十八大报告指出,要"促进工业化、信息化、城镇化、农业现代化同步发展"。这是基于对"四化"的重要性、关联度和存在问题的科学分析作出的战略决策。在库区和移民安置区的后期扶持工作中,要抓住"四化同步"协调发展契机,通过城镇化、农业现代化和新型工业化的发展,带动移民走出农田,走进工厂和企业。具体措施包括:第一,推进城镇化进程中,在编制规划、完善政策、建立机制方面下工夫,给移民进城就业、生活创造平等的机会与和谐的环境;第二,大力推进农业现代化进程,制定政策鼓励移民进行土地适度规模化经营,加快土地流转步伐,逐步将移民从土地上解放出来;第三,大力推进新型工业化,创造更多的就业机会,吸纳更多的移民劳动力。

四、综合开发利用资源,保护生态环境

在资源与环境方面,建议着重解决人多地少的矛盾,综合开发和利用农村各种资源,保护生态环境,确保人口、资源与环境可持续发展,具体措施如下:

(一)把环境保护纳入到移民后期扶持中长期规划

应根据库区和移民安置区生态环境的现状特点,把环境保护纳入到移民后期扶持中长期规划中逐步改变环境建设滞后于基础设施建设的现状,确立可持续发展的规划目标。例如,在制定库区和移民安置区后期扶持规划时,必须有与规划相适应的污水、垃圾处理等环境配套设施,绿化指标不低于国家规定标准,使生态环境保护规划切实成为库区和移民安置区后期扶持总体规划的重要组成部分。另外,在环境保护规划的制定中应充分吸纳包括环境学者在内的众多专家的意见,做到科学规划,客观公正,最大限度避免行政权力和相关利益群体干涉和左右规划专家的意见。

(二)加强库区和移民安置区生态环境建设

1. 加强对于森林资源的保护

移民后期扶持项目工程所需的木材尽量在较大范围内统筹解决,严禁乱砍滥伐,避免过重采伐。在库区和移民安置区进行植树造林,对需要恢复的森林植被充分兼顾森林生态效应和经济效益。根据库区和移民安置区的土地利用规划和生态环境建设需要,进

---

① 风笑天:《落地生根:三峡农村移民的社会适应》,华中科技大学出版社 2006 年版,第146页。

行植被恢复,营造经济林、护岸林、水土保持林、薪炭林等。另外在库区和移民安置区实行退耕还林,既可以有效地保护了库区林木,增加库区的森林覆盖率,又提高了移民的收入。①

2. 保护植被,防止水土流失

注意开发期水土保持,在开山建园、公路修建等过程中,应尽量减少对植被的破坏,挖出的土石方应尽快妥善处理,开挖后的坡面要及时采取生物和工程措施等。另外,要特别注意改进耕种技术,旱土坡地要改顺坡耕种为横向等高种植;造林种地要改全垦为穴垦、带垦;柑橘地等园地要间种、套种各类适宜作物、以增加土壤植被覆盖率。②

3. 加强水资源保护

具体措施包括:一是农业生产过程中应尽可能减少化肥,高残留、高毒性农药的使用,生活污水可采用沼气化粪池进行处理。二是建立饮用水水源保护区。在水源区取水点设置 100 米范围内的卫生防护地带,在防护地带范围内不得修建厕所、畜圈和垃圾场等污染水体的设施,并由供水单位设置明显的防护范围标志和严禁事项告示牌。③ 三是发展农村生态经济、循环经济、减少污染排放。农业生产活动中化肥、农药的施用对水环境等污染严重,是农业污染源中重要的部分,要研制高产、抗病虫害的新品种,减少化肥、农药的使用量,提高其利用率,对减少农业面源污染,此外,利用秸秆还田技术也能减少化肥的使用,增强土壤保肥、保水性能等,是农业循环生产模式的典范。强化对规模化畜禽养殖场的综合治理,推广畜禽养殖业粪便综合处理,鼓励建设养殖业和种植业紧密结合的生态工程。农村推广的沼气池工程,充分利用畜禽粪便等,既能生产清洁能源,保护环境,又能增加农田肥料。我们调研中看到,农户在山林地种植桃、杏等水果,在果树林中养殖鸡、鸭,鸡、鸭粪便为果树提供肥料,果树林又能为鸡、鸭提供部分食物,这样就形成了一个相对完整的循环产业链,对污染治理也起到了积极作用。四是农村经济能力有限,资金是制约供水、水污染处理等事业的主要因素。对于供水、水污染处理等公益性事业,需要以政府投资为主导,筹集民间资金为辅。我们需要注意的一个实际问题是,农村相对落后的条件较难以吸引社会资金,同时征收相关费用又会加重农民负担,这就需要投资必须以政府投入为主。目前水利部实施的农村人畜饮水安全工程为解决人畜饮水安全提供了重要保障。

4. 强化后期扶持项目环境管理,坚决杜绝新污染的产生

严格执行后期扶持项目环境影响评价,研究制定有效措施,对未审先建的后期扶持项目进行督办,督促办理有关手续。另外对建设项目的污染防治设施建设情况进行分类管理,重点督办。

---

① 嵇雷:《生态文明视域下的水库移民对环境的不利影响》,载《中南林业科技大学学报(社会科学版)》2013 年第 1 期。

② 贺建林:《试论移民对生态环境与社会经济环境的影响——以湖南省涔天河水库扩建工程为例》,载《云南环境科学》2000 年第 3 期。

③ 王应政:《中国水利水电工程移民问题研究》,中国水利水电出版社 2010 年版,第 221—222 页。

5. 在农村移民安置区改变以林草植被为主的能源结构,建设农村沼气池

推广建设沼气池可较好地解决农村生活能源问题,同时沼气池使用会产生良好的生态综合效益。沼气推广项目的实施,既可保护库区植被,改善卫生条件,又有利于调整农业产业结构,拉动畜禽养殖,提高土地生产力,开发优质绿色产品,实施"猪—沼—果"的生态农业模式,帮助水库移民脱贫致富,促进库区和移民安置区经济可持续发展。

南水北调中线工程对丹江口库区及汉江中下游区域农业和生态环境的影响与对策

樊　丹[*]

就南水北调中线工程对丹江口库区及汉江中下游区域经济社会和生态环境的影响等相关问题,湖北省农业厅组成专题调研组,进行了实地调研,与当地干部、群众进行了交流与座谈。我们认为,库区农业生产、民生发展、生态优化的实践证明:中线工程建设是利国利民的德政工程,其难点在移民,成败在水质,水质好坏在生态,生态关键在农业,农业重点在创建生态农业体系。加强生态农业建设,是确保一江清水北送,推进库区经济、社会、生态效益协调发展,实现"山青、水秀、民富、县兴"四赢目标的科学发展之路。

一、南水北调中线工程建设对区域农业的影响

(一)工程建设对丹江口库区农业发展的影响

十堰市作为南水北调中线工程的库区坝首、调水源头,其战略地位和重要性不言而喻。国家确定的7个核心水源区县市区中,十堰有5个,分别是丹江口市、郧县、郧西县、张湾区、茅箭区。十堰所辖的竹溪、竹山、房县三县被列为丹江口水库上游地区,是核心水源区的最后一道生态屏障。南水北调中线工程,有别于东、西线工程的工农业生产用水,也有别于三峡库区的能源用水,其主要功能是为京津塘地区提供生活用水。按照国家功能区规划,十堰市被列为限制开发区。南水北调中线工程实施给十堰农业发展带来很大影响。

一是人地矛盾将更加突出。十堰市辖五县一市二区,总人口351.03万人,其中农业人口250.77万人,占71.4%;版图面积3552万亩,占湖北省八分之一。其中,山场3000万亩,水域138万亩,耕地资源334万亩,素有"九分山水一分田"之称。耕地中常用耕地

---

[*] 樊丹,湖北省农业生态环境保护站副站长。本文是湖北省教育厅科技处重点项目:"南水北调中线工程核心水源区水源安全体制机制研究——基于农村饮用水国家新标准执行的实证分析"(项目编号:D20121902)的阶段性成果之一。

255万亩,人均常用耕地仅0.7亩,远低于全国1.43亩及全省0.96亩的平均水平。山区人均耕地量少质差有其历史和客观原因,国家重大工程建设也是重要成因。丹江口水库一期工程淹没、占用基本农田40多万亩;二期工程大坝加高蓄水后,将再次淹没好田好地23.8万亩和库区消落地30多万亩,仅此年减少粮食产能6亿斤以上,农民人平粮食减少240斤左右;为服务南水北调生态建设,已退耕还林202万亩坡地;"两淹、两停"(两次淹地、停耕还林、停种消落地)十堰共减少耕地285万亩,农民人平减少1.13亩。全市104个乡镇,半数以上几乎无标准基本农田。另外,按国家要求,丹江口库区核心水源区离库面1公里范围内不能耕种,涉及4500多平方公里国土面积,这就意味着耕地资源将进一步减少,耕地质量进一步下降,人地矛盾将进一步加剧。

二是农业产业发展任务加重。山区农业的比较优势在特色产业,农民增收的主要来源也是特色产业。二期工程建设,淹没农业特色产业基地30余万亩,其中果茶园18.9万亩,蔬菜基地13.8万亩,这不仅使农民年直接减少收入5亿多元,人均减收200多元,而且加剧十堰市蔬菜供应紧张局面;二期工程建设,不少优势特色产业受限。十堰市曾经是全国乃至世界上最大的黄姜生产基地,为保护水源区生态环境,百余家黄姜加工企业被关停,百万亩基地改种,百万姜农受损,仅此项年损失30多亿元。丹江库区是十堰市最大的水产养殖基地,截至2010年底,水产品总量54075吨。渔业产值47534万元,占十堰市总水产产量97%以上。实施"禁止库区网箱养鱼"政策后,将对库区水产养殖业和渔民生活造成巨大影响。中线工程建设,对特色产业开发提出了更高要求。山区农业产业发展面临着结构调整、产业转型和生产成本增加等巨大压力,农民增收将更加困难。十堰市是国家重点贫困地区,农民收入较低,2010年,农民人平纯收入3499元,比全省低1815元,比全国低1920元。发展生态农业,实现农民增收、农业增效任重道远。

三是农业面源污染防治任务加重。据普查,十堰市农村每年未经处理直接排放的人畜粪便排放量635万吨,生活垃圾排放量12.25万吨;2010年,化肥施用总量(折纯)11.69万吨,比上年增涨2.7%,亩平化肥用量达46公斤,其中30%以上未经有效利用流失到汉江河中;使用农药达3353吨,比上年增长25.1%,亩平高达3公斤以上,水源区农业面源污染已成为影响库区水质的主要因子。中线工程,对库区水质提出了更高要求,加大了农业面源污染治理难度。

南水北调给山区农业带来新的挑战和压力的同时,也带来不少新的机遇。国家高度重视水源区生态建设,加速推进了山区农业发展方式转变和农业产业结构调整,促进了生态农业新技术、新品种、新模式的应用推广力度,这为发展无公害农产品、绿色食品和有机食品打下了良好基础。

(二)工程建设对汉江中下游地区农业发展的影响

汉江中下游地区在湖北处于承东启西,南北过渡地带,气候兼有山区与平原的特点,自然资源极其丰富。该区域是湖北精华所在,在经济社会发展中具有十分重要的战略地位,是中国重要的粮棉生产基地和淡水养殖基地之一,其中江汉平原素有"鱼米之乡"的美称。汉水直接流经的市县有:老河口市、谷城县、襄樊市、襄阳县、宜城市、钟祥市、潜江市、天门市、仙桃市、汉川县、武汉等县市。其中核心干流区两岸有19个市县区,2.73万 km²,人口1138.1万人,耕地面积69.82万 hm²的区域;示范辐射区为除核心以外的3.5万 km²的区域,区内有15个市县,人口604.32万人,耕地面积40.37万 hm²。我们初步分析,工程建设对汉江中下游地区的影响主要在三个方面。

一是农产品产地质量安全隐患大。南水北调中线工程建成后,将从汉江调去1/3的水量,年平均调水量约145亿 m³,调水将会使丹江口水库下游水流量减少30%—40%,流速变缓,即使在污染负荷不变的情况下,下游各江段环境容量平均损失率将为32.3%,直接导致汉江污染加重,直接影响周边农区灌溉水质。据初步统计调查,原有工业废水导致的农业污灌区面积已达到20万亩,汉江污染加重必然加重污灌区危害,农业污灌区最致命的危害就是农产品产地土壤重金属污染,重金属污染具有持久性、复杂性、难降解等复合特征,直接危害农产品质量安全和人民群众身体健康。2011年,国务院已经批复了《全国土壤重金属污染防治规划》,农业部在湖北、湖南、四川、安徽等省份启动了农产品产地土壤重金属污染监测与防治试点工作,汉江中下游地区襄樊市、孝感市、潜江市等地被划入了重点监控监督区域,从我们初步调查监测结果来看,形势不容乐观。

二是渔业生产影响大。无论从坝下还是坝上调水,都将影响汉江中下游的淡水养殖业。若从坝上调水,会丧失库内的淡水养殖业。如汉江中游以浮游生物为主食的小型鱼类将锐减或消失,"四大家鱼"繁殖期也将受影响。由于生态环境变化,汉江中下游仅有的经济洄游鱼类鳗鲡、长颌鲚以及珍稀鱼类胭脂鱼、白鲟等,可能将遭到灭顶之灾。据调查,汉江鱼群种类共计118种,较常见的经济鱼类有:鲤、鲫、长春、青鱼、草鱼、鲢、赤眼鳟、鲶、鳜及鱼等。丹江口大坝加高后正常蓄水位170米,按设计初期每年调水145亿立方米,水库由年调节成为多年调节水库,下泄水主要通过发电机组,一般离水面下30米处,该水层通常无浮游生物,常年水温在10—15℃。这样,坝下江段缺乏库面水中浮游生物的补充,靠其外源带入数量较少,所以襄樊以上江段鱼类将是以流水生物与底栖生物为主要食物的小型鱼类,如吻鱼句、类、黄颡鱼等占主要成分,而大型摄食浮游生物的鲢将锐减或消失,整个汉江中游的渔获量较调水前有所下降。

三是农区灌溉破坏大。据中科院测地所野外实地调查,汉江中下游灌区国土面积20083.81平方公里(其中含规则面积919.83平方公里),其中旱地面积52.48万公顷,水田面积69.49万公顷。汉江中下游灌区土地肥沃,农业生产水平较高,是我国粮、棉、油的商品生产基地。但由于汉江枯水水位变化大,流域内降水量分配不均,旱涝灾害比较严重。由于目前汉江河床下切,调水后汉江干流水位下降,引水条件趋于恶化,引水量明显减少,由此将直接影响整个灌区农业生产及农业生态环境。

二、南水北调工程对促进汉江中下游地区农业在与农村生态发展的思路与启示

南水北调给丹江口库区及汉江中下游地区农业带来新的挑战和压力的同时,也带来不少新的机遇。抢抓新机遇、迎接新挑战,应当统筹协调,科学施策。

树立科学发展观,把生态农业建设作为统领丹江口库区及汉江中下游区域农业农村经济发展,转变农业发展方式,促进农业产业转型的重要战略。立足于丹江口库区和汉江中下游农业发展的整体布局与资源特点,因地制宜,从建设农业强省和区域农业产业发展"一盘棋"全面协调发展的视角,做好丹江口库区和汉江中下游生态农业发展中长期规划和年度计划,把生态农业建设作为政府行为推行,坚持"一张蓝图一支笔,一代接着一代画"。建立生态建设、农民增收、扶贫开发三个长效机制的科学发展路子,大力发展高效生态农业和循环农业,大力发展生态食品加工产业,大力发展生态旅游产业,促进生态农业产业化、规模化和市场化,推进农业生态经济做大做强,实现区域内生态、经济、社会效益的协调统一。

勇于实践创新,把实施农村清洁工程作为统筹城乡发展,改善群众生产生活环境条件的重要举措。农村清洁工程是农业部为缓解农业面源污染、保护农业生态环境而实施的重大项目。2005年以来,已在全国1000多个村试点示范。湖北省现有150多个试点村,其中部级试点村有48个。2006年,全国政协组织了"农村清洁工程"专题调研,通过大量实地走访、基层调查与农户座谈,给予了高度评价:农村清洁工程是一项解决农业资源浪费严重、农村污染加剧的治本之策;是惠及广大农村,事关农民切身利益的"德政工程"、"民心工程"和"鱼水工程";更是贯彻落实科学发展观,实现农村全面小康,建立资源节约型、环境友好型新农村的务实之举。丹江口库区及汉江中下游地区农村环境污染防治和保护措施亟待加强。长期以来,农村环保基础设施严重滞后,基本靠农民"自力更生"。实施农村清洁工程,加强田园清洁设施、家园清洁设施以及公共清洁设施等农村环保基础设施建设,是统筹城乡发展,建立丹江口库区及汉江中下游区域农村清洁生产生活方式,促进农村"三废"向"三料"资源化转化,控制农业面源污染的得力措施,势在必行。

引入市场机制,把品牌培育作为丹江口库区及汉江中下游区域提高农产品市场竞争力,促进农业增效、农民增收的重要手段。树立"创一个品牌、兴一个产业、富一方百姓"的思想,通过制定激励政策和扶持措施,建立政府引导、市场主导机制,促进生态农业的产业化和集约化,扶持农业产业化基地和龙头企业,以"一村一品"、"一乡一业"、"一县一业"为切入点和抓手,打造农产品精品品牌,提高市场竞争力,从而实现农业增效、农民增收。从十堰市多年实践来看,效果很好:截至2010年,十堰"三品"认证品牌已达142个,其中,43个有机品牌,6个品牌获得"国家地理标志保护产品",12个产品获得"湖北省名牌产品"称号,绿色有机农业基地达150多万亩,各类农业标准化示范园区18个,极大提高了山区特色农产品市场知名度和占有率。2010年,有机农产品实现产值15亿多元,出口创汇1200多万美元,占十堰农产品出口创汇70%以上,环境效益转化成了经济效益。在农产品品牌效益辐射带动下,至2010年,十堰市特色生态产业基地规模已达420万亩,总产值76亿元,占农业总产值的57.1%。特色生态产业对农民收入贡献率达到34.6%,特色生态产业产值与粮食产值之比已由"十五"初期的5:5调整到8:2,实现了历史性调头。

三、南水北调工程对促进汉江中下游地区农业在农村生态发展的对策与建议

一是积极争取,落实重点项目。积极争取国家重视,尤其是呼吁农业部设立专项资金,恢复组织开展全国生态农业示范县、示范园区、示范村的三级创建工作,优先在南水北调工程、三峡库区等重点流域启动实施;积极争取省政府重视,恢复设立生态农业财政专项,每年安排500—800万元,以政府投入为引导,争取多方投入,落实农村清洁工程、秸秆综合利用、畜禽养殖污染治理、生态农业与循环农业示范园区及其产业开发等重点生态农业工程项目;积极争取地方政府重视,把从事生态农业和农业面源污染防治技术研究、示范、培训列入县级以上政府同级财政安排的有关科技研究资金的扶持范围。

二是加强协作,创新工作机制。南水北调工程是一项系统而庞大的战略资源调配工程,要长期不懈努力的宏伟事业,是跨部门、跨行业的综合性重要任务。建议成立以南水北调办公室为主,发改、财政、农业、林业等多部门参与的协调工作领导小组,形成上下联动、各方协调的工作机制。南水北调中线工程涉及"三农"问题较多,要充分考虑农村、农业和农民的诉求,加大农业部门在政策研制、规划谋划和项目实施中的参与力度。

三是完善政策,探索生态补偿机制。在南水北调中线工程建设中,十堰丹江口库区农村贡献最大,农民损失最重,最需要关注与补偿;汉江中下游地区农业生产影响最大,最需要重视与扶持。国家已确定在丹江口库区实施生态补偿机制试点,并将补偿基金纳入中央财政预算。要积极呼吁争取在国家中央财政预算内的生态补偿资金中,至少安排50%资金用于农业生态补偿。另外,国家在京津塘地区征收的水资源费,应有一定比例返还丹江口库区,用于生态农业建设;对南水北调中线工程受益区,按照每调一方水征收0.1元的水资源消费补偿费,返还丹江口库区,用于生态环境建设;南水北调中线工程供水企业,应从水费利润中拿出一定份额,返还丹江口库区用于水资源生态建设。建议逐步建立政府引导、市场推进、社会参与农业生态补偿和生态环境建设投融资机制,按照"谁投资、谁受益"的原则,支持鼓励社会资金参与生态农业建设、生态农业产业开发、农业面源污染防治和农村环境污染整治的投资。要建立和完善农业生态补偿政策细则,重点明确补偿对象、补偿资金用途、补偿标准和方式等。

对禁产区农民,可按淹占一亩耕地或园地,扶持补偿新建三亩特色产业基地,也就是"淹一补三"的办法支持库区发展生态农业,以解决农民生存之本;对已建或者新建的规模化畜禽养殖小区,鼓励、支持企业建设配套的环保设施以及利用畜禽粪便生产生物有机肥,按照一定的比例(至少在80%以上)进行政府财政补贴;对禁产区与禁渔区群众可以采取一次性补贴地形式进行补贴;对库区鱼类增殖放流、特色产业、耕地复垦、农作物秸秆的综合利用、农业投入品废弃物的回收利用、地膜覆盖技术、生物农药和生物有机肥使用等环境友好技术的使用等,逐步实行农业生态补偿;鼓励农民自愿采用环境友好技术,减少农用化学投入品的使用,减少面源污染,确保有效控制各种农业污染,实现清洁投入,清洁产出。

四是加强技术与服务支撑体系建设。加强丹江口库区和汉江中下游区域农业产业化体系、农村社会化服务体系、农业科技支撑体系、农产品质量安全监管体系、农业生态文化体系、农业环保体系等六大生态经济支撑体系建设，把库区县市纳入国家乡镇农技推广体系、疫病防控体系、农产品质量安全体系建设试点示范县市。尤其是，应该参考三峡库区做法，在重点区域和生态敏感区，建立农业生态环境、农产品产地重金属和农业面源污染监测监控点，实行动态监控，形成南水北调工程生态环境影响年度报告制度，为科学预测区域环境发展趋势，优化农业产业布局和结构调整，促进区域农业持续发展提供支撑。

法律实施

"徒法不足以自行",在"良法"与"守法"之间,法律的执行与实施的重要性不言而喻。法律的实施既是一种行为、一个过程,同时也是一种结果。加强水资源法治,离不开规范的水资源执法,应该建立相应的决策支持系统,也需要司法功能的充分发挥。

河道(水库、湖泊)行政执法考核体系研究

高利红　周勇飞[*]

一、河道行政执法考核体系概述

2004年3月,国务院颁布了《全面推进依法行政实施纲要》,确立了建设法治政府的目标。国务院办公厅《关于贯彻落实全面推进依法行政实施纲要的实施意见》中明确提出:建立公开、公平、公正的评议考核制和执法过错或错案责任追究制;建立和完善行政机关工作人员依法行政情况考核制度,制定具体的措施和办法,把依法行政情况作为考核的重要内容;研究建立上级行政机关对下级行政机关贯彻《依法行政实施纲要》情况的监督检查制度;对贯彻落实《依法行政实施纲要》不力的,要严肃纪律,追究有关人员相应的责任;探索建立行政执法绩效评估、奖惩机制和办法。国务院办公厅《关于推行行政执法责任制的若干意见》指出:要建立健全行政执法奖励机制,对行政执法绩效突出的部门和人员予以表彰,调动其积极性,形成有利于推动严格执法、公正执法、文明执法的良好环境。

温家宝总理在2005年《政府工作报告》中指出:要以人为本、执政为民。牢固树立科学发展观和正确的政绩观,抓紧研究建立科学的政府绩效评估体系和经济社会发展综合评价体系。

2008年5月印发的国务院《关于加强市县政府依法行政的决定》明确提出:要建立依法行政考核制度,根据建设法治政府的目标和要求,把是否依照法定权限和程序行使权力、履行职责作为衡量市县政府及其部门各项工作好坏的重要标准,把是否依法决策、是否依法制定发布规范性文件、是否依法实施行政管理、是否依法受理和办理行政复议案件、是否依法履行行政应诉职责等作为考核内容,科学设定考核指标,一并纳入市县政府及其工作人员的实绩考核指标体系。

河道行政执法评议考核制度是评价河道行政执法工作情况,检验河道行政执法部门

---

[*] 高利红,中南财经政法大学教授、博士生导师,湖北水事研究中心常务副主任。周勇飞,中南财经政法大学法学院2012级博士研究生。

和河道行政执法人员是否正确行使执法职权和全面履行法定义务的重要机制,是河道行政执法责任制中重要的环节。河道、水政执法是行政执法中的重要组成部分,为了能够对河道、水政执法工作的评价考核进行全面的了解和分析,本文主要从整个行政执法评价考核体系构建的角度予以研究。

二、河道行政执法考核评价的功能

(一) 评价功能

评价功能,是指通过制定详细的评价考核指标,定期或者不定期,对河道行政执法部门开展的各项行政活动的内容、目的、结果、影响进行评价和鉴定。

借助考核评价指标,水行政主管部门能及时发现影响和制约河道执法机构或执法人员依法行政工作的薄弱环节、存在的主要问题及其根源,从而制定相应的对策,使河道行政职能部门依法行政工作目标更加明确。

(二) 考核功能

河道行政执法考核,是指对河道行政部门及其执法人员的依法行政行为依据部门标准及相关法律法规,进行考察和评定。

通过考核评价,能真实地反映河道水政执法部门及其执法人员的行政执法水平和能力,其考核结果与发现的问题可纳入综合考核的依据,同时也可作为奖励与惩处的依据。

(三) 引导功能

考核指标体系以依法行政相关的法律、法规等规范性文件为依据构建,通过对依法行政原则内涵的深入剖析和科学概括,将依法行政的内在要求分解、细化和量化,转化为若干清晰可辨、可以测评的指标,进而组成一个能够体现出对河道执法部门具有明确要求的指标系统,从而对河道行政执法部门及其执法人员开展执法活动进行引导。

(四) 教育功能

发挥考核评价机制的作用,可以及时发现河道执法部门及其公务人员在行政工作中存在的问题,从而督促其转变行政执法理念,加强法律、法规的学习,提高依法行政意识,进一步改进工作作风,促进服务型政府建设。

三、河道行政执法考核评价机制的基本原则

(一) 全面性原则

依法行政考核评价制度作为政府推动依法行政工作的重要抓手,必须能够发挥全面、客观衡量依法行政水平的作用。

在河道行政执法层面,依法行政考核评价制度必须能够涵盖水行政执法工作的各个方面,既包括河道行政决策科学化、民主化及合法性的考核,也包括河道行政规范性文件制定程序和监督管理情况的考核,同时要严格按照河道行政执法责任制要求,考核行政执法行为。考核制度的具体设计要随着依法行政的进程不断推进,以具体要求和努力目标为依据,不仅要实现对各考核对象依法行政的全方位监督,还要准确反映出不同阶段的河道法治建设情况,保证该考核评价成为河道法治建设的长期性推进动力。

(二)科学性原则

该原则又可细化为四项原则:(1)分类原则。根据考核对象的不同特点,确定分类标准,设计不同的考核评价指标体系,以保证考核评价结果具有可比性。(2)可操作性原则。考核指标应以客观性指标为主,减少主观裁量性指标;应以可操作性的量化指标为主,减少需要主体裁量的定性指标;应以能够通过基础台账自动生成的考核指标为主,避免能突击造假完成的指标;还应有能够反映被考核单位自身变化情况的一些增量指标。(3)动态性原则。依法行政考核应侧重对当年依法行政重点工作和基本制度建立健全方面的考核,通过不断地调整历年考核指标体系各部分的分值权重来保证考核对依法行政工作的实际推进效果。(4)规范性原则。考核程序的规范化程度是保证结果公正的关键。考核的依据应在每年年初公布,采用日常检查和年终考核相结合的方式。另外,还应建立"考核异议制度",考核对象如对考核结果不服,有提起申诉的权利,由考核主体进行复查。

(三)权威性原则

考核评价制度的权威性体现在:(1)考核评价的依据应当制度化,这是保证考核评价结果权威性的基础;(2)应建立考核结果公布制度,通过搭建行政执法部门与公众有效沟通的平台,更好地调动公众对政府监督的积极性,实现以对公众需要和满意度为着眼点的服务型政府和责任性政府的打造;(3)考核评价结果必须与奖惩挂钩,建立明确的责任追究机制,这是保障考核评价制度不流于形式的关键;(4)整合现有考核评价资源,科学处理好各种考核评价体系之间的关系,避免考核评价重复、交叉和多头进行。

四、河道行政执法考核的主体及其内容

根据国家相关法律、法规的规定,对于河道执法部门所开展的行政工作,实行双重考核体制:一是接受地方人民政府对其工作进行考核;二是接受其上级主管部门进行的内部考核。

实行双重行政工作考核机制的主要内容包括组织领导、行政决策、规范性文件管理、行政执法、行政监督等方面的情况。

(一)河道行政执法组织领导情况

(1)推进河道依法行政工作领导小组及工作专班的设立及适时调整情况;

(2) 落实河道依法行政第一责任人制度和将河道依法行政工作纳入全年工作目标部署的情况；

(3) 领导干部学法制度和行政执法人员培训制度的落实情况；

(4) 部门法制机构的设置、人员配备及其在部门依法行政方面的参谋、助手、顾问作用发挥的情况；

(5) 河道依法行政工作报告制度执行情况。

（二）河道行政决策情况

(1) 河道行政决策规则制定和实施情况；

(2) 重大河道行政决策采取听证、专家咨询论证等方式向社会征求意见的情况；

(3) 重大河道行政决策社会稳定风险评估制度实施情况；

(4) 发现并纠正河道行政决策存在的问题，调整、完善行政决策和责任追究制度落实的情况。

（三）河道行政执法规范性文件管理情况

(1) 规范性文件制定权限、程序制度遵循情况；

(2) 规范性文件有效期制度和"规"字编号制度的落实情况；

(3) 规范性文件备案、清理、修改、后评价等情况。

（四）河道行政执法情况

(1) 河道行政执法主体及其执法人员的资格确认、公示情况；

(2) 河道行政许可、行政检查、行政处罚、行政征收、行政强制的依据、权限、标准、程序、责任的梳理、规范情况；

(3) 河道行政执法职责履行情况；

(4) 河道行政执法行为文明规范、行政执法方式适当合理的情况；

(5) 河道行政执法责任制度、评议考核制度和责任追究制度落实情况；

(6) 河道行政执法案卷质量情况。

（五）河道行政监督情况

(1) 接受外部监督的情况；

(2) 接受专门监督的情况；

(3) 部门信息公开制度落实的情况；

(4) 接受同级人民政府和上级主管部门对抽象行政行为和具体行政行为监督的情况；

(5) 受理、办理行政复议案件和执行行政复议决定、行政诉讼判决或裁定的情况；

(6) 行政补偿、行政赔偿制度的落实情况。

五、河道行政执法考核中存在的问题

在河道行政执法考核评价方面,从目前国家及地方的法律、法规及相关规范性文件来看,我国行政执法评议考核制度的立法设置、考核主体、考核内容和考核方法都还存在一些问题,主要表现在:

(一)河道行政执法评议考核缺乏专门性的法律、法规依据

当前,河道行政执法评议考核在法律、法规依据方面存在的最大、最明显的缺陷即在于其专门性。

首先,目前绝大部分法律、法规及规范性文件将执法考核的内容规定在行政执法责任制的法律文本的条文中,并且多未设置独立的章节。而纵观行政执法责任制的法律规定,几乎所有的法律文本中都有行政执法评议考核的相关条文,但都比较原则、笼统且单独设立章节予以规定的较少,专门针对河道行政执法评价考核的依据则更加稀少。其次,关于行政执法评议考核的单独立法稀少。随着行政执法责任制的发展与完善,作为落实行政执法责任制的关键配套制度的行政执法评议考核制也得到了快速的发展。尽管如此,实践中关于行政执法评议考核的专门性立法仍不健全和完善。

(二)评价考核主体单一,缺乏科学性

根据国务院《关于推行行政执法责任制的若干意见》中对评议考核主体的规定,地方各级人民政府负责对所属部门的行政执法工作进行评议考核,同时要加强对下级人民政府行政执法评议考核工作的监督和指导。国务院实行垂直管理的行政执法部门,由上级部门进行评议考核,并充分听取地方人民政府的评议意见。实行双重管理的部门按照管理职责分工分别由国务院部门和地方人民政府评议考核。由此可见,我国目前的行政执法评议考核主体只有政府和所属行政执法机关,基本上局限于内部评议考核,属于行政机关自上而下组织的内部评议考核范畴,而西方国家广泛采用的电子政务公开也没有引入。这样的考评方式由于其过程的封闭性和缺乏监督,最终使得考评结果失真而降低其可信度。而关于考核方法,国务院《意见》中规定"行政执法评议考核可以采取组织考评、个人自我考评、互查互评相结合的方法,做到日常评议考核与年度评议考核的有机衔接"。而实践中,这些考评方法并未能得到认真地贯彻与落实。这说明我国目前行政执法评议考核的方式方法比较简单,自评、互查互评等方法未受到应有的关注与应用,导致了我国现行的执法评议考核模式缺乏科学性。

(三)河道行政执法评议考核制度不健全,运行机制不完善

1. 评议考核不严格,流于形式

首先,由于我国目前行政执法评议考核主要是在行政系统内部进行,考核主体和对象之间固有的行政隶属关系致使他们之间有着千丝万缕的联系,河道行政执法评议作为

行政执法行为的一个组成部分,自然也不例外。因此,在评议考核指标本身量化不到位的情况下,行政机关对其所属工作部门和下级行政机关的考核在部门利益和人际关系的影响下往往事与愿违、流于形式,对行政执法部门和行政执法人员不能充分发挥评价作用。其次,考核标准笼统是造成行政执法评议考核制在实践中难以操作、流于形式的另一个重要原因。我国行政执法评议考核的覆盖面广、层级面复杂,但考核标准却过于笼统单一。虽然一些细则对考核标准作过较为详尽的阐释,但由于工作性质特点的差异大,被考核对象之间缺乏可比性,使得考核者无所适从。对执法单位及执法人员考核时的优劣难以区分,必然导致考核结果失真而出现一种考核的"虚化趋势"。即评议考核缺乏实质内容而沦为形式,只具有象征性功能。最后,对待评议考核结果不严肃,致使考评工作失去意义。实践中,考评结果并未与执法人员的职务晋升、奖惩任免以及相关领导人的政绩与晋升相挂钩,也没有作为考核政府和部门工作的主要依据,导致考不考评、评好评差结构都一样。同时,对评议考核结果不服的救济制度也不完善。相关的法律文件中,只是规定了不服评议考核结果的,可以向原考评小组申请复议。而实践中,基本没有对评议不服的实际救济机制。这样使得评议考核制形同虚设,失去了此制度应有的威严和地位,当然也达不到评议考核设立的初衷。

2. 评议考核的主观随意性较大

尽管行政执法评议考核已在全国各级行政机关中建立并推行多年,但在实际运行中表现出较大的主观随意性,严重影响到考评工作的实效,具体到河道行政执法评议考核中,主要体现在以下方面:

首先,水行政主管部门领导对河道行政执法评议考核不够重视。当前,由于我国的行政执法评议考核整体机制还处于探索阶段,各种配套制度还不健全,因此,水行政主管部门缺乏有效的评议考核依据作为参照。实践中,河道行政执法评议考核工作的推进主要看具体领导人的态度,领导的重视与否直接决定着评议考核的推进。其次,河道行政执法评议考核主体即各级水行政主管部门,对评议考核工作不够认真、负责。河道行政执法评议考核的方式一般先由河道行政执法部门自查自评并给出评议分数,然后再将评议考核意见及相关材料报送由该级和上级水行政主管部门相关人员组成的执法评议考核小组或法制机构,接着便由考核工作小组或法制机构对考评对象进行组织考评。组织考评阶段通常又包括了社会评议在内的民主考评,该阶段完成后将几种类型的考评最后得分进行汇总并加权后就是考评对象的最终成绩。然而,由于考核标准量化不够细致具体,加上人本身自私的劣根性,往往自查自评的分值比较高。在组织考评阶段,考评主体与考评对象之间存在着比密切的关系,且往往考评组成员就是被考评部门的领导,尽管有形式上的回避制,但不可避免有照顾考虑。因此,考评结果缺乏客观公正性,不能完全客观公正的体现河道行政执法部门的执法能力和水平。

3. 评议考核工作规范性不强,制度设置的目的难以实现

规范性往往是衡量一项制度是否成熟可行的重要标准,然而河道行政执法评议考核制在实际运行中却表现出规范性欠妥的缺陷,主要有以下几个方面:首先,评议考核的组织机构缺乏专业性。实践中,河道行政执法评议考核的领导机构一般都为地方人民政府

以及水行政主管部门,由行政执法责任制工作小组来具体负责实施。而行政执法工作小组均是在党政一把手的领导下,由各部门的主要领导人组成的临时工作机构。由于他们身份的特殊性,使他们无论在专业方面还是在工作时间方面都不能满足考核工作经常化、专业化的需要。其次,评议考核时间极不确定。纵观我国目前各级行政执法机关的行政执法评议考核实践,有的月评、有的季度评、有的年度评。无论月评、季度评,都不能满足考核常态化的需要。再次,执法评议考核工作的依据不够规范。各地行政执法机关在国务院《意见》的指导下,先后制定了不同的评议考核办法等规范性文件来细化行政执法评议考核工作。在明确了考核目标的同时,也使得不同部门间的考核评议依据不统一,甚至同一系统、同一部门的上下级之间的依据都不一致。这样必然出现考评实践中各自为政、缺乏协调的现象。

六、对策建议

(一)完善行政执法评议考核相关立法,使之规范化、专业化

行政执法评议考核必须有相应的法律保障才能有效地施行,要使之逐渐走向规范化、专业化和法制化,完善执法评议考核立法必将成为改进执法评议考核制的有效策略。

当前,我国已有部分政府以及行政部门对行政执法评议考核进行了专门的立法,对评议考核进行了细化的规定;并依据不同系统、不同部门的职务特征制定了评议考核标准和量化评分标准等,促进了行政执法评议考核工作的进一步落实和发展。但是,不可否认,就全国范围来看,行政执法评议考核的专门立法工作还并未大规模地推广。因此,为了进一步规范河道行政执法评议考核工作,健全行政执法评议考核机制,需要加快推进地方水行政执法评议考核工作的专门立法。

(二)健全行政执法评议考核的体制机制

1. 健全行政执法评议考核主体机制,进一步完善落实外部评议考核

由于评议考核主体在执法评议考核活动中起着主导性作用,因此,考评主体机制必然成为行政执法评议考核制度的关键内容。其主体的构成是否合理也关系着行政执法评议考核制能否成功推行。但反观行政执法评议考核的实践,我国在行政执法评议考核主体方面还存在着诸多问题,应从以下几方面来完善:

(1)完善内部评议考核。

一方面,分层级设立地方执法评议考核领导小组。搞好行政执法评议考核的关键是要有得力的领导组织机构去具体实施。对此,我国应当分层级设立专门的、专业的地方行政执法评议考核领导机构。结合目前评议考核制的运行现状,在编的政府部门工作人员应当报名,组织统一参加培训、学习,经考试合格后发给相应的资质证书,而后再由考核合格行政人员通过申请并经同意方可加入行政执法评议工作小组的工作中来。这样保障了评议执法队伍的专业素质和专业技能,能更加客观、公正、专业地参与行政执法考

核评议。

(2) 建立健全外部评议考核制度。

内部评议考核机制由于其自身难以克服的局限性,在实际运行中导致了一系列如考评不到位、阳奉阴违、抵触情绪、结果兑现不力等问题,这些都使得行政执法评议考核制在实践中流于形式。长此以往,不仅使评议考核制的制度目的不能实现,还严重损害了行政机关的执法形象和政府的公信力。因此,有必要建立健全外部评议考核制以加强和扩充对行政执法行为的外部监督力量,如应当建立包括专家、公众、新闻媒体、社会组织以及监察机关等评议主体,完善外部评议考核主体设置,加强外部主体对行政执法行为的考核评议。

2. 进一步细化评议考核内容并量化考核标准

针对我国目前各级行政执法机关在行政执法评议考核立法内容方面存在着抽象、模糊、不统一、不协调且不容易操作的诟病,应进一步细化评议考核的指标体系内容。完备的评议考核的内容至少应包括以下几个方面:基本素质、执法质量、工作作风、其他方面(如职业道德)评价;而对执法单位评议考核的内容至少应包括这几个方面:制度建设情况、队伍建设情况、档案建设情况、依法行政情况和社会效果等。并将这些项目下的内容再细分,使之内容更加具体。

要对评议考核的内容进行细化,就必然要求对其各项内容进行分解并设置成更加具体的、可操作的考核评议标准,对其进行定性和定量的考评。因此量化评议考核标准是细化评议考核内容的内在要求。根据河道行政执法的考核实践,结合河道行政执法的具体内容,进行量化分类,制定出一套完善的考核评价量化指标体系,实现对河道行政执法各部门、各执法人员全面、客观、公正的量化考核。

3. 建立健全奖惩和监督机制,保证行政执法评议考核工作的良好运行

首先,由于建立行政执法评议考核制的终极目标就是奖勤罚懒、奖优罚劣、纠偏厘正,鼓励行政机关及其执法人员合法和合理行政,防止权力滥用、误用和非道德使用。作为执法责任制度的核心制度和关键环节,在强调评议考核制惩罚功能的同时也应突显其激励功能。因此应奖励健全激励与惩罚并重的奖惩机制,通过对行政执法单位和执法人员的执法情况进行考评打分并最后评定为不同的档次或登记的方式来对其行使权力的行为进行评价。奖励方式包括物质奖励、精神奖励、级别晋升等。

其次,加强对评议考核活动的监督、建立健全执法评议考核监督机制,是防止评议考核权力滥用的必然要求。在我国长期的政治实践中,已经形成了较为系统的监督行政的监督体系。总的来说既包括国家权力机关的监督,又包括社会公众的监督。其中,国家权力机关的监督包括国家立法机关的监督、司法机关的监督以及公民个人的监督。而行政机关内部的监督分为监察机关、审计机关进行的专门监督和上级政府对下级政府的一般监督。由此可见,对于行政权力行使,我国有着庞大的监督系统。然而,多元化的监督主体客观上就要求整合各监督主体的功能,科学构建评议考核的监督体系。

针对目前我国的行政执法评议考核工作监督不到位的现状,首先,应考虑加强行政机关的内部监督,强化人事机关、监察机关评议考核的监督职能,如对评议考核结果后进

行的人事处理不服,可以向人事机关或监察机关申请复议。其次,应当完善外部监督机制。一方面,进一步健全由行政相对人以及受邀请的人大代表、政协委员、专家学者、其他社会组织成员代表直接参与的外部评议机制。如在评议考核中进一步明确外部评议人员构成及其产生程序;进行评议的方式及程序等内容,使之更具有操作性和可信性。另一方面,完善电子信息平台,使社会公众可随时查阅行政机关的执法行及相关考核情况,如发现有不实的情况,可在线提出异议或向监察机关反映。

(三)加强行政执法人员的教育、培训,营造良好的评议考核环境

行政执法评议考核软环境是指人们对行政执法评议考核机制的立法及其在实践中的运行情况所产生的观点态度和心理认识的总和。行政执法评议考核的软环境既包括执法评议考核主体的价值观念、职业道德、业务素质、意识形态、伦理规范等因素,也包括行政执法评议考核对象及社会公众对评议考核的价值观念、心理感受和认可程度。当前,我国正处于社会转型时期,各项制度还不够健全,各种价值观念和意识形态都在激烈地冲突激荡。因此,要加强公民的人文素质教育,为行政执法评议考核制的推行打造良好的人文软环境。因为行政执法评议考核主体在评议考核过程中处于主导地位,故而对其进行诚信、协作、敬业等价值观念的教育和培养尤为重要。当前社会评议考核信息失真的一个重要原因就是一些执法人员的行为败坏,徇私舞弊、弄虚作假,甚至有的执法人员包括部分领导干部的人生观、价值观、权力观和政绩观都发生了扭曲。因此,加强执法评议考核人员的教育、培训,营造良好的行政执法评议考核软环境,对完善评议考核机制意义重大。

丰水地区开展水资源论证的必要性研究

裴海鹰 周国萍 刘 凡[*]

实行最严格水资源管理制度是国家的重大战略决策,充分发挥水资源论证在水资源开发利用中的决策关口作用,具有十分重要的意义。本文着重研究荆州市开展水资源论证的必要性,介绍荆州市在开展水资源论证工作中的实践和经验,并对进一步开展水资源论证工作进行思考和探索,以促进水资源的优化配置和可持续利用,为更有效地保障我市建设项目的合理用水要求提供保证。

一、荆州市开展水资源论证工作的必要性

(一) 荆州市经济社会发展和水资源概况

荆州市位于湖北省中南部,江汉平原的腹地,拥有650万人口,辖8个县市区及一个国家级开发区。历史上曾为楚国故都,是国务院首批公布的24座历史文化名城之一,也是长江中游重要港口、鄂中南地区中心城市、华中重要的工业生产基地,2011年生产总值突破千亿元,有"长江经济带钢腰"之称。荆州是一个农业大市,是全国闻名的粮、棉、油和鱼、肉、蛋等优质农产品生产基地,农业在全国、全省占有重要地位。荆州农业的重要地位以及特殊的气候条件和地理位置,决定了水利是荆州经济发展的命脉。长期以来,水利建设为荆州防洪保安、农业丰收、经济社会发展提供了重要保障。

荆州境内水网密布,河湖众多,水情复杂。长江穿境而过,自松滋入境,至洪湖出境,流程483公里,占湖北省的45.5%。荆州市降雨丰富,多年平均降水量为1180.0 mm,降水量年际变化较小,比较稳定。过境客水量大,长江沙市水文站多年平均年径流量3914亿立方米,长江沙市城区段来水量充足。地下水丰富,多年平均地下水资源量为17.542亿立方米。全市流域面积在50平方公里以上的河流共有160条,主要河流长度1095公里,占省的14%。1平方公里以上的湖泊72个,总面积达756平方公里,占全省的

---

[*] 裴海鹰,荆州市水利局政策法规与水资源科科长;周国萍,荆州市水利局政策法规与水资源科副科长;刘凡,荆州市水利局政策法规与水资源科工作人员。

33%。荆州市是一个水资源量相对丰富的地区。

(二)荆州市水资源管理存在的问题

近年来,我市在实行最严格水资源管理方面开展了大量富有成效的工作,也取得了一定的成果,但仍然存在一些亟待解决的问题,主要表现在:

水资源开发利用比较粗放。随着我市居民生活水平的提高和工业经济的快速发展,居民生活用水和工业用水量也大大增加,万元工业增加值用水量居高不下,全市大部分农田还采用过去大水漫灌方式,农田灌溉水有效利用系数不高,水资源利用效率还处在较低水平。

市民节水意识还有待提高。由于我市用水计量设施安装不到位,水资源监控能力建设体系不完备,加之市民一直认为水资源是取之不尽、用之不竭的资源,导致水资源一直被无偿或低价使用,不仅造成水资源严重浪费,而且给经济社会发展带来不利影响。

地下水开采缺乏统一规划。近年来,我市城区出现了一些单位和个人人为降低生产成本,相继大量私自开采使用地下水资源的现象,致使我市中心城区地下水取用呈现无序、过量开采的状况,给城市防洪安全、城区地质结构稳定和市民饮用水安全带来许多隐患。

实行最严格水资源管理制度,是适应我市水资源条件的客观要求,解决我市水资源问题的必然选择。

(三)荆州市开展水资源论证工作十分必要

今年年初,国务院3号文件发布了《关于实行最严格水资源管理制度的意见》,是继2011年中央1号文件和中央水利工作会议以来,国家对实行最严格水资源管理制度作出的全面部署和具体安排。《意见》明确提出,确立水资源开发利用控制、用水效率控制和水功能区限制纳污"三条红线",对我们开展水资源管理具有重要的指导意义。

实行最严格水资源管理,规范建设项目水资源论证制度,通过论证对不合理取用水需求进行抑制,对于保护水资源,保障荆州市民的饮水安全、农业生产、工业发展,构建人水和谐城市都具有十分重要的意义。

二、荆州市开展水资源论证工作的实践和成效

自水利部、国家计委发布《建设项目水资源论证管理办法》以来,我市从实际出发,认真贯彻实施,积极采取措施,加强了水资源论证与审查工作。截至目前,已经先后对湖北汇达科技发展有限公司5000 t/aYP项目、湖北三才堂化工科技股份有限公司整体搬迁改扩建项目取水工程、粤能(石首)生物质发电工程、湖北宜化松滋肥业有限公司2×28万吨/年磷酸二铵项目取水工程等20多项大型建设项目的水资源论证报告进行了全面技术审查,保障了建设项目的用水安全。具体来说,我市开展水资源论证工作的成效主要体现在以下几个方面:

第一,推动企业产业结构的优化调整。我们切实加强全市范围内规划管理和水资源论证,不断规范审批程序,严格论证审查,强化资质单位管理。通过水资源论证,限制部分高耗水、高污染、高排放建设项目上马,促使一些为节省成本而采取落后生产工艺的企业落实整改,一定程度上避免了用水效率低下和资源浪费,客观上迫使一些地区和行业对其产业结构进行优化升级,促进了我市水资源开发利用与经济社会发展的良性互动。

第二,促进了企业节水工作的开展。论证审查过程中,我们要求建设项目采用先进工艺和技术,号召企业参与"节水型企业"创建活动,积极采用节水型器具和进行工业用水重复利用,使有限的水资源发挥更大效益。我市沙市区法雷奥汽车空调有限公司是一家以生产汽车空调为主的企业,开展水资源论证之前年取用地下水42万立方米,取水许可论证后,该企业采用新技术,淘汰了部分高耗水工艺,进行供水管网改造,分级安装计量设施,年取用水量较论证之前节约60%以上。2010—2011年度,法雷奥汽车空调有限公司被湖北省水利厅授予"节水型企业"。

第三,促进水资源开发利用效益的提高。实际工作中,我们通过对建设项目区域水资源状况、取水水源的可靠性及可行性、项目取退水对水资源状况和其他用水户的影响等进行全面分析论证,并针对具体情况提出切实可行的水资源利用、保护措施,促进水资源开发利用效益的提高。荆州国电沙市电厂2×300 MW热电联产工程排污口论证时,针对这种用水大户,我们明确要求其实现降温水全部回收利用,朝"零排放"目标努力。因此,较好地保障了建设项目的合理用水、有效节水和达标排水,以最大限度地发挥水资源开发利用的综合效益。

第四,有效避免水生态水环境问题的发生。实践中,我们通过全面论证,分析项目实施的可行性,严格高耗水、高污染行业水资源论证的审批,避免了水污染物排放浓度高、总量大的建设项目盲目上马。对不符合水生态、水环境要求,违背可持续发展战略的项目,提出相应的补救措施和补偿方案,在很大程度上消除或减少了水资源开发利用行为造成的不利影响,有效避免了水生态、水环境问题的发生。

针对荆州纺织服装工业园污水处理厂一期工程入河排污口设置的论证,因该区内西干渠和豉湖渠在四湖水系上游,环境容量和自净能力有限,我们对其排污口的位置、排水方式、入河排污总量等因素进行分析论证,本着保证该区工业园经济可持续发展,减轻对四湖流域下游水系污染的原则,明确要求荆州纺织服装循环经济工业园污水处理厂采用"预处理+物化处理+生化处理"工艺,各企业先自行处理,达到一定标准后再排入二期污水处理厂进行处理,待完全达到《城市污水再生利用工业用水水质》标准后再排入长江,这样污水总量由5万吨/天减少到3万吨/天。

第五,能够减少水事纠纷的发生。一些建设项目取水和排水会对已经依法享有取水权的第三人的合法权益造成不利影响,致使第三人取水水量和水质无法保障,影响其正常生活、生产和经营。建设项目水资源论证能够及时发现此类问题并提出整改措施,极大地减少了公众利益、取用水户和他人合法权益之间的水事纠纷,对维护社会稳定与和谐发挥了积极作用。

第六,我市城区地下水资源无序过量开采状况得到遏制。针对我市中心城区一些单位和个人私自开采使用地下水资源的现象,我们通过开展市城区违规开采使用地下水资源行为集中整治活动,组织专业人员按照规范技术要求对违规地下水井实施全面封堵,对有自来水管网覆盖区域取用地下水进行严格审批和论证,进一步规范了我市城区地下水资源的开采使用,确保荆江大堤防洪安全、城区地质结构稳定和市民饮用水安全。

三、对下一步更好地开展水资源论证工作的探索和思考

(一)不断完善水资源论证制度和技术框架体系

在贯彻落实最严格水资源管理制度的实践中,要进一步提高对水资源论证工作重要性的认识,建立并不断完善建设项目水资源论证制度和技术框架体系。出台荆州市水资源论证工作管理办法,建立将建设项目水资源论证制度作为项目审批、核准和开工建设的前置条件的制度规定。要不断规范审查程序,强化资质单位管理,建立专家审查和资质单位责任终身追究机制。

(二)持续深化业主单位和从业人员的思想认识

论证单位和论证专业技术人员的工作素质和业务水平极大地影响到水行政主管部门对取水许可的审批结果,进而影响到水资源的合理开发、优化配置和高效利用,从业人员理应站在国家公共利益的立场上,对水资源的合理利用、科学管理和有效保护负责。要通过宣传教育促使业主单位转变观念,高度重视水资源论证的作用,论证工作要坚决抵制"走过场"现象,摒弃以往为了尽快完成任务而忽视论证质量和内容的现象。

(三)切实发挥行政审批在水资源论证中的作用

行政审批是水资源论证制度发挥应有管理职能的重要环节,水行政主管部门要不断深化行政审批制度改革,严格审批环节,对水资源论证报告书编制质量不合格,或建设项目用水需求与水资源条件不匹配的论证报告书应不予审批通过,这样便可杜绝用水需求不合理的取水申请者获得取水许可证。

(四)着力提高水资源论证工作的成果质量

水资源论证工作专业技术要求高,除需具备扎实的水文水资源专业知识外,还涉及环境保护、水土保持、区域规划设计及建设项目所在行业专业知识等众多领域。从业人员必须具备一定的专业知识和能力才能编制出科学合理的水资源论证报告书,并进而对水资源开发利用中的具体问题提出准确、客观的技术结论和建议。论证工作过程中,要邀请专业技术过硬、论证经验丰富、责任心强的专家进行评审。对水资源论证从业人员应当实行专业化管理,加强从业人员业务培训,提高从业人员的专业素质,以提高水资源论证工作的成果质量,更好地服务最严格水资源管理制度地实施。

水是生命之源、生产之要、生态之基。2011 年中央 1 号文件与中央水利工作会议,描

绘了中国特色水利现代化的宏伟蓝图,吹响了加快水利改革发展的新号角,国务院《关于实行最严格水资源管理制度的意见》为我们开展水资源管理工作指明了方向。"楚江鳞鳞绿如酿,衔尾江边系玉舫"、"江村水落平地出,溪畔渔船青草中"、"洪湖水呀浪呀嘛浪打浪啊"等脍炙人口的诗句、歌曲道出了昔日荆州因水而美、因水而兴的万千景象。荆州这座傍水而生的城市也迎来了中央大兴水利和湖北省实施"壮腰工程"的历史机遇,我们将深入贯彻落实上级治水兴水决策部署,积极践行可持续发展治水思路,严格水资源论证,保障最严格水资源管理制度地全面实施,为荆州"壮腰"提供更加有力的水利支撑。

2013年环境污染犯罪司法解释评析[①]
——以水污染犯罪为例

崔 凯[*]

行政责任、民事责任和刑事责任是处罚环境违法行为的三种基本方式,由于各种原因,虽然我国环境犯罪问题严峻,但是最终行为人被追究刑事责任的比率极低。据学者统计,自2011年《刑法修正案(八)》将重大环境污染事故罪更名为污染事故罪之后,虽然扩大了污染物的范围,调整了构成要件中客观方面的定罪方式,降低了入罪门槛,但是到2013年为止,全国环境污染刑事案件总数却只有10件左右。[②] 刑事责任是最为严厉的法律责任,却遭遇了法律空转的尴尬情形,这也带来了因为环境违法犯罪成本较低从而刺激环境犯罪高发等一系列严重负面影响。为了解决这一问题,2013年6月17日,最高人民法院和最高人民检察院联合发布了《关于办理环境污染刑事案件适用法律若干问题的解释》(以下简称为《解释》)。这一司法解释详细界定严重污染环境的认定标准、明确从重处罚的情形,加大了对环境犯罪及监管人员渎职行为的打击力度,让我国打击各种环境污染犯罪进入到了新的阶段。虽然各界对这一司法解释的好评不断,期望很高,但我们也要清醒地认识到,环境污染刑事责任的追究难题在我国积疾已久,所涉及的问题难以通过一次司法解释就可以全面解决,特别是《解释》本身也还存在着一些学理上的瑕疵,这些均可能会影响我国污染环境刑事责任的有效追究。笔者拟侧重于从水资源保护的角度,预判该司法解释在司法实践中可能遭遇的若干问题,为进一步完善我国环境犯罪的刑事责任法律体系抛砖引玉。

一、《解释》未能明确主观罪过,容易产生罪名适用争议

《刑法修正案(八)》对重大环境污染罪作了两点重要修改,一是扩大了犯罪对象的范

[①] 本文为湖北省普通高等学校人文社会科学重点研究基地湖北水事研究中心研究项目:《抛弃物污染水源的法律责任问题研究》(2013B003)的研究成果。

[*] 崔凯,湖北经济学院法学院讲师,湖北水事研究中心研究人员,诉讼法学博士。

[②] 该数据参见冯洁:《治污,重典时代来临?污染环境罪司法解释出台内幕》,载《南方周末》2013年7月4日。

围,取消了原有的仅限于"土地、水体、大气"的规定,二是将原有"致使公私财产遭受重大损失或者人身伤亡的严重后果"的构成要件变更为"严重污染环境",后者是非常明显的立法进步,基本可以认为,这是从宏观上将本罪由结果犯改变为危险犯,降低了入罪的门槛。这次"两高"进行的司法解释正是对《刑法修正案(八)》的进一步细化和说明。但无论是刑法的修改还是本次的司法解释,对污染环境罪的规定都存在有明显不足,影响了实体法上该罪的可操作性。笔者认为,《解释》最为重要的疏漏是仍然没有规定本罪的主观罪过,在持续加大污染环境打击力度的大背景下,导致出现污染环境罪与其他类似罪名争议的可能性大增。

《刑法修正案(八)》对《刑法》第338条进行修改的时候没有涉及主观方面,而一直以来,该罪名主观方面是故意还是过失一直存在很多争议,在当前,存在有故意说、过失说、并存说等多种学说观点,学界和实务界还没有形成通说。[①] 这种犯罪构成方面的重大立法缺陷在刑法四百多个罪名中并不多见。在以往,司法实践中重大环境污染事故罪的适用较少,故而这一问题还没有引起各界的广泛关注,大多数时候,争论只是停留在学者理论探讨的层面。十一届全国人大常委会分组审议《刑法修正案(八)》的草案时,刘玲代表提出:"实践中经常有故意排放有害物质的行为,因法律上的空白而存在重行轻定、重罪轻判的情况。这样实际上是放纵环境污染犯罪,也达不到防范环境污染事故发生的目的。"因此,刘玲代表建议在《刑法修正案(八)》的草案中增加一项内容,即故意实施上述行为的,依照投放危险物质罪处罚。[②] 但在当时的环境下,这一建议并没有得到修法者的充分重视。

在本次进行司法解释时,《解释》第8条试图对这一缺憾进行了弥补,"明显违反国家规定,排放、倾倒、处置含有毒害性、放射性、传染病病原体等物质的污染物,同时构成污染环境罪、非法处置进口的固体废物罪、投放危险物质罪等犯罪的,依照处罚较重的犯罪定罪处罚"。这种做法在解释技术上非常值得称道,因为其掩盖了污染环境罪法定刑较低等不足,同时也让法院在某一案件中,无论是判处污染环境罪还是其他几个类似罪名都有了可以解释的理由。但就法律本身的完善而言,第8条因为没有直接明确污染环境罪的主观方面,并不能实质性的帮助我们区分该罪与其他相关罪名的争议。按照《解释》进行审判时,也许最终法院在量刑上可以符合实质正义的要求,但是在罪名选择的过程上可能比较模糊,无法准确解释为何判处此罪而非彼罪。这样不符合司法精确性的要求,很容易产生同罪不同罚的现象,影响司法公信力。下文以2013年6月"两高"公布的4起环境污染典型刑事案件中的胡文标、丁月生投放危险物质案加以说明。

盐城市标新化工有限公司(以下简称为"标新化工公司")系环保部门规定的"废水不外排"企业。被告人胡文标系标新化工公司法定代表人,被告人丁月生系标新化工公司生产负责人。2007年11月底至2009年2月16日期间,被告人胡文标、丁月生在明知其公司生产过程中所产生的废水含有苯、酚类有毒物质的情况下,仍将

---

① 具体学说争议可参见周海浪:《污染环境罪的主观责任探疑》,载《人民司法(应用)》2012年第23期。
② 崔丽、王亦君:《人大常委会就是否修法"取消贪官死罪"激辩》,载《中国青年报》2010年8月27日。

大量废水排放至公司北侧的五支河内,任其流经蟒蛇河污染盐城市区城西、越河自来水厂取水口,致盐城市区20多万居民饮用水停水长达66小时40分钟,造成直接经济损失人民币543.21万元。法院认为,胡文标、丁月生明知其公司在生产过程中所产生的废水含有毒害性物质,仍然直接或间接地向其公司周边的河道大量排放,放任危害不特定多数人的生命、健康和公私财产安全结果的发生,使公私财产遭受重大损失,构成投放危险物质罪。胡文标最终被判处有期徒刑10年,被告人丁月生被判处有期徒刑6年。①

该案在当年有着极其重要的标杆意义,彰显了国家对环境保护的高度重视。虽然一审和二审法院对被告人的定罪和量刑经过了审慎的考虑,但是在刑法学界还是引起了巨大的争议,孙国祥教授、王灿发等学者以及一些律师认为,在有污染环境罪这个专门罪名的前提下,为了加大打击力度专门适用另一个罪名,这种做法并不妥当,有规避法律的嫌疑。② 笔者赞同学者们的质疑,根据当时的法律,法院判决并不违法,但是并不合理。实际上,如果从常理上进行判断,几乎大部分水污染事件中,犯罪人主观上可能并非直接故意去污染水源,但他们对排污行为对环境的危害一般都非常清楚,在刑法上,可以理解为对污染环境行为持间接故意的主观罪过,但投放危险物质罪等罪名主观罪过也为故意。在盐城水污染案件中,被告人最终以间接故意的主观罪过被判处投放危险物质罪,但从判决理由上来看,无法解释为何判处投放危险物质罪而不是污染环境罪。这是一个很明显的立法漏洞,很容易引起法律适用上的争议。在本次最新的《解释》中,提出了择一重处的处罚思路,但是在具体案件中,很多时候污染环境罪和投放危险物质罪等类似罪名孰轻孰重根本无法分辨,因此罪名争议的问题实际上仍然没有解决,我们在今后的相当长时间内不得不将面临着罪名适用不统一的窘境。

其实,我国刑法在处理这种立法问题上有着比较成熟的经验,弥补这种漏洞的难度不大。例如,我国对危险驾驶行为的刑事立法就很好地处理了定性问题。刑法分则中,分别规定了交通肇事罪和以危险方法危害公共安全罪,两者之间在主观罪过方面互补,一个是过失,一个是故意,较好的形成了危险驾驶行为的处罚体系。两者在罪名的定性区分上非常清晰,不至于发生法律适用上的混淆情况。出于打击犯罪行为的需要,《刑法修正案(八)》中新增了第133条之一"危险驾驶罪"③,使得我国有关危险驾驶的立法变得精细化和复杂化,但是立法也很明显地规定这种危险驾驶的主观罪过是故意,同样不会给司法实践造成罪名适用上的争议。此外,我国刑法对污染环境罪的罪过形态进行明确规定也有比较法上的依据。例如,《德国刑法典》第325条就规定得非常清晰:"(1)违背行政法义务,在设备尤其是工场或机器的运转过程中,造成空气的改变,足以危害设备范围之外的人、动物、植物健康或其他贵重物品的,处5年以下自由刑或罚金。犯本罪未遂的,亦应处罚;(2)严重违背行政法义务,在设备尤其是工场或机器的运转过程中,向设备

---

① 案情可参见《"两高"公布环境污染犯罪典型案例》,载《中国环境报》2013年6月21日。
② 参见言科:《江苏盐城污染企业董事长被判投毒罪引发争议》,载《现代快报》2009年8月23日。
③ 法条原文为:"在道路上驾驶机动车追逐竞驶,情节恶劣的,或者在道路上醉酒驾驶机动车的,处拘役,并处罚金。有前款行为,同时构成其他犯罪的,依照处罚较重的规定定罪处罚。"

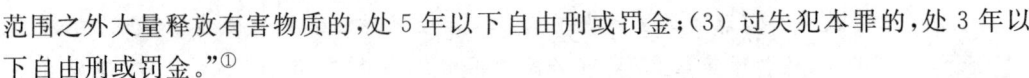

范围之外大量释放有害物质的,处5年以下自由刑或罚金;(3)过失犯本罪的,处3年以下自由刑或罚金。"①

二、"严重污染环境"的界定过于严格,存有矫枉过正的可能

如上文所言,本次"两高"进行的司法解释主要是围绕着环境污染罪适用时犯罪情节的实体认定,对"严重污染环境"、"后果特别严重"进行了较为详细的解释。在当前我国的经济发展阶段,不适合对违法犯罪人过分苛责,能够被定罪的行为必须要真正达到严重的程度。司法实践中,出于客观条件的限制,许多违法者的污染环境行为都比较轻微,而且由于逐利性驱动,这些违法者不少都是"惯犯",曾经多次被行政处罚。对这种现象,《解释》中采用了行政处罚叠加为刑事处罚的立法态度,这对环境违法者的责任追究可能过分严厉,并不符合我国国情。

以抛弃病死猪威胁水源安全的行为为例。2013年3月,"黄浦江死猪事件"因为媒体的大面积报道从而被社会公众所熟知。让人感到尴尬的是,这一事件的处理有着"虎头蛇尾"的感觉。虽然抛弃病死猪对环境的污染是显而易见的,但是并没有直接责任人因为这一事件受到处分。"浙江省畜牧局副局长戴旭明表示,在养殖过程中存在一定比例的死亡现象,由于嘉兴地区养猪的基数很大,死猪的数量每年都有10几万头,处理起来十分困难。嘉兴市环保畜牧水利等部门也要求进行无害化处理这个死猪,并且采取了合葬、包干管理等办法。但效果并不理想,死猪乱丢的现象仍然很普遍。"②正如戴旭明副局长所言,在当前粗放式的生猪生产模式下,随意抛弃成为很多生猪养殖户处理病死猪的重要方式,短时间内无法改变。近日,媒体又爆出新闻,2013年8月3日,在湖北宜昌市,长江主河道与点军五龙河交汇处的河道上,数十头高度腐烂的死猪散发着令人作呕的气味漂浮在江面上。③ 实际上,运用搜索引擎可以轻易发现,随意抛弃死猪的现象在我国很多生猪养殖区域一直是存在的。

在我国,为了打击某一些污染环境行为,最为常见的手段就是启动行政责任追究机制。例如,常州市在发现河道出现200多头死猪之后,马上采取了多项措施,"鼓励和引导群众积极举报不法行为,努力在全社会形成打击抛弃、贩运、出售、加工病死畜禽违法行为的高压态势","对发现的河道死猪耳标信息,查清其真实来源,依法查处抛弃死猪的责任单位与人员,对情节严重的移交公安机关追究刑事责任"。④ 可以预见,一旦政府及环保机关认真查处,不少随便抛弃病死猪的生猪养猪户就可能会受到行政处罚,在当前的行政处罚体系下,这种处罚基本上并不会很重,但可能会比较频繁。值得注意的是,《解释》第1条第5项为"两年内曾因违反国家规定,排放、倾倒、处置有放射性的废物、含

---

① 《德国刑法典》,徐久生等译,中国方正出版社2004年版,第160—161页。
② 王政等:《浙江嘉兴生猪饲养密度大,13万农民养700万头猪》,网址:http://china.huanqiu.com/hot/2013-03/3748842.html,最后访问时间:2013年3月19日。
③ 《江中又见死猪》,载《北京晨报》2013年8月5日。
④ 舒泉清等:《"我市河道发现死猪超过200头"续我市采取五项措施应对死猪事件》,载《常州日报》2013年4月10日。

传染病病原体的废物、有毒物质受过两次以上行政处罚,又实施前列行为的",一旦死猪被认定为"含传染病病原体的废物"时,则某一抛弃死猪的养殖户,如果之前曾经两次及以上被行政处罚过,那么不管他之前的违法行为有多轻微,都会到达《解释》设定的定罪条件,并且这种情况在《解释》第1条明确表述为"应当"是"严重污染环境"的情形,没有可以裁量的空间。可以推测,依据《解释》的规定,如果真的出现农村生猪养殖户因为多次被行政处罚从而达到了追究刑事责任条件的情况,那么司法实践中会出现两种可能,一是严格依法办案,因为许多生猪养殖户都符合定罪的标准,所以将他们大面积定罪。二是"法不责众",不追究刑事责任,环境执法机关私自运用裁量权不移送司法,从而让《解释》条文落空。很显然,第二种情况出现的可能性更大,而这种情况毫无疑问实际上架空了《解释》。

除此之外,《解释》中还有不少细节内容在个案上的适用性同样也值得推敲,譬如,《解释》没有考虑到污染环境行为很多时候是无合意的共同危险行为。例如,某地存在有很多个小型污染企业,长期都向饮用水水源地进行排污,如果由于某个原因,使得污染损害突然集中迸发,造成了集中式饮用水水源取水中断12小时以上,这符合了《解释》第1条第6项的定罪要求。当这种情况出现时,由于共同犯罪主观上必须存在合意,因此显然不能对这些污染企业以共同犯罪进行定罪量刑,但分别处罚时如何操作,特别是每个企业的行为危害性如何认定,又给司法机关留下了难题。

三、审判程序中的困难没有得到应有的关注

《解释》主要解决的都是实体问题,忽略了对环境刑事案件程序性内容的完善。在《解释》出台之后,环境执法部门在调查、取证等方面的困难仍然存在。同时,环境污染案件中,由于涉及的专业性问题较多,被告人辩护权的保障一直是环境刑事案件中的难点,由于《解释》加大了定罪的精确性,大量的量化数据加大了控方的工作量,也增加了辩护方的辩护难度。在当前,至少有以下两个重要问题会很明显阻碍环境污染案件的诉讼程序顺利进行。

(一)鉴定评估体系落后影响有效辩护

《解释》中出现很多量化的数据指标,其中很多数据的获取不属于常识性问题,需要相关专业知识。《解释》第11条专门规定:"对案件所涉的环境污染专门性问题难以确定的,由司法鉴定机构出具鉴定意见,或者由国务院环境保护部门指定的机构出具检验报告。县级以上环境保护部门及其所属监测机构出具的监测数据,经省级以上环境保护部门认可的,可以作为证据使用。"一般情况下,根据《关于环境保护行政主管部门移送涉嫌环境犯罪案件的若干规定》第6条,环境保护机关移送公安机关的材料中应当包括有关监测报告或者鉴定结论。按照《解释》第11条第2款的规定,根据以往的经验,一般县级环保部门报送监测数据后,省级以上环境保护部门作了形式审查后最终基本都会得到确认,进而可以被作为证据使用。辩护方往往只能在认可这些数据的基础之上进行辩护,

这明显会影响辩护的实际效果。在特殊情况下,如果辩护方对检测数据提出很大质疑,或者当环境保护部门也难以确定损害情形时,《解释》中提到了应当进行司法鉴定,这原本也是刑事案件中常见的搜集证据方式,更是辩护方搜集辩护材料、进行有效辩护的重要途径。但在我国,环境损害鉴定刚刚起步,至少在短时间内,污染环境被告人一方难以从司法鉴定方面需求到实质性的帮助。2011年5月25日,环境保护部公开发布了《关于开展环境污染损害鉴定评估工作的若干意见》(环发[2011]60号),根据这一文件的计划,"2011—2012年为探索试点阶段,重点开展案例研究和试点工作,在国家和试点地区初步形成环境污染损害鉴定评估工作能力;2013—2015年为重点突破阶段,以制定重点领域管理与技术规范以及组建队伍为主,强化国家和试点地区环境污染损害鉴定评估队伍的能力建设;2016—2020年为全面推进阶段,完善相关评估技术与管理规范,推进相关立法进程,基本形成覆盖全国的环境污染损害鉴定评估工作能力"。众所周知,在环境污染事件中,损害的鉴定工作处于基础性的地位,"这一点做不到,即使政府高度重视,社会大声疾呼,最终也无法真正让污染者付出应有的代价,受害者得到应有的赔偿。"[1]但是,从环保部的计划来看,不仅在现在,在今后相当长的时间内,污染环境犯罪的被告方都将无法通过申请司法鉴定这一常见辅助方式帮助己方在产生损害影响的具体数据上进行有效辩护。

(二)因果关系的认定困扰依然存在

环境污染事件有着间接性、潜伏性、涉及面广等特点,因此,在损害行为和损害结果的因果关系认定问题一直环境诉讼的重点和难点问题。《解释》的很多新增内容表现为有行为即处罚,但值得注意的是,仍然有很多情况需要证明危害行为和结果之间的因果关系。

《解释》中"非法排放、倾倒、处置危险废物3吨以上的"之类的行为类规定可以相对直观地得到结果,是简单的行为犯。但是,《解释》中存在大量的"致使公私财产损失100万元以上的"、"致使100人以上中毒的"等条款,毫无疑问,此类条款要求控诉方有足够的证据能够证明危害行为和这些损害结果之间存在有因果关系。日本学者对环境污染的损害行为和结果之间的关系认定总结最为权威,他们认为主要有三种方式:(1)高度盖然性说。包括优势证据说和事实推定说两种理论。(2)疫学因果关系说。其基本内容是,运用临床医学判断一定区域内的受害人发生了某种疾病,而且预断其可能是由于某种污染物引起;然后,用实验医学方法确定该种污染能否导致受害人所感染的疾病。若能导致此种疾病的发生,而且受害人居住地附近的一些污染源恰好排放了这些污染物,则可推定受害人的疾病与污染源排放污染物这一行为之间存在着因果关系。(3)间接反证法。"间接反证"是指主要事实是否存在尚未明确时,由不负证明责任的当事人从反方向证明其事实不存在的证明责任理论。[2]

---

[1] 宋宇:《评论:环境苏海鉴定评估迈向制度化》,载《中国环境报》2011年6月16日。
[2] 杨素娟:《论环境侵权诉讼中的因果关系推定》,载《法学评论》2003年第4期。

但可惜的是,我国环境诉讼法律规范中一直对因果关系没有作出明确规定。法官在审理案件时只能依靠控辩双方提供的证据进行模糊的判断。此次的司法解释仍然没有提及因果关系问题。甚至我们可以认为,《刑法修正案(八)》中原本规定实施了"严重污染环境"的行为即可定罪,可以理解为是行为定罪,而《解释》中的诸多条款又将法典内容还原为结果定罪,可以说又强调了明确因果关系的重要性。而我国当前的情况是,法律规定没有明确,学者们的讨论又不充分,这种窘境必然会影响《解释》中相应条款的实施效果。

四、《解释》落实存在执法主体方面的约束

规则制定者在制定规则时,都是希望规则的设计能够最恰当、最有效率地调解社会关系。但现实中,规则失灵的问题却屡屡出现,这显然是制定者最不愿意看到的现象之一。规则的执行者以消极不作为的态度来回避、干扰制度的实施,或者执行者的能力过差,都是造成规则失灵的重要原因。《解释》提高了环境污染相关罪名的可操作性,但同时也对执法主体的能力提出了较高的要求,笔者认为,当前执法主体角度至少有两个问题值得充分重视,否则会影响《解释》的落实效果。

(一) 环境执法部门主观怠于移送环境犯罪案件

环境污染和环境渎职类犯罪相捆绑,必然会严重削弱环境执法部门执法动力。环境污染事故的产生有着自己的特点,很多时候并不属于突然事件,而是长时间积累的结果。依据2012年《环境监察办法》,我国环境保护主管部门责任重大。《环境监察办法》第6条中列举了环境监察机构的主要任务,其中不少属于针对环境违法行为的检查、监督和管理行为。如,"……(二)现场监督检查污染源的污染物排放情况、污染防治设施运行情况、环境保护行政许可执行情况、建设项目环境保护法律法规的执行情况等;(三)现场监督检查自然保护区、畜禽养殖污染防治等生态和农村环境保护法律法规执行情况;……(五)查处环境违法行为;(六)查办、转办、督办对环境污染和生态破坏的投诉、举报,并按照环境保护主管部门确定的职责分工,具体负责环境污染和生态破坏纠纷的调解处理"。由此可以看出,如果某地出现了重大的环境污染事故,那么很有可能就是环境监察机构没有充分履行监管义务,未能尽到监管责任,按照规定,应当受到相应的行政处罚。如果情节严重,还会被追究环境监管失职罪等刑事责任。2011年3月,浙江省台州市路桥区172村民血铅异常,该事件发生后,公司法人代表应建国因涉嫌重大环境事故罪已被刑事拘留。与此同时,在环境执法部门中,对此事负有直接责任的台州市环保局路桥分局一名副局长、路桥区城南环境监察中队中队长被停职检查。① "我们看到很多案件在追究违法企业重大环境污染事故罪的同时,也伴随着对环保部门渎职犯罪的追究",这正是之前为什么出现环境执法中发现环境犯罪案件,但是环保部门并不移送的主要原因之

---

① 《172村民血铅超标,8官员被查处》,载《南方都市报》2011年4月14日。

一,"如果把它移送移交到检察机关或者公安机关,是不是伴随着对他自身的环境渎职犯罪的追究?会不会自身难保?"①

在《解释》出台之前,这一原因严重困扰着环境污染犯罪的刑事责任追究,在《解释》出台前后,由于中央对环境污染行为的打击提升到空前的高度,因此,各地对环境污染犯罪的打击态度比前几年要积极很多,但是这种外来的政策刺激效果的持续性很值得质疑。我们认为,在今后,为了避免环境执法部门为了自身利益考虑而重新怠于移送环境犯罪案件,不仅各级纪律监察部门要重视对环境执法部门渎职行为的打击,公安机关也应当在重大案件上能够真正的积极介入,以填补环境保护部门怠于执法留下的空缺。

(二)环保执法机关面临环境保护的新压力

近些年来,我国各地对环境污染治理日益重视,环境监察队伍也得到了充实和壮大,但环境污染也发生了一些新情况,这些造成环境监察的能力与客观需要之间仍然存在着一定的距离,使得环保部门落实法律的客观压力不断增大。

首先,社会公众对环境保护的要求越来越高。随着人民生活水平的提高,社会公众对环境的要求不断提高,这是社会文明进步的必然结果,但如果群众的"环保神经"过分敏感,很容易给环保机关带来不必要的工作压力。虽然我国的环保机关在工作目标上和人民群众根本利益是一致的,但有的时候,因为群众不具备专业的环保知识,加上一些其他客观因素的推动,社会公众并不相信环保机关,使得环保机关要花很多的时间精力对群众进行说服教育,加大了环保部门的工作量。我们经常可以见到,某些企业原本符合环评各项要求,但是群众并不理解,提出强烈质疑,一旦不满足群众的不合理要求,还会引发环境信访案件甚至群体性事件。例如,从2007年厦门市民以集体散步方式表达对PX项目的反对以来,大连、宁波、彭州、昆明等地都发生过民众强烈反对PX项目上马的现象。不过公允而言,至少从技术层面讲,PX项目的危害性非但没有一些反对者想象得那般巨大,反倒是安全系数更高。②

其次,环境污染行为的查处难度越来越大。经过多年的法治宣传和执法打击,举国上下已经充分认识了环境保护工作的重要性,但在经济利益的驱动下,违法者不会出于道德角度的考虑而放弃违法行为,相反,在和执法者的"斗智斗勇"中,他们正在不断地积累经验,使得打击难度不断上升。在过去,违法者往往会通过直接排污等粗放的方式排放废水,但是现在,暗管、渗井和渗坑等已经成为最常见的"标准配置"。而且可以预见,随着时间的发展,"道高一尺、魔高一丈",环境污染行为还将会出现很多新的方式方法。

最后,地方政府治污的态度并不坚决。众所周知,地方政府对环境污染和发展经济之间的取舍是影响该地打击环境污染工作力度的关键因素。在当前,虽然政府机关早已经认识到了环境污染的巨大破坏性,但是经济因素仍然是地方政府实际的主要追逐目标。例如,电子垃圾对地表水和地下水都有着非常明显且恶劣的影响,但是由于电子垃

---

① 郄建荣:《环境犯罪为何游离于刑事处罚之外》,载《法制日报》2010年5月27日。
② 志灵:《PX争议本质在于权利感到无力》,载《法制日报》2013年8月2日。

圾的回收可以带来丰厚的利润,因此虽然媒体早已经曝光了很多次,但是广东汕头等地的电子垃圾拆解、回收等行业仍然处于一种监管无序的状态,给当地带来了极为严重的污染。再如,"有的非法排污的化工、采矿等企业系当地招商或扶持的高利税重点项目"[①],采矿往往会引发环境污染行为,甚至很容易出现环境污染事件,但是由于受经济利益的驱动,很多地方政府对此都是持支持或默认的态度。2013年6月18日,最高人民法院公布的4起环境污染犯罪典型案例中,紫金矿业集团股份有限公司紫金山金铜矿重大环境污染事故案就是典型例证。虽然本次司法解释加大了对环境污染犯罪的打击,但是如果环保因素在地方政府的权重不够,那么法律被人为搁置的可能性将会非常之大。

---

① 邱伟:《环境污染刑事案司法解释解读:入罪标准降低》,载《北京晚报》2013年6月18日。

对策建议

领导决策参考

针对水问题,我们可以有不同的主题、不同的视角、不同的利益诉求、不同的专业领域、不同的话语系统。这些不同,对于决策者并非坏事,恰可以从中发现利益冲突所在、寻找平衡利益之道、把握利益协调之机、实现利益共享之策。我们的建议,也是诸多不同中的一种,可能多了一点专业的、理性的思考。

关于"做好湖北水文章"的对策建议

"做好湖北水文章"课题组

自古以来,湖北因水而兴,因水而忧,"水情就是省情"。认清"水情",熟悉"水性",是建设"五个湖北"、实现"竞进提质"的必然要求。让"千湖之省碧水长流",保证"一库清水送北京",不仅是湖北人民的期盼,也是湖北作为水资源大省应尽的责任。"一元多层次"战略目标的实现,需要有青山碧水的支撑。做好湖北水文章,是建设中部崛起战略支点的题中之意。

一、湖北水资源开发利用和保护存在的突出问题

多年来,省委省政府高度重视水资源的开发利用与保护,取得了一定成效。丰富的水资源对形成湖北特有的产业结构、经济社会持续发展、进入全国第一方阵作出了巨大贡献。但是,客观来看,湖北的"水文章"还需要用心、用力去做。

(一)水资源被作为单纯投入要素,掠夺式经营、破坏性使用、浪费严重,水资源优势未能充分彰显

湖北的"水经济"传统而简单——伴水而居、靠水而作,依水建城,依水发展商业、交通运输业与运输需求较大的重工业以及种植业、养殖业。水资源的多元价值未被充分认识,水资源所产生的经济效益与拥有的水资源总量反差巨大,未能发挥对经济社会增长应有的支撑作用,对经济社会发展整体增值的贡献度不高,对就业的拉动不足。

需水型农业大而不强。湖北的粮食种植以水稻为主,养殖业以精养鱼池为主。2012年大米产量位列全国第一,水产品产量连续16年稳居全国第一。但农业产量高、质量不高,种养殖面积大、产业链条短,生态化程度低、水资源浪费大,生产方式粗放、面源污染严重。占GDP15%左右的农业贡献了50%以上的污染物。

耗水型工业重而不优。工业以重型化为主,资源型、初加工型比重偏高,内河航运业发展滞后。万元工业增加值耗水量是全国平均值的近两倍,产品附加值不高、排污量大,创新能力不足、水环保产业发展缓慢。

占水型服务业散而不精。涉水旅游业和体育休闲业有一定的发展,但大量占用江湖

湖泊,开发利用方式简单、粗放、低水平过度开发、质量不高、污染严重;城市发展和房地产开发大量填湖造地,湖泊大量减少、面积严重萎缩。

(二) 水资源保护不足,水生态安全面临巨大压力,水资源保护管理体制机制不健全

用水方式不合理,效率低下,漏失严重,总量控制压力巨大。2012年,湖北用水消耗总量129.01亿立方米,耗水率(消耗量占用水量的百分比)为43.1%,高于全国52%的平均水平,同美国的70%—80%、以色列的85%—90%耗水率差距更大;工业用水重复利用率普遍不高;城市供水管网漏失率在9.5%—46.4%之间,超半数的城市供水管网漏失率大于20%,城镇节水器具普及率偏低。

水生态环境恶化,水污染严重。湖北省是长江流域水土流失极为严重的省份之一,水土流失面积已占全省土地面积的32.7%;与20世纪50年代相比,全省百亩以上湖泊减少56.9%。2012年全省废污水排放总量53.78亿吨(不包括火电直流冷却水),比上年增加1.45%。2012年全省劣于Ⅲ类的河流总长为1696.0公里,主要集中在城市(镇)河段。2012年全年评价26个湖泊,其中Ⅴ类和劣Ⅴ类水湖泊达到11个,富营养湖泊16个。2012年度全省水功能区达标率为64.6%;69个饮用水水源地合格率为89.9%。

水资源开发利用与保护缺乏顶层设计,水资源保护立法不健全,水资源开发利用与保护管理体制机制不完善。湖北省水资源开发利用与保护多个规划之间目标冲突、任务对立、措施不衔接;水资源开发利用与保护的综合决策体制没有建立,管理上条块分割、各自为政、互不协调;执法中的缺位、越位、错位时有发生,选择执法、扭曲执法、懈怠执法、越权执法屡见不鲜。

二、"做好湖北水文章"的几点对策与建议

湖北省第十次党代会提出的"五个湖北"目标,对水资源开发利用提出了更高的要求;国家在湖北开展的最严格水资源管理试点,是湖北水资源开发利用与保护工作的挑战与机遇。为此,特提出如下建议:

(一) 加快培育和发展"水经济",彰显湖北水优势

1. 加大长江经济带内外资源整合力度

以生态工业园区建设为突破口,大力发展循环经济充分发挥长江"黄金"水道作用,实现"带内"资源整合,将武汉经济技术开发区和武汉东湖新技术开发区,与黄石、宜昌、荆门、荆州、仙桃、潜江等省、地级开发区进行有机整合,武汉开发区重点搞好"一区四园"建设,荆州、黄石、仙桃等省级开发区注重兴建高起点、高标准的基础设施和服务设施。

整合长江经济带"内"与"外"部资源,推动主导优势产业生态工业园建设,整合武汉沌口、荆州、襄樊、十堰等经济技术开发区,形成以汽车和零部件生产和销售的特色生态工业园区。在东湖、沌口、襄樊、荆门、荆州、黄石等开发区规划生态产业链,形成物料、能源等资源的充分循环网络。

以循环经济理念改造现有工业园区,提高资源效率,降低环境排放,为园区寻找新的增长点,促进园区的持续发展。提高汽车、医药、化工、电子等行业生产的清洁化程度,鼓励企业采用先进的清洁生产技术和污染治理技术;对高能耗、高污染行业和设备,加大技术改造力度,淘汰不符合产业政策的落后工艺和设备,提高产业的整体水平。

2. 重点支持水环保产业发展,建立经济发展与水资源开发保护的桥梁

充分发挥政府的主导作用,加快制定出台加快发展水环保产业的实施意见,建立和完善税收、信贷、价格补贴、土地、政府采购等方面的扶持政策;制定新能源与环保产业中长期发展规划,出台水环保产业指导目录。

将武汉城市圈打造成湖北、全国,乃至全世界的水污染治理产业基地,争取国家在武汉设立水污染治理产业的改革试点项目,提高武汉市水环保产业的综合设计、设备成套供给和工程总承包能力;建设水环保公共技术平台,重点扶持水环保企业技术创新中心和产、学、研联合体,支持重大技术攻关项目,建设一批具有国际或国内先进水平的水污染治理产业研发平台,不断提高自主创新能力和核心竞争力。

3. 开发水资源的"新型价值",培育"亲水"、"邻水"产业,创造经济新增点

加快发展涉水生态旅游业,注重将涉水旅游产业和传统农、牧、渔业等涉水经济产业联姻、融合,积极引入体验性、休闲性、创意性、参与性、娱乐性等元素,发展多元化的涉水旅游业态;完善涉水旅游业服务功能,提升服务水平,实现服务理念的转型升级。

推广典型湖泊"一湖一景"建设工程,带动"邻水"产业发展。以"一湖一景"建设工程带动"邻水"产业发展同时,借鉴国外的经验,在湖泊修复时恢复湖滨湿地,构建植被缓冲带,提高湖泊的净污能力。

4. 大力发展生态农业发展,提高农业用水效率,降低农村面源污染

在梁子湖流域、江汉平原湖区,打造生态农业示范基地,促进生态农业产业园建设。充分利用梁子湖列入国家"十二五"重点流域治理规划的有利契机,力争将四湖流域纳入国家面源污染治理示范区,采用适应自然资源优势的农作物区域化种植方式,调整灌溉农业结构,推广无公害种植技术。全面实施健康养殖达标行动,升级改造集中连片的精养鱼池,稳步推进无公害水产品标准化生产。

5. 依托光谷联合产权交易中心开展水权交易试点

充分利用武汉城市圈"两型社会"建设实验区的各项政策,依托光谷联合产权交易所,合理设计交易产品,制定交易规则和程序,推进水权交易试点。

(二)完善水资源开发利用和保护一体化决策机制,加强水资源保护

1. 完善水资源保护的顶层设计,制定战略层面的水资源规划

按照"十八大"报告提出的把生态文明融入经济建设、政治建设、文化建设、社会建设各方面和全过程,努力建设美丽中国的新要求,统筹谋划湖北水资源开发利用与保护,以"生产、生活、生态"三生共融的发展理念为指导,转变发展理念,统一发展目标,统筹发展速度,衔接发展步骤,确保水资源可持续利用。

2. 完善水资源保护地方立法，实现统一立法与重点立法相结合

结合湖北实际情况，制定《湖北省水资源保护条例》，整合《湖北省实施〈中华人民共和国水污染防治法〉办法》和《湖北省实施〈中华人民共和国水法〉办法》，实现水资源保护的统一立法。继续《湖北省湖泊保护条例》进行的"保护优先、分类管理"水资源保护管理模式新探索，推行优良水体优先保护，对重点流域、重点湖泊进行集中治理，推进"一湖一策"、"一湖一法"。

3. 建立水资源保护协作机制，探索协同式执法新模式

探索水资源开发利用与保护一体化管理新体制，建立长江水利委员会与省水利厅、省环保厅以及长江海事局、长江航运集团和省交通运输厅之间的水资源保护与污染防治协作机制，形成多层次的监测预警协作机制、信息交流共享机制、流域会商机制、污染综合治理机制、风险预防机制、联合保护机制、公众参与机制；积极开展水事联合执法、流域联动，探索协同式执法新模式。

4. 制定"湖北省碧水行动计划"，回应人民群众新期待

按照统一规划、统一监测、统一监管、统一评估、统一协调的原则，制定"湖北省碧水行动计划"，解决群众反映最强烈的水污染问题，确保城乡居民饮用水安全，保证一库清水送北京。

以改善重点流域水质为切入点，实施饮用水水源地保护工程、水质维护型流域治理工程、水质改善型流域治理工程、湖库水环境改善工程、风险防范提升工程等措施，建立各级人民政府水资源开发利用与保护综合决策机制，完善水资源保护和水污染防治责任制，建立水资源保护综合治理机制，健全环境保护考核责任制度、水安全预警应急制度、重大水污染事故责任追究制度。

关于把湖北建设成节水型社会的对策建议

吕忠梅　刘佳奇

湖北是水资源大省,但主水少、客水多的特征明显。随着湖北经济社会的发展,一方面是用水需求不断增长,另一方面是水污染的加重,水供给形势严峻。面对水资源约束日益趋紧、供需矛盾日益突出的现状,建立节水型社会成为提高湖北水资源承载能力,建成"两型社会",实现"竞进提质"、"效速兼取"目标的必由之路。

一、湖北省建设节水型社会面临的困难和问题

湖北一直高度重视节水型社会的建设。2002年以来,人均生活用水量和农田灌溉亩均用水量、万元国内生产总值用水量均呈逐年下降趋势。客观而言,湖北在节水型社会建设中成效显著。但面对水资源约束日益趋紧的现实,按照国家实施最严格水资源管理制度的要求,湖北的节水型社会建设仍然存在一些困难和问题。

(一)用水总量增加趋势明显,超越"红线"可能性极大

随着湖北经济社会的发展速度加快,用水总量需求必然随之增加。2002年至2012年,湖北用水总量一直呈上升趋势,2007年之后增速更快。2012年湖北总用水量299.3亿立方米,比上年增加0.43。按照现有年均增速计算,2015年湖北用水总量将突破325亿立方米,超出国家设定的315.51亿立方米的用水总量红线。

(二)废污水排放量增加,河流湖泊供水能力下降

2012年全省废污水排放总量53.78亿吨(不包括火电直流冷却水),全省废污水入河量为37.65亿吨,比上年增加3.6%。2012年全省劣于Ⅲ类的河流总长为1696.0公里,主要集中在城市(镇)河段。2012年全年评价26个湖泊,其中Ⅴ类和劣Ⅴ类水湖泊达到11个,富营养湖泊16个。2012年度全省水功能区达标率为64.6%;69个饮用水水源地合格率为89.9%。

(三)用水效率低下,水资源浪费现象比较普遍

2012年,湖北用水消耗总量129.01亿立方米,耗水率(消耗量占用水量的百分比)为43.1%,高于全国52%的平均水平,同美国的70%—80%,以色列的85%—90%耗水率差距更大。

2012年,湖北万元GDP用水量129立方米;万元工业增加值耗水量(含火电)115立方米,大大超过全国平均76立方米;农业有效灌溉系数仅为0.485,单位立方水的农业经济产值仍较低。

湖北各市州工业用水重复利用率差异较大,非火(核)电工业用水重复利用率在60%及以上的有武汉市、黄石市、鄂州市、襄阳市;全部工业用水重复利用率普遍不高,仅有宜昌市达70.5%。

湖北各市州城市供水管网漏失率在9.5%—46.4%之间,超半数的城市供水管网漏失率大于20%。而新加坡的水量流失率仅为5%;日本东京的这一数值仅为6%。按照计划,湖北到2015年,城镇节水器具普及率达到80%,大大落后于苏州的100%、北京的95%。

以上种种情况表明:湖北建设节水型社会既迫在眉睫又任务艰巨。

二、国外、省外节水经验的启示

(一)编制节水规划

很多国家和地区都非常重视编制完善的节水规划来明确节水的方向。美国环保局于1998年颁布了城镇公共用水的《节水规划指南》,澳大利亚建立了高效用水计划。江苏省制定了综合性的《江苏省水资源综合规划》,并制定了《江苏省节约用水规划》,对于节水型社会建设作了明确的规定。

(二)理顺水资源管理体制

许多国家都十分重视水资源管理,设置了适应本国国情的、全国性或地区性的水资源管理机构,对水资源的规划、调配、使用、开发等进行全面的管理。美国对水资源的管理注重统一性和综合性,强调从流域甚至更大范围对水资源的统一管理、综合利用,创造了田纳西模式。以色列设置了水利委员会,对地表水和地下水实行联合调度、统一使用。法国由国家流域管理委员会水协会和地方水管理公司共同参与管理,创建了协作管理模式、区域开发区公司管理模式和单个灌溉工程管理模式。

(三)运用水价作为实现节水的重要经济手段

比较常用的水价政策是累进制水价和高峰用水价。以色列为了鼓励节约用水,规定超过配额用水加价300%。澳大利亚实行基本费用加计量费用的两费制,有的地区执行

累进水价政策。新加坡规定工业的水价高于家庭用水价,工厂用水超过定额要征收15%的节水税。深圳市逐步扩大再生水的利用范围,制定科学的水价体系。

(四) 发展节水农业

推广节水灌溉已成为世界各国为缓解水资源危机和实现农业现代化的必然选择。以色列的节水农业灌溉方法主要是滴灌和喷灌,水的利用率分别可达95%和85%。法国农业节水灌溉的方式绝大部分是喷灌,采用有计划定量灌水。美国采用先进的节水灌溉技术和农业技术相结合,以取代传统的单一的地面灌溉技术,农田灌溉水的利用效率已达70%—80%。

(五) 推行清洁生产

全球先后有30多个国家建立了国家清洁生产中心。西班牙在工业领域逐步推行清洁生产政策,包括减少用水量、降低污染负荷以及循环利用工业废水等。日本各企业对节水产品的开发竞争已经达到白热化。

(六) 加强节水相关技术、产业的研发与推广

(1) 国外有不少城市推行水的回收利用,新加坡鼓励工业在制冷冲洗和生产用水等方面使用处理过的工业废水;目前,日本全国生产再生水已达到110亿,相当于年需水量的12%。以色列全国70%的污水经过处理用于农业灌溉。

(2) 降低漏损水量。西班牙在农业灌溉中采用管道输水技术,使水的有效利用率提高20%—30%,粮食增产10%—20%。美国、欧洲和亚洲等国家和地区把降低供水管网系统的漏损水量作为供水企业的主要任务之一来对待。新加坡公用事业局严查在自来水输送各个环节的水管"跑、冒、滴、漏"现象。

(3) 节水器具的推广与使用。美国为推行和规范更换安装节水型用水器具,1992年颁布了节水型室内用水器具的效率标准,居民室内用水器具更换后节水50%以上。以色列研制、开发和生产出成套的节水器材和设备。在瑞典的市场上,所有的水龙头、淋浴喷头或抽水马桶都是节水型的,"只有更节水的,没有不节水"的。

(七) 加强节水宣传,提供公众节水意识

许多国家采用各种方式开展宣传和教育,提高民众的节约用水的自觉性。日本为了抓好节水工作,建立了一整套宣传体系,编制宣传手册、组织参观城市供水设施,将节水内容编入中小学课本。政府确立"水日"、"水周",社会团体经常性地协助政府进行提高节水意识、普及节水方法的宣传活动。

三、湖北建设节水型社会的建议

（一）制定《湖北省节约用水规划》

为落实中央、湖北关于水资源开发、利用、保护的各项指标、任务，建议制定《湖北节约用水规划》，明确规定节水型社会的目的、目标和期限，对第一、二、三产业的节水规划以及节水管理作出详细的部署。

（二）大力推进城乡水务一体化管理，逐步建立取水、供水、排水统一管理机制，把用水、节水和治污结合起来

截至 2012 年，湖北 116 个县级以上行政区域中实行涉水事务一体化管理的行政区域仅 31 个。建议推广武汉市及所属各区、荆门市实行水务一体化管理经验，对行政单位内城乡水资源进行规划、调度统一，统一发放取水许可证、征收水资源费、水质与水量监督管理，污水排放与处理、水行政执法。

（三）出台《湖北省水价管理办法》，全面推进水价改革

建议湖北出台《湖北省水价管理办法》及其实施方案：在农业供水方面，逐步推行基准水价与计量水价相结合的"两部制"水价，同时将基本水价纳入财政直补的范围；在工业和城市生活供水方面，进一步推进阶梯式水价和累进加价制度，同时考虑低收入家庭的承受能力，进一步提高低保户减免水费的额度；科学确定再生水水价，通过适当的价格倾斜鼓励再生水的使用。

（四）加快推进相关产业节水技术改造，倡导节水型生产生活方式

一是围绕发展现代农业，以粮食主产区和蔬菜生产示范区为重点，加大适应性种植和节水灌溉示范项目建设力度，引导农民全面提高农业节水水平。优先在鄂北岗地、大别山区、武陵山区、丹江口库区等开展节水灌溉示范项目，全面提高农业节水水平。二是建设工业节水示范工程，对重点大中型企业进行节水技术改造，提高工业用水重复利用率，促进企业推行清洁生产。三是鼓励企业研发或引进先进技术，为节水减排工作提供科技支撑。四是加大城市生活节水力度，开展节水示范工作。重点在武汉城市圈加快城镇供水管网改造力度，降低管网漏失率。建立节水型生活用水器具推广制度和落后工艺、设备和产品淘汰制度，普及高效实用的节水器具。

（五）增强全社会的节水意识

建议政府加大水资源现状和保护的宣传教育力度，使全社会都来关心水、珍惜水、保护水、节约水。利用"世界水日"、"中国水周"等活动，调动公众参与节水活动的积极性。推进"节水型企业"、"节水型灌区"、"节水型学校"、"节水型机关"、"节水型社区"等创建活动。在中小学课程中设置专门的节水知识课程、举办节水文化论坛等途径推进节水教育，培养"节水光荣、浪费可耻"的社会意识。

关于发展"水经济"的对策建议

吕忠梅　陶珍生

在湖北省的"一元多层次"发展战略实施过程中，如何充分发挥湖北的水资源优势，发展"水经济"，是一个紧迫而又实际的问题。这需要我们坚持"保护与发展并重、生态与经济双赢"的理念，探索在发展中保护、在保护中发展的经济与环境良性互动的新道路。在大力发展和改造传统"水经济"的同时，加快培育和发展现代"水经济"。

一、加大长江经济带内外资源整合力度，大力发展循环经济，以生态工业园区建设为突破口，提高水资源利用效率

2011年，长江经济带地区生产总值已占到全省GDP的66%，带内第一、二及三产业分别占到了全省相应产业的51.77%、64.98%及70.78%，尤其是第二、三产业占全省比重达到了66%。但是，从构建引领湖北经济社会发展和促进中部地区崛起的现代产业密集带、新型城镇连绵带、生态文明示范带的战略目标看，目前尚存在几个问题：

带内地区间经济发展不够协调，资源整合力度不够。近年的统计数据表明，带内8个市州经济总量中，武汉占50%以上。人均地区生产总值武汉达67487元，恩施州巴东县仅13636元，荆州、黄冈、咸宁都低于全省平均水平。此外，该地区城镇化水平也存在较大差异。反映出区域联动、资源整合力度不够的问题。

"黄金水道"综合利用开发思路有待进一步细化。根据基础设施先行的原则，目前长江航道治理和港口建设初见成效。然而，如何进一步壮大支柱产业、培育战略性新兴产业以及缓解资源要素制约等方面没有取得实质性的突破。

沿江涉水产业发展重开发轻保护问题比较突出。2012年，我省境内长江干流水质与2011年相比，总体情况有所恶化。带内城市湖泊水质均为四类或五类，水体富营养化问题突出。长江经济带规划加快发展沿江产业，将大耗水、大运量的工业作为重点产业沿江布局，但对生态建设及水资源保护力度不够。

针对上述问题，应在长江经济带内建立并实施规划环境影响评价制度，大力发展生态工业园区，确保经济发展与环境保护的"双赢"。

(一)发挥长江"黄金"水道作用,对沿江各类经济开发区进行有机整合

制定沿江开发区整合计划,鼓励武汉经济技术开发区和武汉东湖新技术开发区两个国家级开发区,以及黄石、宜昌、荆门、荆州、仙桃、潜江等省、地级开发区进行特色园区建设,整合生产同类产品的企业。如沌口重点建设"一区四园"——出口加工区、高科技产业园、电动汽车产业园、民营工业园、物流园。荆州、黄石、仙桃等省级开发区应注重兴建高起点、高标准的基础设施和服务设施,提升和整合纺织服装、新型材料、机械电子、新型医药为重点的产业框架。

(二)整合长江经济带"内""外"资源,推动主导优势产业生态工业园建设

制定汽车产业生态工业园发展战略,促进武汉沌口、荆州、襄樊、十堰等经济技术开发区的资源整合,加强产品的梯级利用。在沌口加快建设以轿车为重点的现代制造业基地、汽车展销走廊和销售基地,发展节能环保的电动汽车;在十堰以重型卡车生产为龙头,积极推进清洁生产,建设发动机、车身、轮胎等汽车零部件的加工和销售园区;在襄樊形成整车制造、轻型车及轿车研制开发、汽车零部件制造四大基地;在荆州形成相关配套产品生产基地。规划东湖、沌口、襄樊、荆门、荆州、黄石等生态产业链,进一步形成物料、能源等资源的充分循环网络。发展循环经济,工业园区主要通过废物资源化利用,达到污染的低排放甚至零排放的目标。

(三)建设"改造型"生态工业园区,以循环经济理念改造现有企业

制定并实施工业园区生态改造计划,对已具有一定生态工业雏形的已有工业园区,完善已有的生态工业链,形成稳定的生态工业链网。对门类较多、企业数量大的已有工业区域或园区,采用生命周期观点和生态设计方法进行生态化改造,优化产品结构,合理构建和完善产品链,提高资源效率,降低环境排放,为园区寻找新的增长点,促进园区的持续发展。

鼓励发展园区生态设施配套服务,建立较完善的工业废物集中治理和综合利用基础设施,如工业废水处理设施、中水回用管网、工业余热及余能循环利用管道,或建立新的生产线对工业废物进行资源化利用。

实施清洁生产制度。鼓励企业采用清洁生产技术和污染治理技术,对高能耗、高污染行业和设备,加大技术改造力度,淘汰不符合国家产业政策的落后工艺和设备,提高产业的整体水平。

二、重点支持水环保产业发展,建立经济发展与水资源开发保护的桥梁

近年来,湖北省的水环保产业发展较快,尤其是在冶金废水处理机回用、重金属废水处理、中高浓度氨氮废水处理、"除氨控磷"、印染废水光化学脱色、反渗透膜分离等技术

上已达到国内领先水平。但是,我省水环保设备与器材制造业的年利润仅0.754亿元,人均年利润为0.096万元;水环保技术信息服务业的年利润为0.423亿元,人均年利润为0.097万元。总体上看,水环保产业规模偏小,行业龙头企业不多,带动能力不强;技术开发能力总体薄弱,科技成果转化水平不高;水环保产业发展不足,经营效益不佳。水环保产业的发展现状与水资源保有量之间形成了巨大的反差。为改变这一状况,特提出如下建议:

(一)加强组织领导,完善产业规划和布局

成立湖北省新能源与环保产业发展领导小组,制定新能源与环保产业中长期发展规划,组织协调湖北水环保产业的发展,尽快出台水环保产业指导目录。鼓励水环保产业快速发展。

(二)壮大水环保龙头企业,培育产业集群

将武汉城市圈打造成湖北、全国,乃至全世界的水污染治理产业基地,争取国家在武汉设立水污染治理产业的改革试点项目。鼓励行业优势企业联合重组,形成一批拥有自主知识产权、核心竞争能力突出的大企业和企业集团,分行业筛选一批产业特色突出产品链条较长成长较快的中小企业,重点扶持打造一批行业龙头企业。

(三)搭建公共技术平台,促进技术进步

制定并出台科技计划,建设水环保公共技术平台。重点扶持水环保企业技术创新中心和产、学、研协同创新中心,支持重大技术攻关项目,鼓励科研成果转化为现实生产技术、工艺、设备、产品及服务。

(四)完善扶持政策,提升产业规模

出台"加快发展水环保产业的实施意见",建立和完善税收、信贷、价格补贴、土地政府采购等方面的扶持政策,设立水环保产业发展专项资金,重点支持水环保产业重大项目建设和技术创新产品开发成果转化。吸引国内外水环保龙头企业和关键零部件企业落户湖北,尽快提升水环保产业整体规模和水平。

三、开发水资源的"新型价值",发展现代"水经济",创造经济新点

长期以来,湖北的"水经济"传统而简单——伴水而居、靠水而作,依水建城,依水发展商业、交通运输业与运输需求较大的重工业以及种植业、养殖业。水资源的多元价值未被充分认识,水资源所产生的经济效益与拥有的水资源总量反差巨大,未能发挥对经济社会增长应有的支撑作用,对经济社会发展整体增值的贡献度不高,对就业的拉动不足。

需水型农业大而不强。湖北的种植业、养殖业产量高、质量不高,面积大、产业链条

短,生态化程度低、水资源浪费大。GDP占15%左右的农业贡献了50%以上的污染物。早在2002年湖北就被列为全国8个农业面源污染高风险地区之一。2007年,我省农村主要污染物的排放量已经超过全省工业污染排放总量。

耗水型工业重而不优。工业以重型化为主,资源型、初加工型比重偏高,内河航运业发展滞后。万元工业增加值耗水量是全国平均值的近两倍,产品附加值不高、排污量大、创新能力不足。

占水型服务业散而不精。涉水旅游业和体育休闲业有一定的发展,但大量占用江湖湖泊,开发利用方式简单、粗放,低水平过度开发、质量不高、污染严重;城市发展和房地产开发大量填湖造地,湖泊大量减少,面积严重萎缩。

为此,必须转变对水资源进行掠夺式经营、浪费、破坏性使用的发展模式,代之以现代的保护性、改善性的开发与经营,发展现代"水经济"。

(一)大力发展涉水生态旅游业

加快发展涉水生态旅游业,注重将涉水旅游产业和传统农、牧、渔业等涉水经济产业联姻、融合,积极引入体验性、休闲性、创意性、参与性、娱乐性等元素,发展多元化的涉水旅游业态;完善涉水旅游业服务功能,提升服务水平,实现服务理念的转型升级。

(二)借鉴国外成功经验,推广典型湖泊"一湖一景"建设工程,带动人水和谐的"邻水"产业发展

密切水生态、城市园林生态与城市社会生活的联系,将有湖泊、有公园、有绿化长廊作为城市功能区划的要素,不仅体现生态城市和谐的美感,而且带动体现"邻水"产业——水房地产、水文化产业的发展。推广典型湖泊"一湖一景"建设工程,在带动"邻水"产业发展的同时,适当借鉴国外经验,采用恢复湖滨湿地、构建植被缓冲带的做法,提高湖泊的自净能力。

(三)大力发展生态农业,提高农业用水效率,降低农村面源污染

在梁子湖流域、江汉平原湖区,打造生态农业示范基地,促进生态农业产业园建设。充分利用梁子湖列入国家"十二五"重点流域治理规划的有利契机,力争将四湖流域纳入国家面源污染治理示范区,采用适应自然资源优势的农作物区域化种植方式,调整灌溉农业结构,推广无公害种植技术。全面实施健康养殖达标行动,升级改造集中连片的精养鱼池,稳步推进无公害水产品标准化生产。

(四)依托光谷联合产权交易中心开展水权交易试点

充分利用武汉城市圈"两型社会"建设实验区的各项政策,依托光谷联合产权交易所,合理设计交易产品,制定交易规则和程序,推进水权交易试点,用市场化手段,促进"水经济"的繁荣与发展。

进一步加强湖北水资源保护立法的建议

吕忠梅 刘佳奇 陈 虹 尤明青

水资源是人类生产、生活中极为重要的资源。湖北省委书记李鸿忠同志多次强调："兴水利、除水害,事关人类生存、经济发展、社会进步,历来是湖北为政之要、民生之本、兴鄂之基。"湖北是水资源大省,江河纵横、湖泊众多,科学合理地保护好、利用好湖北省丰富的水资源,对实现湖北科学发展、跨越式发展,促进全省生态文明建设具有积极意义。

一、湖北水资源保护立法取得的成效及存在的问题

湖北省委、省人大、省政府历来高度重视水资源保护立法工作。截至2013年3月,湖北在水资源保护方面的立法已达24部,其中省级地方性法规13部、省政府规章11部。立法内容涵盖水质、水量、水文、水价、水资源费、防洪、湖泊保护、供水、农村生态环境、污水处理、渔业、水库、水运、采砂、港口、水土保持、血防、移民安置、生态补偿、河道、航道等众多领域。以上法律法规,尤其是在湖泊保护、防洪、农村生态环境、移民安置、血防等方面的立法不仅彰显了湖北特色,而且在制度设计上处于全国领先地位。这些立法的出台初步构成我省水资源保护的法律体系,为保护水资源提供了制度保障。

湖北在水资源保护立法方面虽取得显著的成绩,但也存在一些不足和问题,具体表现在:

(一)部分法律条款陈旧,不适应现实需求

例如,《湖北省实施〈中华人民共和国水污染防治法〉办法》是2000年制定的。国家根据《水污染防治法》执行情况在2008年已对部分条款进行了修改并新增了饮用水水源保护区管理制度、水污染应急反应、强化地方政府责任等内容,而我省的《实施办法》尚未根据国家法律进行必要的修改、充实,难以适应新情况、新需求。又如,《湖北省汉江流域水污染防治条例》是1999年颁布的,其第34条规定对于污染水体的行为处罚额度为1万元以下,这与修改后的国家《水污染防治法》设定的可以处罚20万元甚至更多的处罚额度相差甚远,需尽快修改。

(二) 部分立法过于原则,可操作性不强

如湖北颁布的水资源保护立法,大多强调"公众参与",但如何实现公众参与,缺乏具体的、可操作性的制度设计。又比如,现有的环境保护法规,对于地方政府责任追究的规定过于笼统、可操作性差,导致很多情况下将政府责任变成了"部门责任",使法律对于地方政府,特别是地方政府行政首长的责任追究难以落实。

(三) 部分立法交错,导致相关部门权责交叉、冲突

为保护好、利用好水资源,国家颁布了《水法》、《水污染防治法》、《渔业法》、《土地管理法》、《森林法》、《河道管理条例》等一系列法规,这也使水利、环保、农(渔)业、国土、林业等职能部门都成为水资源保护、管理的主体。以上部门从各自职能、角度出发开展工作,往往发生权责交叉和监管冲突,从而影响到水资源的保护和利用。

(四) 部分立法创新性不足,立法个性、特色不明显

2012年出台的《湖北省湖泊保护条例》中明确规定对于重点湖泊可以专门立法,但我省在如何实现"千湖一法"与"一湖一法"相结合方面探索创新仍显不够。从全省公布的第一批湖泊保护名录看,仍旧以水面面积(1平方公里以上湖泊和不足1平方公里的重要城中湖泊)作为是否列入保护名录的依据。特别是应将哪些湖泊列为重点湖泊,并根据其个性、特色单独立法加以保护,研究与行动均显得有些滞后。

二、进一步加强湖北水资源保护立法的对策建议

(一) 树立新的立法理念

为保护水资源,近些年来,国家根据不断出现的新情况,对相关法规、规划、政策适时进行了修改、调整和完善。我省应遵循中央精神,结合本地实际,探寻具有湖北特色的水资源保护路径。为此,在水资源保护立法方面,应树立和强化以下新理念。一是风险预防理念。要摒弃"先污染后治理"的观念和做法,改变重水污染治理、轻风险预防的立法理念,将水资源保护由污染防治为主转向风险预防为主。二是突出重点、择优保护理念。即立法的重心、重点应放在生态脆弱或水质良好的江河湖泊。三是公众参与、综合治理理念。即在政府统一领导下,动员社会各方力量参与,共同保护水资源;运用法规、税收、价格、补贴、奖罚等多种手段,综合治理水污染和监管、保护水资源。

(二) 对现行立法进行评估、清理,根据新形势、新情况、新需要加以修改、完善、充实

要根据新形势、新情况、新需要,开展对湖北省水资源保护立法的后评估工作,对不适应现实需求的立法或条款加以修改、完善和充实。如《湖北省实施〈中华人民共和国水污染防治法〉办法》、《湖北省实施〈中华人民共和国水土保持法〉办法》、《湖北省实施〈中

华人民共和国渔业法〉办法》还没跟上国家立法更新的步伐,应当根据变化更新后的国家法律,结合湖北实际,尽快进行修改、完善,以使地方性法规与国家立法精神相一致。此外,《湖北省汉江流域水污染防治条例》中对违反条例行为的行政处罚额度明显低于国家《水污染防治法》所规定的处罚额度,应当及时修改,使下位立法符合上位立法的基本原则和要求。

(三)统一管理,尽快出台《湖北省水资源保护条例》

目前国家《水法》和《水污染防治法》分别规定,水利部门是实施《水法》的主管部门,环保部门协同;环保部门是实施《水污染防治法》的主管部门,水利部门协同。然而,水资源作为一种自然资源和环境要素,有其自身的独特性,其立法保护也有一定的特殊性,将水资源保护与水污染防治实施统一管理,是世界各国行之有效的成功经验。因此,建议我省遵循国家专项立法的基本精神和原则,借鉴国外的经验,研制并尽早出台统一的《湖北省水资源保护条例》,通过整合湖北省实施《水法》和《水污染防治法》办法、整合水利部门和环保部门的相关职责,使两部门更好地协同配合,发挥各自的优势,实现水资源保护的统一立法,实行水量和水质的统一管理,确保水环境的改善和水资源的可持续利用。

(四)推进洪湖、梁子湖等重点湖泊的单独立法

以往对湖泊的治理和保护我省基本采用"一刀切"的方式,这种不加区别的做法已不适应当下复杂的湖泊污染防治与保护要求。积极推进"一湖一法"的保护立法,采取"一湖一策"的保护方式则是解决我省湖泊特别是重点湖泊治理和保护的重要举措。为此,建议树立并增强"风险预防、择优保护"的理念,加快推进洪湖、梁子湖等重点湖泊的单独立法工作。目前,为两个湖泊单独立法不仅必要而且可行。

一是两个湖泊的功能定位已明确。根据国家和《湖北省水功能区划》,洪湖被列为国家级和省级"湿地自然保护区",是鱼类繁殖的良好场所、重要的调水水源区、重要供水水源地,是对自然生态与珍稀濒危物种的保护具有重要意义的水域。梁子湖已经纳入国家财政部、环保部开展的湖泊生态环境保护试点首批名单,也是我省水功能区划的"保留区"。二者均系重点湖泊,需通过单独立法对其加大保护。

二是有效防控、减降两湖泊水质恶化的风险。根据最新水质检测结果,洪湖现状水质为Ⅲ,梁子湖现状水质为Ⅱ—Ⅲ,二者水质总体良好。但近些年来,洪湖、梁子湖的营养化程度加重——多为中营养有时呈富营养,洪湖还出现总磷超标的情况。这一状况表明,尽管两大湖泊水质尚属良好,但如不加以重点保护,两大湖泊水质将可能进一步恶化。

三是单独立法有法可依。2012年《湖北省湖泊保护条例》颁布这为洪湖、梁子湖等重点湖泊单独立法提供了法律依据。此外,洪湖、梁子湖所在地市也出台了专门的湖泊保护规范性文件。如荆州市出台了《洪湖湿地自然保护区保护管理办法》;武汉市出台了《武汉市改善梁子湖武汉市域水质工作方案》等规范性文件,《梁子湖生态环境保护条例》的草案制定工作也已经开展。上述正在践行的法规为我省进行洪湖、梁子湖的专门立法

提供了支撑和宝贵的经验。

(五) 建立健全相关机制

一是地方政府水资源保护责任机制。建议通过立法规定各级人民政府行政首长对辖区内的水资源保护负总责,明确规定政府及其职能部门不履行水资源保护职责所应承担的法律责任。落实环境保护问责制,县级以上人民政府及其相关管理部门凡不履行水资源保护的职责,造成严重后果的,应对直接负责的主管人员和其他直接责任人员依法给予处分;后果特别严重的,应当依法撤销职务。

二是水资源保护协调机制。应建立长效的协调机制,以解决水资源的多头管理问题,协调具体管理中各部门、各地区之间的矛盾。建议明确由各级人民政府负责牵头协调,具体形式可以由各地区结合自身情况具体确定,立法应重点关注协调机制的制度化问题,使建立起来的协调机制具有法律依据,并能切实有效运行。

三是水资源保护公众参与机制。水资源保护需要公众的积极参与,建议加强这方面的法律设计。具体措施可以包括:(1)加强水资源保护的宣传和教育工作,增强公众水资源保护意识。(2)县级以上人民政府及其相关部门应当定期发布水资源保护的相关信息,保障公众知情权。(3)编制水资源保护规划、水污染防治规划、水资源立法、水生态修复方案和审批沿湖沿河周边建设项目环境影响评价文件,应当采取多种形式征求公众的意见和建议,接受公众监督。(4)广播、电视、报刊、网络等媒体开展公益性宣传,倡导促进环境友好的生活方式。(5)鼓励社会各界、非政府组织、水资源保护志愿者参与水资源保护、管理和监督工作。(6)鼓励社会力量投资或者以其他方式投入水资源保护事业。

他山之石

洪水风险管理

"抗洪",是许多湖北人心中抹不去的经历与记忆。对于一直流淌在身边的河流,我们爱恨交加。春汛、夏汛、秋汛,一年中有三个季节可能与洪水遭遇,我们承受着它带来的伤痛,却无力利用它巨大的潜能。近年来,很多国家致力于实现洪水的风险管理并取得了一定成效,这里介绍的是德国相关法律制度。

德国洪水风险管理法律制度考察

沈百鑫[*]

由于我国降水的时空分布极为不均,加上长期对河谷河滩地带的土地开发利用造成水体自然空间被束缚在狭窄的河道内,以及全球性的气候变化可能带来极端气候现象的不确定因素,洪水管理一直是我国水体治理的重要一极。尽管我国在工程技术性洪水防治上已经取得重大成就,但在管理上还需要理念和制度工具的进步,因此很有必要考察德国与欧盟在近几年在洪水风险管理上的制度创新与发展。

一、对洪水、潜在损害和洪水风险的理解

正确认识洪水是洪水风险管理的基础。只有明确洪水发生的原因及其对人类和自然界的作用和危害,才能正确处理人类与洪水的关系,设置合理的制度和采取有效措施。洪水是一种自然现象,是河流径流的一种表现形式,是具有一定规律的。洪水的发生取决于降水强度、流域特征和河道的特殊性。有规律的洪水有着重要的生态功能,在自然形态的河滩河谷中的动植物适应水位的涨落。人类应当保护这种因水位变化形成的生存空间(栖息地)的多样性,而拦河堰坝的建设必然导致生长在河滩河谷的植被大量消失。

除了气候与地理原因外,人类活动致使洪水频发。河谷地带往往是最适宜人类耕作的肥沃农田并有便利的水路交通,早期人类文明都依傍着大江大河,因此治理洪水贯穿着人类历史。为了直接在河边居住,需要修建堤防,在肥沃的河谷开垦农田并修建可通航的河道。长期以来集约化的土地利用,使得河道两边自然洪泛区消失。当洪水发生,满溢过河岸,只能提供很小的自然洪泛区域。河流的径流形式也相应地发生变化,流速不断加快,河流下游防洪形势更加严峻。

不同用途和程度的土地使用,如农用地、居住区以及排水设施等,都在不同程度地影响着洪水的强度。土壤变得愈加硬化,吸水功能受限,降水时不再就地吸收,而是迅速注入河湖。为了开垦用于耕作,建设灌溉和排水设施,精耕细作的农业改变着植被和土壤

---

[*] 德国亥姆霍兹研究联合会环境研究中心博士。

特征。不同的植被类型影响着土壤对降水的吸收,当每平方米100升的强降水时,林地的吸水性达70%,而草地能吸收近一半降水,农用地吸收40升,而硬化地面几乎不吸收降水。① 德国有13%的国土面积用于居住和交通,其中一半地面封闭硬化。②

而且,人们集中居住在这些受淹的河滩河谷区域,并在此修建和储存有"价值"的财产,一旦洪水进入到居住区和工业区,就可能导致巨大损失。在莱茵河上游区域,自然洪泛区减少了60%,达130平方公里。河道整治缩短了河流,莱茵河上游缩短了82公里,下游缩短了23公里。③ 由此,汹涌湍急的水流在缩短的河道里快速推高洪水水位。在德国境内的易北河流域,可滞洪的洪泛区从12世纪开始建设堤防时的6172平方公里缩小到838平方公里④,河流不能再为洪水的排泄提供原先一样足够的空间。一千多万人生活在高洪水风险下的莱茵河沿岸,潜在损失可能达1650亿欧元。而在欧洲整个海岸线500米内陆地,财产价值估计达1万亿欧元。⑤

尽管在洪水防范的历史实践中,人们积累了许多经验,采取了大量措施,投入巨额资金。但通过堤岸建设和其他河道建设措施,原本自然的洪泛区域缩小,直至消失,河道被截弯取直而缩短,水流流速加快,支流的大量径流一旦同时汇集到主河道里,水位就迅速上涨。洪水治理一直都将具有现实意义,尤其在全球气候变化的背景⑥下,空气温度上升导致水蒸发加快,局部性和季节性强降水的可能性增加,原有的洪水治理理念与思路就面临着挑战,需要技术和制度创新。尽管国家原则上有防卫危险义务,但为尽可能有效地防治洪水并减少由此带来的损失,应当有针对性地使用其财力资源,因此也有必须确定保护措施的优先性和保护水平的等级。

正如题目中所指出的,德国对于洪水治理主要是通过风险管理的手段。既然洪水是一种自然现象,那么只能尽量通过风险防范、采取事先的预警措施和灾害的事后求助与评估及重建,以保护洪水的自然价值,同时降低洪水对人类的危害。大流量和高水位的洪水往往是很少发生的。这里往往用"多少年一遇"这个统计学上的单位,但统计学上很小的洪水现象有时候也可能在短时间内频繁发生。洪水风险是由发生概率(多少年一遇)和潜在损失共同决定的。尽管发生几率较小,但可能因为涉及是没有防洪措施的居住区,那样洪水风险就较高。而同样等级的洪水,洪水风险在自然洪泛区则较低,对不同区域的保护水平取决于损失可能性。这种评估洪水风险的新方法,提供了洪水风险管理的新途径。

另外,从防洪的历史经验中可知,应对洪水既有必要制定事先的长效措施,又要实施全面的洪水风险管理。因为洪水作为一种自然现象,就像《欧盟洪水指令》中立法理由第

---

① UBA (Hrsg.): Hochwasser-verstehen, erkennen, handeln, 2011, S. 20.
② UBA (Hrsg.): Die Erhebung eines bundesweiten Indikators "Bodenversiegelung", Bodenschutz, 2011, S. 11.
③ BfG(Hrsg.): Hochwasser—Gedanken über Ursachen aus hydrologischer Sicht, Koblenz, 1996.
④ UBA (Hrsg.): Hochwasser-verstehen, erkennen, handeln, 2011, S. 22.
⑤ KOM 2004/472, Hochwasserrisikomanagement Vermeidungs-, Schutz-und Minderungsmaßnahmen.
⑥ Moritz Reese: Das neue Recht des Hochwasserschutzes vor den Herausforderungen des Klimawandels, Natur und Recht, 2011, 1, S. 19—28.

2点中所指出的,洪水相关的法令不是要阻止洪水,法律也只能非常有限地从人类行为指引的角度予以应对。[①] 洪水风险管理制度应包括事先预防、抗洪准备与储备、洪水发生时抗击和洪水事后跟进以及包括事后重建,因此是一个循环过程管理,包括:洪水发生前土地预留、自然的蓄滞水、技术性防治、工程性预防、风险预防、危险防卫和抗灾的准备、行动预防和信息保障,洪水一旦发生就需要进行防卫和救助受灾人群,在洪水后则需要进行评估和重建,然后再进行新一轮风险管理。[②]

二、法律基础

随着全球气候变化的影响,洪水危害也是欧盟立法所要面对的问题。2002年欧洲发生了较大的洪水,欧盟加强对洪水管理的重视,并于2004年出台关于洪水风险管理的规定,随后于2005年出台欧盟内的洪水行动方案,于2007年以欧共体2007/60号指令颁布了《关于洪水风险评估和管理的指令》(以下简称《欧盟洪水指令》)。该指令的目标是管理和降低洪水对人类健康、环境、文化遗产以及经济行为可能导致的风险。[③] 它分三个阶段,要求成员国到2011年前评估各流域和近岸沿海的洪水风险,并于2013年前确定洪水风险图,最后于2015年完成预防和防范洪水风险的规划。这也可以称为三种制度工具:当前风险评估、洪水危险地图和风险地图以及洪水风险管理规划。《欧盟洪水指令》要求于2009年底前将欧盟法规转化为成员国国内法,其不足在于缺少进一步的强制性干涉规定。[④] 德国在2002年易北河洪水后,也加紧制定洪水相关法规,并于2005年颁布《洪水条款法(一揽子法)》。因此在2009年《水平衡管理法》修订中,欧盟指令和国内法都得到了考虑,并专门规定了一节。同时,德国为联邦制国家,根据《基本法》,联邦与各州在水管理事务上处于一种竞合性立法权限,即只有当联邦没有使用立法权,各州才有立法权限,但同时又规定各州在水管理上还拥有例外权,即除了有关物质和设施相关的规定外,各州可根据自己州的实际情况制定与联邦法律相例外的规定。

德国联邦议会于2009年通过了新的《水平衡管理法》[⑤],在其中第三章"水管理的特别规定"第六节"洪水防治"中从第72条到第81条共规定了十条,首先是在第72条中,对于"洪水"进行了法律定义,是指地表水或入侵沿海地区的海水在一定时期内淹没通常不为水覆没的陆地。这里将防海潮也规定入防洪内容中,这也与德国水法中将沿海水体统一规定在水法中相一致。在第73条至第75条规定了洪水风险管理,包括洪水风险的评

---

① Michael Reinhardt: Der neue Europäische Hochwasserschutz, Natur und Recht, 2008, 7. S.468.
② UBA (Hrsg.): Hochwasser-verstehen, erkennen, handeln, 2011, S.36.
③ 《欧盟洪水指令》不是《欧盟水框架指令》的子指令,两个指令都指向事实上的同一物质对象,有许多交叉重合点,但《欧盟水框架指令》更多是从生态角度的水体保护出发,《欧盟洪水指令》则为了建立洪水的风险管理体系。我国《防洪法》第4条对于"开发利用和保护水资源"与"防洪"有类似规定。《防洪法》第4条的规定虽然都提到要兴利与除害相结合,但值得推敲,它第一句指出"开发利用和保护水资源,应当服从防洪总体安排",但第二句却又指出"防洪工程设施建设,……与流域水资源的综合开发相结合",两种关系存在不协调,第一句是服从安排,第二句是相互结合。
④ Michael Reinhardt: Der neue Europäische Hochwasserschutz, Natur und Recht, 2008, 7. S.469.
⑤ 沈百鑫:《德国水管理和水体保护制度概览》,载《水利发展研究》2012年第8期。

估和风险区域(第73条)、危险地图和风险地图(第74条)和风险管理规划(第75条)。第76条至第78条规定了洪泛区域和蓄洪区域,包括地表水体的洪泛区域、蓄洪区域和对于确定的洪泛区域之特殊保护规定。第79条至第81条规定了信息与协调,包括信息和积极防范措施(第79条)、协调(第80条)和通过联邦政府进行的协调(第81条)。

三、主要制度和措施

(一) 给河流更大空间,为洪泛区域提供更广阔土地

在过去的几百年里,人们在河流近处修建了堤岸,将河床与自然的洪泛区隔断,由此,河流不能再承受和积蓄洪水。在德国,即使是还留着独特的河漫滩和河滩林的易北河中游,其河谷平原自然洪泛区消失也达50%到90%之间。[①] 为河流漫岸提供更多的空间,是在《水平衡管理法》洪水规定中的重要机制,它主要是通过建立限制开发利用的洪泛区来实现。明确规定洪泛区可以保障洪水可滞留的区域并减少受洪损失。在洪泛区禁止新建制度是防止洪水导致损失的有效措施。只有在严格的条件下才允许在规定的洪泛区新建,法律严格要求相应的建造方式和特殊的防治水污染措施,并且自己承担预防责任。

《水平衡管理法》第76条规定了如何确定洪泛区。洪泛区是指位于地表水体与海塘或高堤间的区域和在洪水时被淹没或流经的或者出于泄洪和蓄洪需要的其他区域。各州政府到2013年12月22日前,应通过行政法规,将在风险区域或依经验确定有风险的,至少发生百年一遇洪水的区域,和作为泄洪或蓄洪区域,确定为洪泛区。对还未能依第2款确认的其他洪泛区域,应当查明、在图识中表明并且暂行保留。另外还规定对拟将确立的洪泛区域,应当告知公众,并给予其提出意见的机会。对此类已确立的和暂行保留的区域,包括在区域内适用的保护规定以及对洪水危害的防护措施也应予以告知(第4款)。

对所确立洪泛区需要规定特殊保护措施。除水体建设、海塘和堤防建设、水体和海塘养护、洪水防治措施以及对已被许可设施的运行或在被许可的水体使用范围内必需的行为外,在确定的洪泛区中,禁止以下事项:划定除港口和船厂的建设规划外新的建设区域,一般工程设施的建设或扩建,建设阻挡洪流的设施,在地面上倾倒和堆置水危害物质(除非此类物质在正常农林业范围内被允许使用),长时期堆置可能阻滞水流或被冲走的物体,堆高或挖深地表,与防洪相冲突的种植树和灌木,把绿地转变为耕地,把涵养林(或河滩林)转变为其他使用方式(第78条第1款)。同时在第2、3和4款中也规定了严格条件下的例外情形。

除了对洪泛区的特殊禁止性保护规定外,还需要采取积极的保护措施。为保持和改善水体的生态结构和洪泛区域、为避免或减少水土流失或对水体的严重影响(尤其是因

---

① UBA (Hrsg.): Hochwasser-verstehen, erkennen, handeln, 2011, S. 39.

为农业导致的不利影响)、为保留或获得(尤其恢复)蓄洪区域、为规范泄洪、为符合防洪地处置水危害物质(包括洪水保障下新建和改造已有的燃油供热设施以及禁止新建)、为避免干扰水供应和废水处理,各州政府在确定洪泛区的行政法规中还需要规定进一步的措施或规范(第78条第5款)。

(二) 指导居住区发展建设,潜在损失最小化

在第78条第1款第1项中规定的禁止在洪泛区开辟新建区是最核心的,由此可从根本上避免洪水造成损失,也即意味着很小的洪水风险。

对于人口密集和遵循实用主义的德国,严格禁止新建当然也是不切合实际的,因此在第78条第2款中规定了例外情形。只有当满足以下全部条件,才允许新建居住区,即发展居住区的其他可能性不存在或不能创建;新划定的区域直接与现有建筑区相毗邻;预期不会有生命危害或严重的健康和财物损害;不会负面影响泄洪和水位高度;不影响蓄洪并且损失的蓄洪空间能等到补偿;不影响现有效的洪水保护;预期将不会对上游和下游造成不利影响;考虑到预防洪水的需要;建设项目施工,按确定洪泛区所根据的洪水,预期将不会有工程性损害。如此规定,从根本上来说,不是完全禁止,而是把可能对生命、财物和环境造成损害的因素都排除掉,即把风险降到最低时,才例外允许新建。这些所规定的前提条件也就反映在批准的新建建筑指导上,比如要尽量密封防水,建筑材料上要使用防浸泡材料,需要防止房屋排水系统倒灌,要将有价值的物品置于高处。同时,对于供热燃油设备也作了严格规定,因为以往的洪水损害中,因供热燃油外溢导致的财物与建筑损害甚至达到总损失的70%,然而这还不包括对于水体和土壤等的环境损害。

同时,依《水平衡管理法》第5条第2款规定,可能受洪水影响的个人,在其可能和预期范围内,有义务采取相应合适的预防措施,防止不利的洪水后果和降低损害,特别是行使土地所有权要考虑到洪水可能对人、环境或财物造成的不利后果。

(三) 分散型治洪,加强自然的蓄水能力

与集中型治理相对,分散型治理日益成为水管理中的一种新理念,流域整体管理也同样体现这种理念,河流是主血脉,但流域中的汇水区就像毛细血管一样,只有整个肌体健康,血液才健康。在洪水治理中,增强自然的蓄水能力是降低洪水危险的有效措施。当长时间或强降雨过后,水如果不能下渗到土地中,而直接注入地表水体,到小溪、河流和湖泊里,或者在居住区注入污水管道,洪水危险也相应增加。作为自然的储水器应当保持和护养土壤,雨水得以储存在土地里,而洪水危险就降低了。

因此,仅将水流汇集到主河道上是不够的,还需要在上游和支流提供一定的洪水滞留区域。甚至在小溪小河边,创建这样的洪泛区域也是很有必要的,能够保护和恢复河滩林,同时结合恢复自然措施,使水流接近自然地发展,地表水径流得到滞缓。恢复自然河流能够恢复作为洪水自然储存空间的河漫滩,并能在低水位时形成湿地,在总体上能改善水生动植物的生存空间和水体的生态功能。

另一方面通过保持土地的开放性、分散遍布的雨水下渗设施和因地适宜的农林业布局,保持和促使土地的蓄水能力,由此雨水能就地滞留在汇水区的土地里,并补充进入地下水。在硬化的城区,降雨通过硬化地面或者排水管道迅速进入地表水体,洪水迅速上涨,除了迅速注入主河道外,利用排水系统中的蓄水空间和降水就地分散下渗也同样重要。尽管越来越多的土地被用作居住区和交通用地,地面硬化,但在硬化地面附近就近建设下渗洼槽,使得降水及时充分补充地下水或者较长时间保留在土壤中,对于洪水防治以及自然水生态保护有着重要意义。

同时,农林业用地管理也对洪水预防和减少洪水损失起着重要作用。特别是洪泛区内的农林业生产过程中,必须要考虑水土流失和由此造成营养物质和有害物质流入地表水体以及土壤对水的下渗和蓄存能力方面的影响。有利于环境保护的良好农业实践已经是欧盟和德国农业政策中十分重要的环境保护领域,不仅有利于土壤和水体保护,同样对洪水防治也有着重要意义。生态耕作的土地因其多方面因素对土壤的蓄水能力有着积极作用。土壤的高腐殖质含量和增加的生物活性阻止土壤硬化并提高过滤性。农业活动中,在农田里有目的设置垸(堤垸)能在洪水时用作蓄洪。而在林业活动中,在坡地植树绿化,能有效地防治土地的水土流失。

另外,为了河流通航,往往对自然河流深挖、拦坝以及许多河岸加固措施,由此失去退水空间却增加洪水风险,水位上涨,洪峰流经时间缩短。对此,包括河道建设在内的水体建设只有在符合条件下才能予以批准,尤其是不能导致洪水风险增加或破坏自然的蓄水区域(第68条第3款)。洪水防范、水体保护和航行利益应该得到综合平衡考虑,生态与经济利益予以衡量,河道不只是交通命脉同时也是生存空间。

(四) 提高洪水防范意识

洪水作为一种自然现象,人类不能做到百分百的预防,相关部门必须提醒公众,长期存在的洪水风险,并指导和建议其采取自我防范措施。除行为预防外,还可以通过引入洪灾损失保险进一步提高相关人的防洪意识,这是一种风险预防。而公众对水文和洪水信息的及时获知是所有洪水中采取相应行动的基础。因此,除了规定洪泛区外,还规定了洪水风险区,洪水风险区域是由职责机构通过评价基于洪水事件发生可能性及可能造成损害的洪水风险后确定的(第73条第1款)。通过风险区域概念,把防洪堤后的区域因素也考虑进来,将洪水可能对人类健康、环境、文化遗产和经营生产以及重要财物的不利影响也作为评估因子(第73条第1款),以及气候变化对于洪水可能造成的影响。洪水风险评估必须要根据《欧盟洪水指令》第4条第2款的要求进行(第2款)。风险评估和确定风险区域需要根据流域统一管理的理念,各州政府需要相应根据流域管理确定其行政区内的管理单元(第3款)。依照流域统一管理,交换对洪水风险评估重要的信息并依《水平衡管理法》第7条就管理规划和措施计划以及其他事项进行相互协调(第4款)。风险评估必须在2011年年底前完成,现确定的所有洪水风险区域地图和洪水防治规划都适用到2018年,之后每六年进行评估并在必要情况予以更新。

危险地图与风险地图则必须于2013年前制订完成。所有地图都最迟适用到2019

年12月22日,此后每六年进行审查且在必要情况下予以更新(第74条第6款)。管辖机关要根据其管理的风险区域范围确定危险地图和风险地图的合适比例(第74条第1款)。危险地图相比风险地图简单,只侧重于自然因素,针对三种不同等级洪水淹没范围的划定,分别给出:洪淹的规模,水深或水位,流速或对风险评估重要的水泄量。而风险地图则需要考虑到社会因素,针对三类级别不同洪水,分别说明洪水可能造成的不利后果(第74条第2、3款)。根据《欧盟洪水指令》第6条第5款,说明的内容需要对潜在涉及居民的数量、在可能涉及区域内的经济经营种类、环境污染和水污染相关设施以及成员国根据自己情况认为需要补充的相关信息。职责机构在制订危险地图和风险地图时,必须要与处于同一流域的其他州或成员国的职责机构交流相关信息。

在一定程度上,确定洪泛区、划定洪水危害图和洪水风险图都是利用科学技术和信息公开的一部分。然而这些基本知识的认识和基于这些基础知识之上的行为规范需要全社会的一起努力,在这方面尽管政府部门承担着积极作用,但公众也是洪水防范的必要组成部分。在德国,一些州早就制订洪水风险地图,而且联邦与州在水事务管理的协调机构也制定了对于洪水风险地图的制定规则。[①] 制订洪水危险和风险地图并予以公布同样有助于公众洪水防范意识的增进。

(五)利用规划手段

基于危险地图和风险地图的科学信息基础上,职责机构制订风险管理规划。风险管理规划的目的在于,在有可能和适当的条件下,减少由中等洪水以上对地表水体和极端现象对受保护沿海区域造成的不利后果。规划针对风险区域确定风险管理的相应目标,尤其是减少洪水可能对人类健康、环境、文化遗产、生产经营和重大资产造成的不利后果,在必要情况下,也包括采取非工程性洪水预防措施和降低洪水发生可能性。为达到确定的目标,在洪水管理规划中必须包含所要采取的措施。依《欧盟洪水指令》第7款第3款第2至4句,风险管理规划必须满足要求,即需要考虑到相关的重要方面,如费用与效益、淹没的范围、洪水泄道、潜在蓄滞洪区以及自然的洪泛区、水治理的环境相关目标、土地使用和水治理、区域规划、自然保护、行船和码头设施等。洪水风险管理规划应该包括洪水管理的所有方面,尤其是在避免、保护和预防,洪水预报和预警,以及可持续土地利用机制、改善蓄水和受控下的泄洪。根据《欧盟洪水指令》第7条第3款第1项中还明确规定了包含的内容要根据附件A,首个洪水风险管理规划需要包含的内容有:对流域单元或管理区域单元以清楚易懂的地图标识洪水风险评估结果、洪水危险地图和洪水风险地图、洪水风险管理的目标描述、措施规定以及其先后顺序、同时考虑其他法律的要求(环境适应性评估、危险物质事故危害控制、规划和项目的环境影响评估以及水体治理目标)。同时在附件中第2项规定还需要对规划实施作出说明,包括:措施的先后顺序和实施方式,并在规划实施中受监督;所采取措施和行动相关的公众的信息和听证;涉及的职责机关名单和协调程序。风险管理规划在不经协调的情况下,一般不允许包含那些对同

---

① LAWA—Empfehlungen zur Aufstellung von Hochwassergefahren-und Hochwasserrisikokarten.

一个流域的其他州和国家明显增加洪水风险的措施(第75条第4款)。

另外,洪泛区在其功能上也必须可作为蓄洪区。当存在重大公共利益冲突,必须及时采取必需的补偿措施。只要不与公益利益相冲突,以前曾是洪泛区,被用作为蓄洪区的,应当尽可能恢复洪泛区。

(六)信息是合作与透明的基础

在洪水防治中,对于信息的收集、管理和公布是另一个主线,甚至在一定程度上可以说在灾害防治上,主要是围绕着信息而展开,所以洪水防治法也可以说首先是信息法。职责机构应当公布洪水风险评估结果、风险区域的确定、制订的危险地图和风险地图以及洪水风险管理规划(第79条第1款)。另外,各州还需要作出更具体的规定,进一步对洪水危险、恰当的预防措施和行为规范以及在发生洪水前及时预警。

(七)合作和协调

在洪水风险管理中同样适用水体综合管理原则。首先是在洪水风险管理措施的规划和实施中,必须要同水体管理、区域规划、自然保护、农林业发展、灾害防治等相关的专业领域紧密合作;其次,成功的洪水风险管理必须全流域统筹考虑,而不局限于行政边界限止;然后是公众的参与,这同样也可以看成是水体综合管理原则的一部分,公众参与不仅能够提高公众的防洪意识,而且通过公众参与洪水风险管理规划的制定能够促进规划的实际执行,一方面保证公众实际利益,另一方面保证规划更具可操作和可执行性。

作为生态系统的组成部分的水生系统就本质是相互作用的一个系统。洪水管理同样要符合洪水现象的本质特征,与自然的系统性相对应是人类在管理上的合作与协调。因此,在整个流域中的不同相关职责部门之间的信息交换、合作和协调是洪水风险管理成功的重要前提条件。这种信息协调和机构协调首先体现在风险评估过程和危险地图及风险地图的制订过程中,而洪水管理上的信息又必须与整个水体管理上的信息相一致,洪水管理有其侧重点,但又要与整体的水体环境目标达标相协调。这方面的协调不仅体现在信息的一致性上,也体现在洪水风险管理规划与水体管理规划的目标与利益协调上。总体上,洪水相关的大量信息及其交流和协调可以增强受洪水威胁区管理机构与公众的自我预防能力。另外如果各州不能就洪水防治措施达成统一的,联邦政府可以依申请在相涉的州之间作调解(第81条)。不仅有多个部门间的协调,有多种制度间的一致,有多层政府间的沟通,有流域与区域的衔接,因此以信息为基础的协调管理已成为洪水以及水体管理的重点。

(八)洪水损害保险制度

潜在受洪水影响的个人,有义务采取适当预防措施,防止不利的洪水后果和降低损害,特别是使用土地所有权要考虑到由洪水可能对人、环境或财物造成的不利后果(第5条第2款)。作为管理者的国家尽管有一种客观的预防义务,但不能引申出个人有要求采取防洪措施的主张权。[1] 同时,财产损害保险也是另一种增加人们自我预防的有效激励方式。德国自 1994 年起就有这种受淹险种。一般的家庭财产保护不包括洪水损害,个人和企业需要额外参加洪水损害赔偿保险。在德国大约有 30% 的家庭有这种洪水损害保险。它涉及德国重要的河流,分别按 10 年一遇、10 年到 50 年一遇、50 年到 200 年一遇以及其余地区,制定了四级危险级别。[2]

以堤防建设为主的技术性防洪是洪水风险管理的必要组成部分。人工的蓄洪垸、水库、可移动的防洪墙和可控泄洪低洼都是防洪技术的进步,对于削洪和保障下游安全提供了多种选择。通常堤防将河道与自然的滞洪区域分割,不能再提供自然的分洪蓄洪区域,河滩植被消失。而且技术工程性防洪措施也不能防范所有洪水不发生,工程技术性防治洪水也发挥出了最大功效,有些防洪工程本身也还具有问题争议,因此剩余风险一直都可能存在,国家也不能提供绝对的安全保障。尤其是在全球气候变化的背景下,只有公众的洪水风险意识的提高才能真正有效减少洪水给人类造成的损失,而在这方面,通过洪水损害保险这种经济手段能促进公众自我责任意识。

四、现有不足和发展方向

在实践中,一些地方性的防洪措施对于河流上下游的另一些地方却会带来不利影响。因此,洪水防治必须对整个流域范围以一种协调统一的方式进行应对,成功的洪水风险管理应该超越行政边界从整个流域出发。因此,在现有的洪水管理中跨行政边界的合作就显得十分重要,在洪水风险管理规划中,流域流经各州及国家必须积极协调甚至共同参与,但这方面却一直做得不够。

工程技术能降低洪水风险,但仍不可能提供百分百的保护,所以在洪水风险区域的公民都有义务,采取进一步的自我保护措施。另外,通过在规划程序中的积极参与和支持,他们能促进减小洪水风险措施的迅速实施。但这都与公民的洪水预防意识相关,这方面仍然欠缺。给洪水予以空间,理念是清晰的,但在具体的实践中仍然遇到其他土地利用上的利益冲突,特别是对于洪泛区内的农田耕作、居住区的开发利用以及道路建设,都仍然需要根据风险预防的理念来平衡各方利益,而且这方面还涉及上下游之间的利益平衡。而洪水风险管理规划在《区域规划法》和《建筑法》上的约束力还没有得到充分体现。[3]

不管是在欧盟层面还是在德国水法层面,尽管已经提出了需要充分的协调,但在整体的水体管理与洪水管理之间还缺少足够机制安排。欧盟《水框架指令》要求的地表水体良好的生态状况也包括河流和湖泊的结构良好,前提条件是水体有足够的空间(土地面积)可供使用。如果不考虑到水危害物质的泄漏,洪水作为一种自然现象对于自然环

---

[1] Michael Kloepfer:Umweltschutzrecht. Beck,2011,S. 434.
[2] UBA(Hrsg.):Hochwasser-verstehen, erkennen, handeln,2011,S. 57.
[3] Moritz Reese:Das neue Recht des Hochwasserschutzes vor den Herausforderungen des Klimawandels, Natur und Recht,2011,1,S. 19—28.

境往往不是作为不利影响。另外,水体管理中的流域统一管理的理念也给洪水风险管理带来了理念和制度基础,同一流域的各行政区域间的合作与协调是可持续治理洪水的保障。

五、对中国防洪法的意义

在全球性气候变化的背景下,我国《洪水防治法》也应当作出及时应对,如何有效而经济地减少洪水对于人类造成损失,同时又认识到洪水作为一种自然现象,作为生态平衡的一部分,风险管理模式与环境保护理念可以成为我国《洪水防治法》在理念上发展的方向。洪水防治在预防方面,从外部来讲要处理好区域规划与洪水防治的关系,从内部来讲要处理好洪蓄区的划定和管理。在措施上,要围绕着信息,准确、及时和公正地处理、公开及传递信息。在参与上,不仅行政部门承担起职责,也要通过洪水风险保险机制让公众增加洪水防范意识。

首先,综合管理的理念不仅是水体管理的核心理念,也是洪水管理的核心理念。洪水作为一种自然现象,不仅要考虑到积极减少洪水对人类造成的损失,同时也要考虑到洪水对于环境保护和水体管理目标的达标具有的积极意义。这也与欧盟及德国水法中追求的立法目的相一致,根据欧盟《水框架指令》第4条规定的"环境目标"以及德国《水平衡管理法》第1条"保护作为生态平衡中的组成部分、作为人类生存基础、作为动植物生存空间以及作为可利用物之水体",即包涵了水量和化学水质的,从环境保护利益出发,更高一层次的水体生态标准才水管理的目标。这也体现在德国洪水管理作为《水平衡管理法》中一章节,以及在欧盟层面《水框架指令》与《欧盟洪水指令》之间的紧密关联。给洪水更多空间、尽可能就地保留吸收洪水以及严格考虑防洪要求的居住区建设,在这种理念下的洪水风险管理,才能与水法中的整体目的"达到良好的生态状况"相一致。另外,水体管理中流域综合管理机制同样也适用于洪水的防治,只有从流域整体的高度来理解洪水和进行风险管理,才能最大程度地实现人与自然的和谐和上下游的安全与公平。洪水管理范围不应该只限于两岸堤防之间,而应当从整个流域、包括可能陆地在内的统一管理,而我国的《防洪法》规定主要还是限于河道范围。

其次,信息管理是洪水管理中的一条主线。洪水管理要以科学数据为基础,但对于数据的分析、掌握与共享是关键。从洪水风险评估到根据评估结果确定洪水风险区域,并制作危险地图和风险地图,再在此基础上制订洪水管理规划。在这个过程中,信息流是网络状的,不仅是多个部门的交流合作,也是职责机关与利益相关个体之间的交流,有区域的也有流域层面的交流,有数据收集到数据分析再到数据管理。另外,我国《防洪法》也规定有相似的防洪规划,在此洪水风险管理规划与防洪规划是两种不同的规划,我国防洪规划侧重于工程性防治洪水,而德国及欧盟法中的洪水风险管理规划侧重于如何最大可能地减少洪水对人类造成的损害。而且,洪水风险管理规划是基于洪水风险评估和对洪泛区规定以及危险地图和风险地图的制订,有基于充分和科学的信息基础上的,而《防洪法》对于防洪规划规定了编制主体,但对如何制定则没有规定,而且也没有指出公众参与。

再次，风险管理的理念是洪水管理经济手段的体现。洪水是一种概率性事件，对它的评价上，从自然生态的角度，作为自然界的一种现象，往往有着存在的益处，所以在洪水管理上，需要考虑支出与效益分析，尽量减少或避免洪水可能对人类造成的损害。由此在德国法中实现了一种理念到概念的转换，在预防侧重上从洪泛区域转向风险区域。同时也还可以利用洪水损害保险的手段，一方面促进个人的洪水风险意识，另一方面促进灾害损失的公平性。作为风险管理，也就需要根据不同的风险等级确定不同的相应措施。另外，全球气候变化也成为风险因子，在洪水管理中要考虑到气候变化的影响。我国《防洪法》第1条就指出了立法目的，"防治洪水，防御、减轻洪涝灾害，维护人民的生命和财产安全，保障社会主义现代化建设顺利进行"。在此既没有环境保护理念的体现，也没有从洪水风险管理出发，洪水管理不是要管理洪水，而是侧重于避免洪水可能对人类造成的损害。

最后，公众参与是洪水管理有效实施的一个保障。只有公众参与下，才能获得最广泛的信息，才能在管理过程中处理好各种相冲突的利益，才能保障所制订的规划得到公众的支持和监督而切实执行。我国《防洪法》除了对个人的禁止性规定外，还包括对于防洪保留区和防洪规划的公告外，没有更多地涉及公众的规定。另外，在立法技术上，新法对于洪水、洪水风险、洪泛区、危险地图和风险地图都作了明确的法律定义。这些明确的定义是法规的基础，也是管理的认知基础，它体现了人类对于洪水认识的进步。我国《防洪法》第29条也对于洪泛区、蓄滞洪区和防洪保护区进行了法律定义，但这些概念仍是建立在传统的工程技术性防洪理念的基础上。

附 录

2012年湖北省水资源可持续利用大事记

温家宝在鄂考察防汛抗洪强调全面做好防汛各项工作

怀着对长江防汛工作的高度重视和对荆楚人民的深切关爱,2012年8月1日至2日,中共中央政治局常委、国务院总理(时任)温家宝,在我省荆州、宜昌实地考察长江汛情,检查指导防汛抗洪工作。

万里长江,险在荆江。温家宝在省委书记、省人大常委会主任李鸿忠,省委副书记、省长王国生等陪同下,首先来到荆州市,先后察看了观音矶险段、荆江大堤尹家湾管涌险情、公安县南平镇松东河新城险段和孟家溪镇金岗村,看望坚守在防汛抗洪一线的巡堤人员、民兵突击队队员和干部群众。听说近段时间这些堤段险情增多,松东河新城段已22天在警戒水位以上,温家宝说,1998年抗洪之后,我们加固了长江大堤,防汛条件大大改善,但决不意味着可以高枕无忧,最近的险情就是对我们的提醒。他要求当地进一步完善预警巡查措施,确保人民群众生命财产安全。他还要求有关部门迅速研究部署荆南四河等防洪薄弱环节治理工程建设,切实提高这一地区的防洪能力。

考察期间,温家宝在荆州主持召开座谈会,听取了我省主要领导和长江水利委员会负责人、专家关于防汛抗洪工作的汇报。他指出,保障长江安全度汛,关键要抓好两件事。一是切实做好三峡等重要防洪工程的科学调度。要把防汛保安全作为第一位的任务,坚持蓄泄兼筹、江湖两利、上中下游协调、左右岸兼顾、干支流配合,加强三峡工程调度,科学安排下泄流量。二是加强堤防、湖库防汛应急值守和巡查排险。目前长江中游部分干流河段和洞庭湖周边水位持续在警戒水位以上,要组织足够力量巡堤查险,特别要加强对险工险段、河势发生变化堤段的巡查,确保万无一失。他强调,在做好防汛工作的同时,要高度重视抗旱工作。现在长江中下游部分地区已经出现旱情,要加强中小河流调度,增加水库、塘坝蓄水,扩大抗旱水源。

考察中温家宝特地强调,目前,许多城市对防洪、给排水地下管网等市政基础设施建设重视不够。必须深刻汲取教训,下决心加强城市防洪、排涝设施规划和建设,全面提高城市防洪排涝能力。城市建设必须科学规划,做到尊重自然、顺应自然,人水和谐、科学发展。沟塘、河道、湖泊、湿地等是城市蓄洪、排水的重要载体,不能随意填埋侵占。要逐步改变城市地面过度硬化的做法,增加绿地、砂石地面、可渗透路面和自然地面对雨水的吸纳能力。要加强城市地下管网建设,提高排水标准。要根据不同城市的实际情况,制定切合实际的强制性排水标准。新建城区要按照城市排水的国家标准进行规划和建设。

现有城区要加大地下排水管网建设和管网雨污分流改造力度,提升排涝能力。要加强城市内涝应急管理,制定应急排水抢险预案,加强排涝巡护,切实减少城市内涝带来的损失。近年来洪涝灾害伤亡人员绝大多数发生在小城镇和农村,要把保障小城镇和居民点的防洪安全放在更加突出位置。

湖北省与长江水利委调研鄂北地区水资源配置工作

  干旱缺水一直困扰着鄂北地区经济社会发展和人民群众生活。2012年10月24日至25日,省委书记李鸿忠,省委副书记、省长王国生,省委副书记张昌尔等,与长江水利委员会副主任、总工程师马建华一道,就鄂北地区水资源配置工作,深入襄阳、随州、孝感干旱缺水地区调研,从根本上解决鄂北地区干旱缺水问题。

  鄂北地区是湖北省有名的"旱包子",受地形地势影响,该地区长期干旱缺水。新中国成立以来,党和政府高度重视鄂北地区水利建设,建成了一大批以水库为龙头、提水泵站为辅助、渠系为配套的水利工程,极大改善了城镇供水和农业灌溉条件。但由于鄂北地区年降雨径流小、蒸发量大,而且年际变化大、年内分配不均,水资源供需矛盾依然突出。近年来更是出现了六十年一遇的特大干旱,对该地区经济社会发展和人民群众生活造成了严重影响。调研过程中,李鸿忠指出,要按照节水、引水、蓄水、净水、护水的思路,多管齐下,多措并举,从根本上解决鄂北干旱缺水问题。一是要强化节水意识,充分挖掘水资源利用潜力,珍惜用水、节约用水,努力建设节水型社会。二是采取工程性措施引水、蓄水,做好鄂北地区水资源配置工程规划研究,在有条件的地区新建水库工程,调蓄水量,最大限度满足区内用水需求。三是加强水资源管理,大力治污、净水护水,确保宝贵的水资源得到有效保护和充分利用。

《湖北省湖泊保护条例》出台

2012年5月30日,《湖北省湖泊保护条例》经省十一届人大常委会第三十次会议审议通过,将于10月1日正式实施。这部备受社会期待和关注的地方性法规,历时16年终于出台,结束了"千湖之省"湖泊保护无法可依的历史。

《湖北省湖泊保护条例》依据湖北省湖泊保护"保面积、保水质、保功能、保生态、保可持续利用"的"五保"目标制定,是一部系统规定湖泊工作的地方性法规。条例共9章62条,对湖泊保护实行最严格的保护制度,"禁止"二字出现了11次。如禁止在湖泊控制区内从事可能对湖泊产生污染的项目建设和其他危害湖泊生态环境的活动;禁止新建造纸、印染、制革、电镀、化工、制药等排放含磷、氮、重金属等污染物的企业和项目;禁止向湖泊排放未经处理或者处理未达标的工业废水、生活污水;禁止在湖泊水域围网、围栏养殖等。在政府职责方面,明确"湖泊保护实行政府行政首长负责制";在部门职责方面,明确了由县级以上政府水行政主管部门主管本区域内的湖泊保护工作,并以列举形式分别规定了水行政、环境保护、农(渔)业、林业等主要相关部门的职责。《条例》还规定鼓励社会各界、非政府组织、湖泊保护志愿者参与湖泊保护、管理和监督工作。

该条例的颁布施行,将实现保面积、保水质、保功能、保生态、保可持续利用的湖泊保护目标。该条例的颁布实施,对于加强全省湖泊管理,防止湖泊面积萎缩和水质污染,保障湖泊功能,保护和改善湖泊生态环境,促进全省科学发展、可持续发展,提供了坚实的法制保障。

全省第一批湖泊保护名录公布

2012年12月10日,湖北省政府办公厅发文公布了全省第一批湖泊保护名录。名录共包括洪湖、梁子湖等1平方公里以上的湖泊和1平方公里以下的城中湖泊308个,其中1平方公里以上湖泊231个,1平方公里以下城中湖泊77个。

省政府办公厅要求,各级人民政府要根据《湖北省湖泊保护条例》规定,组织对列入湖泊保护名录的湖泊分别制定湖泊保护详细规划,采取有力措施,切实加强湖泊资源保护,科学合理地开发、利用湖泊资源。各级水行政主管部门要认真履行职责,落实各项保护和管理措施。各级发改、公安、财政、国土资源、环保、住建(规划)、交通运输、农业(水产)、林业、旅游等有关行政主管部门按照各自职责做好湖泊保护工作。

省政府批复重要饮用水水源地安全保障规划

  2012年12月17日,省政府印发《关于湖北省重要饮用水水源地安全保障规划的批复》,原则同意省水利厅会同省发改委、省环保厅组织编制的《湖北省重要饮用水水源地安全保障规划》。

  省政府批复的《规划》以保障城市水源的水量、水质为目标,以饮用水水源地的建设、保护、涵养为核心,对全省重要饮用水水源地进行了安全状况评价,划定了重要饮用水源保护区170个,规划了保障水源地安全的隔离防护、污染源综合整治、生态修复和保护、备用水源等工程措施,以及建立饮用水水源地监测预警与安全应急机制的相关措施。《规划》是全省饮用水水源地安全保障工作的依据和指导性文件,奠定了水利部门开展饮用水水源地保护的基础。

全省水资源保护规划编制工作启动

2012年12月18日,省水利厅印发了《关于开展湖北省水资源保护规划编制工作的通知》,全面部署了全省水资源保护规划编制工作,明确了我省水资源保护规划的主要目标、工作任务、进度安排,以及规划编制的组织、技术承担单位,标志着我省水资源保护规划编制工作全面启动。

这次全省水资源保护规划编制是根据水利部统一安排部署的。规划将在摸清河湖水资源、水生态环境状况的基础上,提出水资源保护工作的总体思路、目标任务和重点措施,规划水资源保护的工程和非工程体系,提出近期重点工程及实施安排意见。主要任务包括现状调查与评价、制定污染物入河量分阶段控制方案、入河排污口布局与整治、水源涵养及水源地保护、内源治理与面源控制、地下水资源保护、生态基流及敏感生态需水、水生态保护与修复、重点流域水资源保护与综合治理、水资源保护监测、水资源保护管理、总体规划等方面。规划编制对于推进全省水资源保护和河湖健康保障体系建设、实行最严格水资源管理制度、建设水生态文明有重要意义。

湖北新"三万"活动建天蓝地绿水净美丽山村

  湖北省委省政府日前决定,于 2012 年 12 月 5 日至 2013 年 3 月 5 日,用 3 个月时间在全省开展以"整治村庄环境、建设美丽家园、促进生态文明"为主题的"万名干部进万村洁万家"活动。这是继"入万户"、"挖万塘"主题之后,湖北省发动的第三轮"三万"活动,此前两轮"三万"活动不仅受到中央领导同志的高度评价,而且获得全省干部群众特别是农村干部群众的广泛好评,引起社会和各大主流媒体的广泛关注。

  这次"三万"活动实质上就是按照党的十八大部署的生态文明建设新要求,通过改善农村环境,引导农民改变生活习惯,实现乡风文明、村容整洁,推动农村生态文明建设。湖北省通过宣传政策、走访农户、整治环境、建立机制等活动,以开展村庄环境整治为重点,探索新农村建设中村庄整治、环境卫生保洁管理长效机制,推进全省农村文明习惯养成和乡风文明建设。

省委省政府电视电话会议部署湖泊保护管理工作

2012年10月30日下午,省委、省政府在武汉召开电视电话会议,研究部署全省湖泊保护与管理工作,部署实施最严格水资源管理试点,努力实现"千湖之省碧水长流"目标。省委书记李鸿忠,省委副书记、省长王国生出席会议并讲话,省委副书记张昌尔主持会议。

李鸿忠说,湖北素有"千湖之省"美誉,数量众多的湖泊、富集的水资源是湖北省最突出的特色优势。严格依法依规加强湖泊保护、实施最严格水资源管理,意义极为重大,事关人类生存发展,事关国家民族根本利益,事关湖北省经济社会长远可持续发展和保障改善民生。全省各级党委政府、各有关部门要进一步提高思想认识,以《湖北省湖泊保护条例》实施和试点最严格水资源管理为契机,采取坚决有力、切实有效的措施,全力护卫好湖北省珍贵的湖泊明珠和水资源。

李鸿忠强调,要建立健全最严格的护湖管水责任体系,坚持保护为先、坚决护湖,确保现有湖泊水体不受污染、数量不减少、面积不萎缩,同时大力推进湖泊生态修复和毁损湖泊恢复工作;严格落实护湖管水责任,加强管理、严格执法,大力奖励爱湖护湖行为,严厉惩罚危害毁损湖泊行为;坚持合理开发利用,在保护的前提下进行科学适度开发,做到先予后取、多予少取,促进湖泊资源的永续利用。要加强宣传教育,营建浓厚的爱湖惜水文化,形成"护湖为荣、损湖为耻"的社会风尚,让每一个湖北人都从内心深处、从价值理念、从生活消费习惯上爱湖惜水。要广泛发动、加强监督,将每个湖泊都置于"探照灯"、"镁光灯"和"显微镜"之下,建立起社会公众和新闻媒体监督的天罗地网,让任何危害毁损湖泊的行为都无可遁藏。

王国生就强化湖泊保护和水资源管理工作进行安排部署。他要求全省上下按照新阶段的新要求,切实抓好湖泊保护规划编制、保护范围界定、污染防治、生态修复和对湖泊的依法管理等五个方面的重点工作,促进湖泊资源的可持续利用。王国生指出,当前湖北省水资源存在供需矛盾突出和利用效率低下两大问题,我们要以水利部在湖北省开展实施最严格水资源管理制度试点工作为契机,抓紧做好"三条红线"控制指标分解、推进最严格水资源管理制度建设、加强水资源管理能力建设和水资源配置工程建设等方面重点工作,力争在实施水资源管理制度方面取得突破。他强调,要坚持分类指导统筹推进,加快构建顺畅高效的协调配合体系、长效稳定的经费保障体系、科学严格的目标管控体系和灵活快捷的监督宣传体系,确保湖北省湖泊保护和最严格水资源管理试点工作稳步推进。

　　张昌尔主持会议时强调，各地各部门要认真组织学习，及时传达贯彻会议精神，在全省上下形成加强湖泊保护和落实最严格水资源管理制度的强烈共识；要形成工作合力，实行湖泊保护、水资源管理行政首长负责制，建立分级负责、分工负责的工作体系，确保各项工作取得实效；要加强宣传教育，精心组织策划宣传活动，积极营造共同惜湖爱湖护湖、自觉节约水、保护水的良好社会氛围。

　　省委常委、省委秘书长傅德辉，副省长郭有明出席会议。郭有明代表省政府与试点市代表签订湖泊保护责任书和最严格水资源管理试点责任书。武汉市市长唐良智在分会场参加会议。

湘鄂水利部门共商洞庭湖生态经济区规划

2012年9月8日,湖南省水利厅、湖北省水利厅在武汉举行座谈会,专题研究洞庭湖生态经济区规划有关问题。湖南省水利厅厅长戴军勇、湖北省水利厅厅长王忠法出席并讲话。

戴军勇在讲话中介绍了洞庭湖生态经济区水利专项规划的背景、定位等主要内容,提出了进一步加快规划工进程的意见。王忠法在讲话中指出,将洞庭湖生态经济区上升为国家战略,是湖北、湖南两省的共同利益,洞庭湖生态经济区水利专项规划是长江中游城市集群水利发展合作的具体体现,两省水利部门应加强合作和沟通,深入开展有关问题研究,以洞庭湖生态经济区规划为契机,加快推进洞庭湖地区水利工程建设,实现地区社会安乐稳定和经济发展,实现江湖两利。

CCTV新闻联播报道湖北省"长治"成效

　　2012年8月23日,中央电视台综合频道新闻联播在"科学发展,成就辉煌"栏目中报道了我省退耕还林的长江三峡库首秭归县,形容秭归县"山腰间、河畔上,成片的茶园生机盎然"。秭归县从2000年第一个茶树种植示范基地建成后,已经建成40多万亩以茶树、柑橘树、板栗树为主的经济林,在当地也叫作"水土保持林"。库区每平方公里土地的水土流失量,从过去的2000多立方米,下降到现在的500立方米,已初步形成了一道绿色的生态屏障。

　　湖北"长治"工程总投资14.8亿元,其中财政预算内投资2.16亿元,农发资金5598万元,地方配套资金9941.60万元,群众投资11.1亿元。项目建设遍布三峡库区、丹江口水库水源区和大别山南麓诸水系三个类型区,涉及我省宜昌、黄冈、十堰、恩施四个市(州)的15个县(市、区),共对46个项目区的水土流失进行治理,累计治理小流域411条,治理水土流失6717平方公里,完成坡改梯39789公顷,水保林183172公顷,经果林63798公顷,封禁治理317326公顷。

湖北省最严格水资源管理试点方案获部省批准

水利部、省人民政府联合印发《关于湖北省加快实施最严格水资源管理制度试点方案的批复》(水资源〔2012〕345号)(以下简称《批复》)。该方案的获批,标志着我省加快实施最严格水资源管理制度试点正式启动。

《批复》指出,湖北省是国家老工业基地和农业大省,也是中部崛起战略的重要支点。湖北省境内河流纵横,湖泊棋布,但水资源年内分布不均,水旱灾害频繁,水生态环境严峻,水资源问题依然是制约全省经济社会可持续发展的关键问题。率先开展最严格水资源管理制度试点建设,对于湖北省以水资源可持续利用保障经济社会又好又快发展具有重大意义,同时也能为中部地区南方省份实施最严格水资源管理制度提供借鉴。

《批复》确定,我省2015年水资源管理控制目标为:用水总量控制在315.51亿立方米以内,农田灌溉水有效利用系数不低于0.496,万元工业增加值用水量与2010年相比下降35%以上,水功能区水质达标率超过78%。

《批复》要求,要以《试点方案》为依据,在实施过程中,按照目标明确、制度先行、监控到位、重点突出、保障有力的原则,以水资源配置、节约、保护为主线,率先出台实行最严格水资源管理制度意见、实施方案和考核办法;率先确立水资源管理"三条红线";率先建成省级水资源管理信息系统;率先建立水资源管理责任制"四个率先"的总体要求,努力探索实行最严格水资源管理制度的模式、经验和做法,发挥示范带动作用。

《批复》强调,省政府有关部门和县级以上地方人民政府,要加强组织领导,按照《试点方案》的要求,组建工作机构,落实部门责任,安排试点经费,强化监督管理,按照规定要求和时间节点完成工作任务。在试点中遇到的新情况、新问题,要认真研究解决,总结经验,并按程序及时上报。水利部、省政府将加强对《试点方案》实施情况的监督检查和评估,积极推进《试点方案》的实施和各项试点措施的落实。

湖北省基层水利管理站机构实现全覆盖

2012年7月13日,湖北省恩施州恩施市编委以恩市机编〔2012〕43号文批复设立基层水利管理站17个,为市水利水产局所属事业单位,核定全额拨款事业编制70名。至此,湖北省17个市州有水利站建设任务的97个县(市、区)全部出台了基层水利管理站机构编制文件,共批准设立基层水利管理站952个,核定全额拨款事业编制3491名,人员经费和工作经费纳入县级财政预算,全省实现了基层水利管理站机构全覆盖。

改革后,湖北省基层水利管理站实行两种运行模式。一种是江汉平原、沿江滨湖地区按照流域(水系)整合、组建水利管理站,属县(市、区)水行政主管部门派出机构。另一种为山区和丘陵地区按乡镇或小流域为单元整合设置基层水利管理站,为县市水利局所属事业单位,日常业务工作由县市水行政主管部门和乡镇政府共同管理。

目前,全省大部分县(市、区)已完成基层水利管理站机构组建、人员到位、经费落实等工作,其余地方机构组建工作正在抓紧推进。

湖北省河湖基本情况普查成果通过审查

2012年7月14日下午,省水利普查办公室在武汉主持召开审查会,对湖北省第一次全国水利普查河湖基本情况普查成果进行审查。

会议听取了全省河湖基本情况普查工作情况汇报及成果简要介绍、查阅了有关资料,与会人员进行了质询和讨论。会议认为,我省河、湖对象及其自然、水文特征的普查工作,严格按照《全国河流湖泊基本情况普查实施方案》规定的技术路线和工作流程,通过内业综合分析与外业调查相结合,自上而下和自下而上相结合等多种途径,充分利用最新调查、观测资料和3S高新技术,形成的基础数据及汇总成果基本准确,符合湖北省水利实际。同时,会议对部分河流、湖泊典型资料的复核、完善方面提出了建议。

根据国务院水利普查办公室下发的《全国河流湖泊基本情况普查实施方案》及工作安排部署,经过长达两年多时间的艰苦工作,我省圆满完成了河湖普查和湖泊详查工作,第一次准确摸清了全省河流、湖泊对象的总体规模,全面获取了河流、湖泊真实、准确的信息数据。第一次对洪湖、梁子湖等一大批重要湖泊进行了全面系统的形态特征测量和水环境水生态、自然地理等要素调查,填补了历史资料空白。

全国唯一流域现代化试点前期工作启动

2012年2月16日,在全省水利局长会议上,湖北省副省长赵斌指出,湖北省政府已组织编制了《湖北省汉江流域水利现代化试点规划》,正准备上报水利部和省政府联合审批,其中把水利信息化建设作为重点开展试点。力争把汉江流域水利现代化试点打造成水利强省建设和全国水利现代化试点的样板工程。省水利厅已成立试点工作领导小组,要求各地要在防洪抗旱减灾水利工程体系构建、流域水资源优化配置合理开发和科学调度、水权制度建设、水生态保护等方面,加快实施汉江流域中下游防洪保安工程(堤防加固修复)、资源配置工程、生态环境工程、综合开发工程、数字汉江工程和现代管理工程。

2013年再解决湖北260万人饮水安全问题

2012年12月2日的省十一届人大常委会第三十三次会议上,省水利厅有关负责人透露,2013年,湖北省将再解决260万农村人口的饮水安全问题。"十一五"期间,湖北省提前5年完成了1609.6万农村人口饮水安全建设规划任务,"十二五"期间,将全面解决剩余1500多万农村人口的饮水安全问题。

梁子湖等水质较好的 30 个湖泊将获优先保护

  2012 年 5 月 22 日召开的全国环境保护部际联席会议暨松花江流域水污染防治专题会议上,环境保护部部长周生贤透露,国家在深入推进重点流域水污染防治的同时,已着手优先保护水质良好和生态脆弱的江河湖泊。

  2011 年,经国务院批准,中央财政增设湖泊生态环境保护专项资金,2012 年计划安排 15 亿元,"十二五"期间中央财政安排资金达到 100 亿元,引导地方投入不低于 100 亿元,带动社会投入,共形成 500 亿元左右的资金规模,按照突出重点、择优保护、一湖一策、绩效管理的原则,完成 30 个湖泊生态环境保护任务。再经过"十三五"的努力,共形成 1000 亿元以上的投入规模,把我国面积在 50 平方公里以上的优质生态湖泊都保护起来。

  从 2010 年开始,财政部联合环保部开展水质较好湖泊生态环境保护试点,2010 年和 2011 年中央财政合计安排 9.5 亿元,支持云南抚仙湖、洱海、湖北梁子湖、山东南四湖、安徽瓦埠湖、辽宁大伙房水库、吉林松花湖和新疆博斯腾湖等 8 个湖泊的生态环境保护。

丹江口水库移民搬迁安置完成鄂移民工作进后续阶段

湖北省南水北调中线工程丹江口水库移民搬迁安置工作自2009年开展以来,经过全省上下共同努力,圆满实现了"四年任务两年基本完成,三年彻底扫尾"的工作目标。2012年9月18日,全省南水北调中线工程丹江口水库移民搬迁安置工作表彰暨帮扶发展动员大会在十堰召开。这标志着湖北省丹江口库区移民工作整体上由搬迁安置阶段转入后续发展阶段。

短短三年内,湖北省顺利完成了丹江口水库18.2万移民的搬迁安置工作,堪称我国水利工程移民史上的奇迹。这充分展现了湖北省委、省政府坚强的组织领导、高超的统筹能力和卓有成效的工作水平。湖北在库区移民工作中积累了许多宝贵经验,值得总结推广。一是把移民工作作为"天大的事",举全省之力攻坚克难;二是以人为本,集创各种政策向移民倾斜;三是胸怀无私,奉献第一,敢于担当责任。目前,丹江口水库移民工作虽然取得了阶段性重大胜利,但"搬得出"只是第一步,实现"稳得住、能发展、可致富"目标,还需要付出艰苦细致的努力,搬迁扫尾和库底清理等后续任务依然繁重。下一步,全省各级党委政府和移民工作部门将按照省委、省政府提出的"三心、三优、三真、三个典范"的工作要求和"一年基本稳定,两年安居乐业,三年安稳致富"的工作目标,保持思想不松懈、精力不偏移,进一步强化责任、健全机制、确保稳定,认真做好移民后扶各项工作,为移民群众早日发展致富,为南水北调中线工程按期通水作出新的更大贡献。